谨以此书献给张一伟先生

沉积盆地波动过程分析

金之钧 等 著

科学出版社

北京

内 容 简 介

本书以物理学的波动理论和地球系统科学中的圈层相互作用思想为指导，探讨了盆地沉降及隆升剥蚀的形成过程，建立起波动方程等定量的概念。具体阐述了地壳波状运动的研究历程，总结了盆地波动过程分析的理论基础和研究方法。以各圈层周期节律的耦合为纽带，着重探讨了天文旋回对沉积盆地演化的控制。以我国典型含油气盆地，如塔里木盆地、鄂尔多斯盆地和渤海湾盆地为分析对象，论述了盆地波动过程对油气成藏和油气分布的控制作用，并探讨了盆地波动过程分析方法在页岩油气勘探中的应用。

本书适用于从事石油地质学、地层学、构造地质学以及地球系统科学交叉学科的地质科技人员、勘探工程师和相关专业的研究生参考阅读。

图书在版编目（CIP）数据

沉积盆地波动过程分析／金之钧等著 . —北京：科学出版社，2023.9
ISBN 978-7-03-076230-6

Ⅰ . ①沉… Ⅱ . ①金… Ⅲ . ①沉积盆地–波动–研究 Ⅳ . ①P531

中国国家版本馆 CIP 数据核字（2023）第 158766 号

责任编辑：焦　健／责任校对：何艳萍
责任印制：肖　兴／封面设计：北京图阅盛世

科学出版社 出版

北京东黄城根北街 16 号
邮政编码：100717
http://www.sciencep.com

河北鑫玉鸿程印刷有限公司 印刷

科学出版社发行　各地新华书店经销

*

2023 年 9 月第 一 版　开本：787×1092　1/16
2023 年 9 月第一次印刷　印张：15 3/4
字数：374 000

定价：258.00 元
（如有印装质量问题，我社负责调换）

前　言

正逢国家教育强国的盛世，中国石油大学迎来建校七十周年。我有幸在石油大学工作十年，于是欣然接受邀请参加校庆活动。今年，又逢中国石油大学（北京）创始校长张一伟先生诞辰九十周年。这两件事情促使我有了重新编写本书的愿望。

张一伟先生生于 1933 年 1 月 7 日，于 2009 年 5 月 24 日仙逝。他自幼深得其伯父——我国著名爱国将领张治中将军的培养和教育，一直把张将军所倡导的"热爱祖国，追求真理"的宝贵精神作为人生的座右铭。他也按照周恩来总理为他题写的"为加强国防力量而努力"的要求，将一生献给祖国的教育事业和石油工业。张一伟先生 1952—1956 年就读于北京地质学院，1956 年 3 月加入中国共产党；1958—1962 年在苏联古勃金莫斯科石油学院石油地质综合勘探专业研究生深造，获地质学、矿物学副博士学位；1962—1989 年先后任教于北京石油学院和华东石油学院，其间 1978—1984 年任华东石油学院地质教研室副主任，1984—1986 年任华东石油学院勘探系主任，1986—1989 年任华东石油学院副院长，1988 年晋升为教授。1989—1994 年任石油大学（北京）校长、党委书记，1993 年被遴选为博士生导师，1992—2005 年任石油大学校长、石油大学校务委员会主任，2003—2004 年任石油大学理事会理事长。2005—2009 年，任中国石油大学理事会理事长、中国石油大学校务委员会主任。可以说，他是我国任校长时间最长的大学校长之一。

1988 年，张一伟先生作为华东石油学院常务副院长，参与并主持石油大学（北京）的创建工作，在其中发挥了关键性的作用，并于 1989 年出任石油大学（北京）首届党委书记兼校长。张一伟先生争取政府与企业的鼎力支持，克服重重困难，仅用 3 年时间就建成一座现代化气息浓郁的石油大学（北京）昌平新校区，成为石油高等教育在首都的龙头标杆。张一伟先生倡导石油大学（北京）和石油大学（华东）共举一杆旗，实现两地办学，并作为两地的总校长，他极力争取各级领导和相关部门的支持，团结带领全校师生，跻身国家"211 工程"的建设行列。在经历"211 工程"一期建设后，办学条件进一步改善，学校规模有所扩大，办学方向更加明确，学科建设水平显著提升，2005 年 1 月 25 日学校正式更名为中国石油大学，成为国字头的能源学府，张一伟先生亲自主持了校名的揭牌仪式。他在任职期间，推动学校的管理体制改革，对科研体制改革进行了一系列有益的探索，引进一批海内外有影响力的学者，建成一支汇聚多学科人才的师资队伍，为石油大学（北京）后续的发展奠定了坚实的基础。作为著名的石油教育家，张一伟先生桃李满天下，当前一批在海内外石油界有重要影响力的领军人物均出自他的门下。他紧跟国际前沿，在石油大学（北京）先后成立油藏描述研究所和盆地分析与成藏机理国际研究中心。他曾发表多篇有价值的学术论文，出版专著教材 7 部，提出了盆地波动分析学术思想。获得包括国家科技进步奖二等奖在内的多项科技奖励和地学届最高个人荣誉奖——李四光地质科学奖。他曾任国家教委科技委员会副主任和地学部主任、中国石油教育学会副理事长等职。2002 年他当选俄罗斯自然科学院外籍院士。

　　我与先生结缘于 1992 年秋天，先生邀请我的苏联导师施比伊曼来国内讲学，随后我和先生将施比伊曼和缅斯尼科娃提出的盆地波动分析思路和方法引进国内，在大港油田开始盆地波动分析方法研究，并在先生支持指导下，先后完成了三水盆地、塔里木盆地、柴达木盆地等的波动分析研究工作。

　　波是一种物质，波动是物质的基本运动形式。波动的两个特性分别是时间上的周期性或旋回性和空间上的运动或能量等的波状传播。地壳波动的概念是在 20 世纪 30 年代由范贝梅提出的，20 世纪 70 年代张伯声提出了地壳波浪状镶嵌学说。20 世纪 80 年代初期，张一伟先生创造性地将波动概念引入到盆地分析中。同期，来自加拿大渥太华大学的 Digby J. McLaren 认为地球生物大灭绝与太阳系穿越银河系的动力过程有关。20 世纪 80 年代后期，苏联学者施比伊曼和缅斯尼科娃提出盆地波动分析思路和方法。这一时期，来自亚洲、欧洲和北美洲的学者从不同角度提出了地质历史时期旋回和盆地波动分析的学术思想。20 世纪 90 年代，我和张一伟先生将盆地波动思路和方法引进国内，并在随后的研究中逐渐发展形成了盆地波动分析的定量化研究方法，开发了相关软件。

　　沉积盆地作为地壳的一部分，其形成演化受控于构造、全球海平面变化、气候变化和剥蚀–沉积过程。因此，沉积盆地中的沉积充填和所保存的构造形迹蕴含着丰富的地球动力学信息和地壳变动信息，同时它也是石油、天然气等矿藏赋存的主要场所。沉积盆地还是地球系统各种波动过程相互叠加干涉的结果，体现了地壳波状运动。盆地内部构造的等距性、同向性、旋回性等都是地壳波状运动的表现，沉积（沉降）中心与隆起中心的迁移、箕状拗陷的形成与分布等，都可以通过地壳波状运动观点得到解释。油气成藏表现出旋回性，与盆地构造和沉积波动过程相关，油气藏在平面上的分布受波状分布着的构造的影响。

　　沉积盆地波动过程分析有三个方面的内容：一是理论方面的，涉及地壳运动和成盆动力学，主要从地球系统观出发，考虑天文因素和地球内部因素，探索盆地波动机理；二是方法学方面的，即对盆地波动演化过程研究方法的探索，包括定年方法和波动要素分离方法等；三是应用方面的，即如何将盆地波动观点、方法和波动要素分离结果应用于盆地沉积、构造和油气生成及成藏过程的分析当中。

　　沉积盆地波动过程分析内容与工作流程是综合利用野外露头、岩心、地层古生物、钻井、录井、测井和地震资料，建立年代地层格架，恢复地层的原始厚度，进而计算出不同时期的沉积速率，借助数理方法和计算机手段提取不同尺度的周期波曲线。通过剖面的对比，可以分析沉积和沉降中心的迁移规律、主要剥蚀期的抬升过程，解释目前地层格架的形成机理，认识生油层、储集层和盖层的分布规律，进而预测它们的空间展布特征。利用波动分析提供的埋藏史曲线，可以更准确地分析油气藏的形成及破坏过程，并结合盆地的石油地质研究，指出有利远景区。

　　本书是基于张一伟先生的指导和我近期在鄂尔多斯等盆地研究工作基础上编写的，对研究成果进行了较为系统的梳理：①提出了盆地波动过程分析的概念，总结了其提出的历史背景和发展过程。②对地壳的波动现象和引起沉积盆地波动演化的天文因素和地内因素进行了总结。③发展了定量化的盆地波动分析流程，实现了波动过程分析与层序地层学和旋回地层学研究的结合，以及裂变径迹分析等与利用波动方程计算不整合剥蚀量的结合，并利用波动方程建立埋藏史模型。④将盆地波动过程研究应用于油气成藏过程分析，预测油气分布特征，指导了油气勘探。

尽管本书书稿早在 2002 年初就着手编写，但由于个人工作变动，编写工作一度中断。2004 年 6 月完成了专著的初稿；2009 年 12 月—2010 年 1 月，对部分章节内容进行调整完善，但由于种种原因未能付梓；2023 年 1 月 5 日，在北京大学燕园大厦，重新启动了书稿编写修正工作，以表达对张一伟先生的深切怀念！

应当指出的还有如下几点：

（1）20 世纪 60 年代兴起并逐渐主导大地构造学的板块构造理论是地球科学的一次革命，开创了固体地球研究的新时代。而地壳波状运动的观点是对沉积盆地形成演化乃至大陆动力学探索的新尝试，也是圈层相互作用及其资源环境效应研究的有益尝试。

（2）本书编写始于 2002 年，距今已有 21 年。21 年来地质学取得了长足进展，尤其是中国地质学家在青藏高原隆升、华北克拉通破坏、大陆动力学、大地幔楔、大火成岩省等方面的研究，引起全球关注，我们学习应用得不够。

（3）书中部分观点和资料难免老化。例如：①在地层绝对年龄上，与现今国际年代地层表有所差别，会对分离的波动周期长短和波动初相有所影响，尤其是在塔里木盆地。但由于分析的地层段所代表的地质时间较长、应用下寒武统沉积速率的井位较少，对结果影响不大。2015 年曾经用新方法在调整了寒武纪起始年代基础上进行了波动分析，得到的波动周期结果与原来的周期结果基本一致。②在塔里木盆地，现今一般将早–中奥陶世、晚奥陶世作为两个构造阶段，而本书中保留了当时的早奥陶世、中–晚奥陶世的构造阶段划分方案，因此在描述构造旋回或阶段上，与现今有所差别。③关于东河塘砂岩的时代归属，即使现今也还存在较大争议，本书根据古生物化石，研究之时将其归为晚泥盆世。由于其与下伏地层为角度不整合接触，与上覆石炭系为整合接触，因此在构造阶段划分上，本书以其底部不整合为界划分构造旋回，这与一般构造旋回是以纪末、世末等为界也有所差异。④现今认为塔里木盆地最早盖层为南华系，但当时研究期间，没有厘定出南华系，因此本书波动过程不涉及南华系。

（4）由于沉积盆地波动过程分析涉及多学科交叉，与构造地质学、石油地质学、天文学的结合尚处于探索阶段，虽经作者多年努力，但限于时间和水平，难免存在不妥或谬误之处，欢迎批评指正。

本书编写由金之钧主持完成。具体分工如下：前言和后记由金之钧编写，第一章沉积盆地的波状运动由陈书平、张瑞和金之钧编写；第二章沉积盆地波动过程分析方法由金之钧、刘国臣、李京昌、陈书平、张瑞、吴宝年、魏韧和贺翔武编写；第三章沉积盆地波动过程与油气成藏由金之钧、陈书平、李京昌和刘国臣编写；第四章塔里木盆地波动特征分析由金之钧、李京昌、刘国臣和陈书平编写；第五章鄂尔多斯盆地波动特征分析由张瑞和金之钧编写；第六章渤海湾盆地波动特征分析由金之钧、石巨业、刘国臣和陈书平编写。全书由金之钧和陈书平统稿。

参加有关研究工作的还有鲍志东、李儒峰、吕修祥、邱楠生、王毅、刘银河、范国章、李范珠、严俊君、齐永安、陈善勇等同志。研究工作得到大港油田分公司、塔里木油田分公司、青海油田分公司、胜利油田分公司、长庆油田分公司、陕西延长石油（集团）

有限责任公司、中国石油化工股份有限公司石油勘探开发研究院、中国石油天然气股份有限公司油气和新能源分公司及中国石油天然气集团有限公司科技管理部的支持，在此表示衷心感谢！

　　本书写作历经 21 年，三易其稿，终于与读者见面！谨以此书献给敬爱的张一伟先生！

中国科学院院士

俄罗斯科学院外籍院士

北京大学博雅讲席教授　　金之钧

2023 年 6 月于北京大学朗润园

目　　录

第一章　沉积盆地的波状运动

第一节　概　　述

波动是物质的本质，实物粒子具有波动性，波动是物质运动的重要形式。1957 年，毛泽东在省市自治区党委书记会议上的讲话中指出："世界上的事物，因为都是矛盾着的，都是对立统一的，所以，它们的运动、发展，都是波浪式的。太阳的光射来叫光波，无线电台发出的叫电波，声音的传播叫声波。水有水波，热有热浪。"地质事件之中充满了矛盾性，而地壳运动（沉积盆地形成）正是各种矛盾相互作用的结果，其波浪状运动也是必然的。地壳的波状运动在时间序列上表现为各地质事件的周期性，在空间层面上表现为隆拗的波动迁移。

沉积盆地作为地壳的一部分，其波动演化过程是地壳波状运动的组成部分，是地壳波状运动最直接的表现。因此，沉积盆地波动演化过程分析也是地壳波状运动研究的组成部分，沉积盆地波动是地壳波动的延伸和发展。

一、盆地波动学术思想的发展历程

早在数千年前，中国的先民"叩天问道"，对节律的概念有了感性认识。春秋战国时期，道家学派的著作《文子·自然》提到："十二月运行，周而复始。"用以形容四季更迭和年际变化。东汉时期班固所著《汉书·礼乐志》中提到："精健日月，星辰度理，阴阳五行，周而复始。"充分表达出宇宙演化过程中既简单又深奥的规律。

19 世纪末和 20 世纪初，人们注意到了地质现象的旋回性、韵律性、等距性、脉动性等特性，提出了地壳波动的观点。20 世纪 80 年代初期，提出了地壳波浪状镶嵌构造的认识。20 世纪 80 年代中后期，在地壳波动框架之下，盆地波动思想被广泛接受，进入了一个快速发展的时期，提出了盆地波动分析的定量化方法。

综观盆地波动说的发展历史，并与板块构造的提出时间相对照，从时间上可将地壳波动理论的发展划分为三个阶段。

（一）20 世纪 60 年代及以前

该阶段主要是地壳波动思想的发展阶段。其时，在大地构造学中，国外流行的观点主要为槽台学说和板块构造学说，国内尚存在地质力学（李四光，1945，1962，1973）、多旋回构造（黄汲清，1959，1960；黄汲清和姜春发，1962）、地洼构造（陈国达，1958，1960）等理论和学说。

从 19 世纪中叶到 20 世纪中叶的一百年间，槽台学说在大地构造领域里占据着主导地位。在板块构造学说提出以前，全球大地构造学说方面，可以说是"百家争鸣"。1887年，波特兰（Betrand）首先确定了几个包括有褶皱期的全球构造旋回。1913 年，葛利普（Amadeus W. Grabau）在其反映现实主义原理的专著 *Principles of Stratigraphy* 中明确指出海平面波动是由构造活动和造山运动驱动的，周期约为 30 Myr（Grabau，1913）。随后葛利普进一步将古生物发育情况及全球海平面的反复升降运动与全球脉动联系起来，提出了地槽迁移说（Grabau，1936）。Stille（1924）认为地球运动主要是由于外部地壳的收缩造成的，并划分了全球构造幕。Haarmann（1930）根据自然地理的研究提出，地壳的振荡铅垂运动是造山的主要原因，而褶皱是次要现象，该观点随后发展成为波动学说。1954 年，别洛乌索夫（Belousov）进一步提出地槽演化存在波浪运动（升降运动）的观点。1960 年，哈因（В. Е. Хаин）提出了"地块波浪"一词，认为在有些地方以挠曲地块为主，在另一些地方以整块变位为主的地块波浪运动。所有这些都促使别洛乌索夫于 1962 年提出"'波动'开始成为大地构造理论的核心概念"的论断（金之钧等，2003）。

20 世纪 60 年代以来，板块构造学说逐渐成为主导大地构造学说（Wilson，1965；McKenzie and Parker，1967；Morgan，1968），并给地质学带来了一场革命（郑永飞，2023）。早在 1912 年，德国气象学家、地球物理学家魏格纳（A. L. Wegner）从大西洋两岸非洲与南美洲的海岸线弯曲形状的相似性中得到启发，率先提出了大陆漂移说。20 世纪 60 年代初期，随着全球大洋中脊、中央裂谷系、海沟、贝尼奥夫带和洋中脊磁异常条带的发现，学者们构建了海底扩张模型（Dietz，1961；Hess，1962；Vine and Matthews，1963）。

Wilson（1965）提出的转换断层概念在 20 世纪地学革命的板块构造理论中具有里程碑意义，与海沟概念联合构成板块构造的完美图像。板块构造理论认为大洋板块是刚性的，进而认为大陆板块也是刚性的。但是，大陆内部普遍存在的变形、大陆内部地震活动的广泛性，对板块构造的基本假设乃至其理论基础都提出了挑战。

（二）20 世纪 70 年代至 80 年代初期

该阶段以张伯声和王战（1974）、张伯声（1980，1982）所创立的地壳镶嵌构造波浪运动学说为标志。其时，国内尚存在断块构造（张文佑等，1978；张文佑，1984）和重力构造（马杏垣，1982，1989；马杏垣和索书田，1984）等学说。

地壳波浪状镶嵌构造理论基于镶嵌构造、波动和地质力学等理论，认为相邻两地块以它们之间的活动带为支点带，互做天平式摆动，并相应地引起支点带本身与之同时做激烈的波状运动，形成一级套一级的镶嵌构造。该理论考虑到整个地壳的波动通过天平式摆动在空间上扩大范围，衍生出地块波浪的概念。地壳各大小块体的运动是以水平方向传递为主，但"漂而不远，移而不乱"。

地壳波浪状镶嵌构造理论认为，波浪状构造运动实际上是构成镶嵌构造的直接原因。而波浪状构造运动本身则是由于地球胀缩脉动以及由此而引起的地球自转速度的变化在地壳中产生的主要运动形式。就机理而言，该理论与范贝梅（Van Memmelen）和别洛乌索夫提出的起源于地下深部岩浆的波动说、哈尔曼波动说、葛利普脉动说都不同。所有这些有关地壳波动的说法所强调的都是地壳的垂向运动。

（三）20 世纪 80 年代至今

此阶段以盆地波动思想广泛应用于石油地质研究和沉积盆地定量化波动分析方法的提出为特征（张一伟，1983；Мясникова и Шпилъман，1989；Мясникова，1991；施比伊曼等，1994；金之钧等，1996）。在对盆地波动的认识上、研究方法探索上，以及形成机理的认识上都取得了显著的进展。

1. 进一步加深了对地质现象波动及沉积盆地波动分析意义的认识

地壳运动的波动说虽然不能完全替代板块构造理论，但至少在某些方面可以弥补板块构造理论的不足（Scheidegger，1982）。这也促使人们意识到，地质现象的旋回性应该既表现在水平运动，也表现在垂向运动，地球动力学过程应是多种频率的波动的综合体现。

波的相互干涉可以形成不同的构造样式，板块在凸角处的碰撞可以引起应力波状传递以及隆拗的变迁，波的干涉控制了各凹陷的生成、演化和沉积相发育（张一伟，1983）。朱夏的"多旋回地球动力学"观念，认为含油气盆地作为地壳的一部分，受不同时期全球动力背景下多旋回运动的支配，呈现出演化的阶段性和发展的旋回性（朱夏，1983，1984），这标志着盆地波动思想被广泛接受，进入了一个快速发展的时期（金之钧，2020）。1987 年涅斯捷罗夫和施比伊曼（据金之钧等，2000）明确指出，研究盆地及其若干相对独立的构造单元的发育史及构造特征就应该以波动理论为基础。地质事件的周期性、韵律性，以及造成这些现象的主要原因得到了总结和分析（马宗晋和杜品仁，1995；高庆华等，1996），产生了地球节律的概念（王鸿祯，1997）。地球节律概念的含义如下：地球不同圈层生物的、化学的和物理的不同时空地质演化记录，小到沉积层中的潮汐韵律，大到全球古大陆的聚散旋回，总体上在地质历史中都显示有一定时间间隔的周期性特征；地球的节律体现在生物史、沉积史、构造史、岩浆史、变质史、成矿史等方面都表现出一定的周期性和旋回性，地质历史中发生的各种生物事件和非生物事件，是地球各圈层演化过程中曾发生重要的物质和能量交换的地质记录，是地球历史节律普遍特征在各圈层中的具体响应。

2. 在地壳波动原因的解释上已将地内原因与地外原因结合了起来

地壳波动原因是一个有趣而复杂的科学问题，有些原因可能是上一级波动的结果，而有些结果又是下一级波动的原因。地壳，尤其是盆地的波动，是地球内外因既独立又联合作用的结果。从地外因素来看，地球作为银河系中的一个行星，必然受到宇宙间宏观运动规律和众多天体的相互影响，已经发现的地质周期与银河系天文周期的一致性，充分说明了这一点，地质长期旋回的形成，天文因素起了根本作用（徐道一等，1983）。

从地内因素来看，基于驻波理论来描述地壳运动，分析地球上大陆、大洋及盆地的形成和分布相互作用，并在"世界是物质的"与"物质是不停运动着的"两个哲学公理之外，再加上"物质运动均采取波浪形式"第三哲学公理（王战等，1996）。地球内部的热量分布不均和热对流引起的地幔对流、地壳的均衡调整和地球的旋转，都能使地壳产生应力。地应力以波的形式传递，无论是横波的剪切还是纵波的伸张与压缩，都使岩石圈处于波动环境，因此可以说，岩石圈的波动是地热和地应力传递的结果。放射性元素的核转变能可以引起地幔脉动，由于地核与地幔性质不一，它们作非同步等速运动就产生了核幔差异运动，并引起了地幔脉动→地磁场倒转→古温度变化→海水进退→陆壳生长→陆壳风化→生物发展等一系列变化，而且地幔的脉动决定了地壳中受力情况，即地幔膨胀引起地壳上部挤压，下部引张，地幔收缩引起地壳上部引张，下部挤压（蒋志，1981）。"内波理论"认为，壳幔边界可以产生波动，也许是地壳波动的原因（池顺良和骆鸣津，2002）。

地球是一个多圈层相互作用的系统，盆地的形成也是地内地外因素联合作用的结果，因此从地球系统观出发，来探讨盆地波动原因是现实和科学的。

3. 提出地壳（盆地）波动研究的定量方法

以前的地壳波动分析方法主要有不整合分析（层序地层学的基础）和数学统计方法。近年来提出了地质滤波方法和模拟实验方法。1982 年，苏联学者施比伊曼（Шпилвман В. И.）在其专著《油气资源的定量预测》中提出了波的相互干涉可以形成不同的构造样式（Шпильман，1982）。同期，张一伟（1983）提出波状运动是板块内部地壳运动的一种主要形式，应用两组波动相互叠加的方法分析渤海湾盆地的演化和油气富集规律，是国内盆地波动研究的先驱。苏联学者缅斯尼科娃（Мясникова Г. П.）和施比伊曼（Шпильман В. И.）共同创立了以波动理论为基础的盆地波动过程定量分析方法（Мясникова и Шпильман，1989；Мясникова，1991）。后经我国学者张一伟和金之钧于 1993 年引入国内，并进一步系统化完善，成功应用于我国含油气盆地分析（施比伊曼等，1994）。该方法有效指导了渤海湾盆地、塔里木盆地、柴达木盆地、四川盆地等油气勘探（张一伟等，1997；金之钧等，1998，2006；汤良杰等，2005），创新发展了叠合盆地油气成藏理论（金之钧，2005）。有关这一方法的具体内容，将在后续章节中详细介绍。

二、盆地波动过程分析的主要内容

盆地波动过程分析是地质学的一门新兴分支学科，其研究对象是地壳上的沉积盆地，着重研究盆地内的沉积充填。所谓盆地波动过程分析指的是根据盆地沉积充填和地质构造，利用地质的、数学的和物理的方法，分析控制盆地演化的不同周期的波动过程，分析这些波动过程的地质原因，从而研究沉积特征、埋藏过程、隆拗变迁、成藏旋回等，探讨地壳运动性质、成盆成烃成藏机理，为油气勘探服务（图 1-1）。

盆地波动过程分析的主要内容是：①沉积盆地形成条件的基础地质分析，包括盆地形成的区域背景分析，盆地沉积特征、盆地构造、盆地的基础石油地质条件分析；②盆地沉积充填的接触关系分析，盆地沉积充填的精细地质年代分析；③根据测井、钻井、地震资料等，建立精细的岩性−深度剖面，并根据回剥原理，建立沉积速率−地质时间剖面；④利用数学、物理方法，从所建立的沉积速率−地质时间剖面上，分离出不同周期的波动过程；⑤研究控制这些波动过程的天文的、地质的因素，研究地球变动及成盆机理；⑥分析波动过程对沉积、隆拗变迁的控制，进而研究波动过程对油气成藏及分布的影响，指导油气勘探。

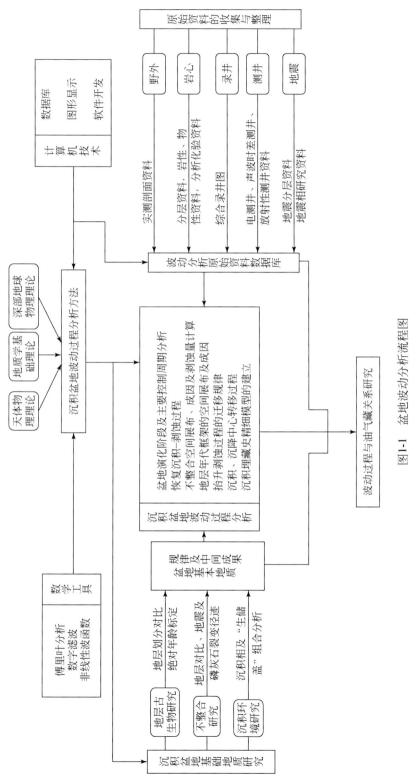

图1-1 盆地波动分析流程图

三、盆地波动过程分析的地质意义

盆地波动分析在理论和实践上都具有重要意义。盆地波动是地壳波动的组成部分，尽管板块构造是目前主导大地构造学说，但它存在上陆地难的问题，波动理论的发展也许能够补充板块构造理论的不足，从而发展大地构造学。盆地是各种地质过程和天文过程综合作用的结果，是地球各圈层耦合作用的结果。因此，盆地波动分析可以揭示地球内部波动特征和地球外部天文驱动过程，从而为地球系统科学的发展提供基础和支撑。

由于地质剖面存在不整合的问题，导致地层记录不完整。通过波动分析可以恢复缺失的地层信息，形成对地质剖面的完整认识。这不仅可以恢复不整合剥蚀量，还可以追踪不整合的演化过程，揭示沉积和剥蚀的时间、规模和过程。这对于理解地壳运动和盆地构造–沉积演化具有重要意义。另外，地壳的隆升和沉降对烃源岩的热演化也有重要影响。盆地波动分析对于盆地油气资源远景评价具有非常重要的作用。

盆地波动分析获得的波动周期和波动特征是分析盆地成藏旋回的重要依据。对不同井区或构造单元波动曲线的对比，可以用于研究隆起和拗陷的迁移，推断"生储盖"的分布情况，确定构造枢纽带，揭示圈闭的形成机制，从而指导油气勘探工作。

四、盆地波动过程分析的研究方法

盆地波动过程分析是一门综合性较强的学科，其分析方法或知识涉及地质学、天文学、数学和物理学。地质学方法包括构造地质和大地地质学方法、盆地分析方法、沉积学及沉积相分析方法、层序地层学方法、石油地质学方法、古生物地层学方法、古地磁及同位素测年方法等。古生物地层学和同位素测年方法可以帮助确定沉积持续时间，这是波动分析最重要的参数之一，其精度影响着岩性剖面地层完整性评价结果的差异。在波动机理分析、波动方程建立和波动传播分析上，需要物理学知识。从沉积速率等波动曲线上分离波动要素需要数学知识，如傅里叶变换、滑动窗滤波、小波分析、经验模态分析等。波动曲线的分析需要天文学、大地构造学知识，波动与油气关系分析，则需要构造地质学、沉积学和油气地质学的相关知识和方法。

第二节　地球系统与沉积盆地

圈层结构是地球的基本特征，各圈层具有不同的成分组成、力学性质和运动形式，各圈层间的能量交换，产生了各种地质现象，形成了可供人类利用的矿产，促进了人类社会的发展。

一、地球圈层结构

地球的圈层可以划分为外部圈层和内部圈层，外部圈层包括大气圈、水圈和生物圈，内部圈层包括地壳、地幔和地核。从流变学上看，内部圈层又可划分为岩石圈、软流圈、地幔和地核。外部圈层引起外动力地质作用，内部圈层引起内动力地质作用，它们共同控制着盆地的形成和充填。

大气圈是地球最外层，主要由气体组成，其下限是大陆或海洋表面。水圈也是闭合连续的圈层，包括海洋、河流、湖泊、冰川以及地壳上部的地下水和岩石裂隙中的水。生物圈是分布在地球表面的由生物组成的连续圈层，其分布于水圈和大气圈下部。这些外部圈层受日月影响大，它们的能量可通过大气圈、水圈和生物圈引起外力地质作用，形成风化、剥蚀、搬运、沉积和成岩作用。

地壳、地幔和地核是按成分或地震特性对固体地球进行的分层（图1-2）（Allen and Allen，1990，2013）。地壳与地幔以莫霍面为界，在大陆区该面深度一般为30～70 km，在大洋地区平均35～40 km。陆壳上层为花岗岩质层，下层为玄武岩质，但在深度大于25 km处的压力和温度作用下，岩石呈麻粒岩状，或相当于高温高压榴辉岩、角闪岩。洋壳可划分为三层：上部薄层沉积物、玄武质层和由辉长岩和橄榄岩组成的岩石层。地幔主要由橄榄岩、榴辉岩、尖晶石型、钙钛矿型和氧化镁型岩石组成。地核主要由铁组成，外核为液态，内核为固态。

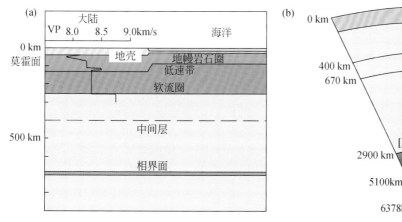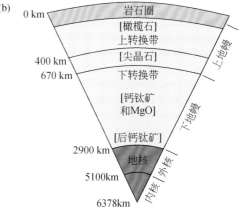

图1-2　地球的成分（a）和流变学（b）分层（Allen and Allen，2013）

固体地球最重要的流变学分层是岩石圈和软流圈。岩石圈是地球的刚性外壳，由地壳和地幔上部（地幔岩石圈）组成。该层对盆地分析具有重要意义，因为沉积盆地的垂直运动（下沉和隆起）最终归结为该层对变形的响应。一般认为岩石圈底部的特征地温为1100～1330 ℃，地幔岩石在该温度附近接近固相温度，这厘定了热力学岩石圈。大洋岩石圈厚度为5 km（洋中脊处）至100 km（俯冲带处），大陆岩石圈厚度为100～250 km。岩石圈的刚度使其足以表现为固结的板块，但只有岩石圈的上部具有足够刚性，以在地质时间尺度（10^9年）上能够保持弹性应力，该上部岩石圈称为弹性岩石圈。弹性岩石圈之下，应力通过蠕变得到释放，但仍具有足够的刚性以保持表面板块的完整性。大洋岩石圈与大陆岩石圈具有不同的强度（图1-3），大洋岩石圈强度大，大陆岩石圈强度小，且具有明显的分层特征。当然，岩石圈的强度还决定于受力情况（压力或张力）和是否存在挥发性物质（如水）。

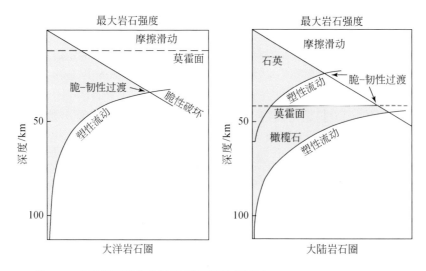

图1-3 大洋岩石圈和大陆岩石圈的强度剖面（Allen and Allen，2013）

二、地球系统科学

地球的大气圈、水圈、生物圈、岩石圈乃至地球深部的相互作用和相互影响的物理、化学与人类过程的集合即组成了地球系统（Kump et al.，2010；汪品先等，2018）。广义的地球系统还包括地球与其他星球之间的作用过程（李四光，1972；朱日祥等，2021）。研究地球系统的科学就是地球系统科学。现代科学发展的特点是从分化到集成，从分化的学科集成为系统科学，地球系统科学就是从分化到集成回返过程中产生的（汪品先等，2018）。

地球科学从分离的独立学科的发展到地球系统科学观的发展，经历了漫长的过程。李四光（1972）首次提出，要把地球视为一个整体，探索地球系统运行节律背后更深层次的宇宙学成因，并汇总出版了《天文·地质·古生物 资料摘要（初稿）》。李四光在"地球表面形象变化之主因"一文中甚至还写到"还可以作另外一些有深远意义的理论推导，诸如在山脉的走向、气候旋回的时间分布、火山活动周期、生物圈运动与岩石圈运动的关系等。"（李四光，1972）。无论在空间运动方向上，还是在时间旋回上，大气的运动和变化、海水运动、地壳运动的步调是相当一致的（孙殿卿和高庆华，1982）。各种天文因素（超新星爆发、银河系、太阳系、宇宙射线、行星、月球、陨石、地球自转等）与地质节律及地震具有相关性（徐道一等，1980，1983）。一些加拿大和美国学者在1984年前后提出地球生物大灭绝与太阳系穿越银河系的动力过程、彗星撞击、暗物质分布等宏观天文因素有关（Hills，1981；McLaren，1983；Rampino and Stothers，1984a；Davis et al.，1984；Krauss et al.，1986），引起了科学界和新闻媒体的广泛关注。

1983年，美国航空航天局（NASA）成立了"地球系统科学委员会"，1988年发表了

"地球系统科学"报告,展示了大气、海洋、生物圈之间,在物理过程和生物地球化学循环的相互作用,标志着地球系统科学的起步。它强调"系统论"的整体性研究思维,把地球作为太阳系的一个行星来认识,研究地球各圈层相互作用的结构、演化过程和动力学。我国在20世纪80年代陆续召开了三届全国天地生相互关系学术讨论会。钱学森先生也多次强调,要将天体、地球、生物三者作为一个相互联系、相互作用的系统,进行多学科的综合研究。

20世纪90年代,地球节律的研究在我国掀起一股热潮。马宗晋和杜品仁(1995)提出各圈层耦合的概念,根据地球三象(地、水、气)的周期性变化,分出了十二个等级的韵律尺度。同时代的很多学者认为,岩浆活动、生物绝灭、古地磁倒转、古气候演化、造山运动、海平面变化等与宇宙天体运行之间存在成因联系(史晓颖,1996;王鸿祯,1997;万天丰,1997)。这些研究成果不再局限于地球表层系统与全球变化的探讨,而是进入到显生宙的早期和前寒武纪,研究地球演化早、中期的圈层相互作用,反映了当时对地球系统科学较高的认识水平。

地球表面分布的沉积盆地是地球系统各圈层综合作用的结果,它记录着地球系统的作用过程,这些过程包括天文过程、地球表面过程、地球深部过程以及各圈层的耦合过程(图1-4)。这一方面说明盆地是研究地球系统的理想场所,另一方面,地球系统本身具有波动特点,这就决定了沉积盆地的波动特点,因此,在进行盆地波动因素分析时,要强调地球系统各圈层的耦合作用,强调从地球系统观或"大地学"观出发(李四光,1972;马宗晋和杜品仁,1995;马宗晋和莫宣学,1997;马宗晋等,2001;王鸿祯,1997;汪品先等,2018;朱日祥等,2021),将天文的、地表的和地下的因素作为一个系统,进行综合考虑。

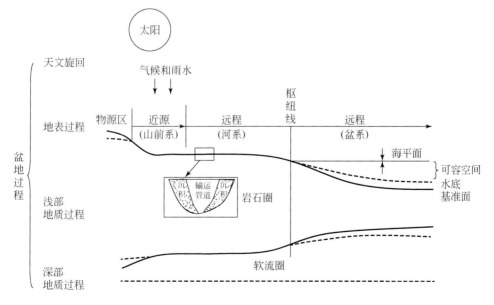

图1-4　盆地系统各圈层的耦合过程示意图

三、岩石圈板块系统

岩石圈被一系列深大断裂切割成岩石圈板块，全球有六大板块以及一些小板块，包括太平洋板块、欧亚板块、非洲板块、美洲板块、印度洋–澳大利亚板块、南极洲板块，这些岩石圈板块受地幔对流的驱动而发生大规模的相对水平运动，由此派生出一系列的地质作用。

（一）板块运动与板块边界

岩石圈板块在地球表面做水平运动，并由于板块间的相互作用产生垂向运动。板块的相对水平运动包括三种端元方式，即离散运动、汇聚运动和走滑运动。而多数情况下，板块的相对水平运动是斜向的位移矢量，包含有与板块边界垂直的倾向位移（离散或汇聚运动）分量和与板块边界平行的走向位移分量。

根据相邻板块的相对运动状态，板块的边界类型也可以分为三类，即离散边界或增生边界、聚敛边界（包括俯冲边界和碰撞边界）和转换边界或稳定边界（包括不同类型的转换边界）。岩石圈板块以不同类型的边界相连，并在不停地运动着，构成了全球构造系统。

当两个板块相对离散运动时，岩石圈深部和软流圈的熔融物质上涌并形成新大洋岩石圈。这种情况下的相邻板块的边界称为离散型边界或增生边界。典型的离散型边界是大洋盆地扩张中心的洋中脊。新生的大洋岩石圈在洋中脊形成时将较早形成的大洋岩石圈推向两侧。因此，在这里可以根据洋中脊两侧岩石圈的年龄来推算板块相对离散运动的速率。两个板块做离散运动时对应的边界为离散边界。

板块相对汇聚运动有两种情况。第一种情况是俯冲型，包括大洋岩石圈板块俯冲于大陆岩石圈板块之下和一个大洋岩石圈板块俯冲于另一个大洋岩石圈板块之下，这种俯冲作用称为 B 型俯冲。第二种情况是碰撞型，两个大陆岩石圈板块发生相对汇聚运动，密度基本相同的两个大陆板块在汇聚运动中发生碰撞形成造山带，而碰撞造山的表现也可以是一个大陆板块俯冲于另一个大陆板块之下，这种俯冲作用称为 A 型俯冲。

两个相邻板块的走滑运动形成一种特殊类型的走滑断层——转换断层。转换断层是在板块离散和汇聚运动中起转换位移作用的岩石圈尺度的断层，与普通的走滑断层的最大差异是其两盘的走滑位移可以突然中止，甚至突然改变走滑运动方向。典型的转换断层是那些切错洋中脊的横断层，洋中脊的离散运动致使它们发生走滑运动。

一般认为，板块运动是由地幔热对流驱动的，板块在运动中可以发生裂解和拼合。当热地幔柱从地幔深处上升到一个完整的岩石圈板块底部时，它对这个岩石圈板块产生强大的"底辟"作用，致使板块裂解。当两相邻的大陆板块发生碰撞后，造山作用可能使这两个板块"焊接"起来成为一个统一的板块。这种地球动力学过程可以通俗地描述为岩石圈的"开合"过程。

板块并非真正的"刚体"，板块之间相对运动的同时，板块内部也会发生变形。板块内部的构造作用、构造运动直接或间接地受到岩石圈板块构造的动力学过程的控制。一个地区的板块动力学过程、板块构造环境决定了这个地区的区域构造活动的基本方式。

（二）主动大陆边缘和被动大陆边缘

主动大陆边缘也称活动边缘、太平洋型边缘或聚敛型大陆边缘，是由板块俯冲作用所致，通常是大洋板块俯冲于大陆板块或另一个大洋板块之下。在这种边缘，以垂直于板块边界的挤压为主，然而弧后区会有伸展构造，斜向汇聚会伴生走滑构造。主动大陆边缘最重要的特征是俯冲作用产生的弧–沟系，包括西太平洋型（或马里亚纳型）和安第斯型（或科迪勒拉型），前者的火山岛弧与大陆之间存在一个或多个弧后边缘海盆或小洋盆，故也称洋内弧–沟系；后者的大陆岩浆弧与大陆衔接为一体，故称为陆缘弧–沟系。俯冲作用产生了地表最大的地形高差、地球上最频繁和最强烈的地震带、超巨型俯冲带（贝尼奥夫带）、重力异常突变带、最显著的热流变化带、最强烈的岩浆活动带、强烈的区域变质带和大量增生楔形体，伴生多类型沉积盆地的形成。

被动大陆边缘也称稳定边缘、不活动边缘、大西洋型或离散型边缘。这种边缘位于板块内部，其两侧的大陆与大洋属于一个统一的板块，如北美和南美的东部边缘、欧洲西部边缘和非洲边缘、印度南部边缘、澳大利亚南缘、欧亚大陆和北美北缘等。被动边缘在横向上可以划分出大陆架、大陆坡和陆隆（或称陆基），在纵向上可以划分出裂谷层序和漂移期层序，裂谷期以湖湘、河流相碎屑岩、碳酸盐岩沉积为主，漂移期以膏盐岩、碳酸盐岩和碎屑岩沉积为主。被动边缘沉降的主要原因是岩石圈的拉伸变薄及热冷却，其他因素包括地壳蠕变、沉积负荷、深层变质、海平面变化等。

还有一些以发育走滑断层为特征的转换大陆边缘，如美国西部加利福尼亚及其沿岸海湾的圣安得利斯断层，与之伴生有多条平行断层、盆岭构造及浅层地震，也称之为加利福尼型大陆边缘。但总体来看，这种大陆边缘所占比例很小。

（三）威尔逊旋回

板块运动是由地幔热对流驱动的，板块在运动过程中受地幔柱和板块深俯冲影响，可以发生裂解和拼合（李献华，2021）。大陆岩石圈在水平方向上的彼此分离与拼合运动的一次全过程称为威尔逊旋回。一个完整的威尔逊旋回由6个阶段组成：

（1）萌芽期［图1-5（a）］，在陆壳基础上因拉张开裂形成大陆裂谷，但尚未形成海洋环境，如现代的东非裂谷。

（2）初始裂谷阶段［图1-5（b）］，陆壳继续开裂，开始出现狭窄的海湾，局部已经出现洋壳，如红海、亚丁湾。

（3）成熟阶段［图1-5（c）］，由于大洋中脊向两侧不断增生，海洋边缘又未出现俯冲、消减现象，所以大洋迅速扩张，如大西洋。

（4）衰退阶段［图1-5（d）］，大洋中脊虽然继续扩张增生，但大洋边缘一侧或两侧出现强烈的俯冲、消减作用，海洋总面积渐趋减小，如太平洋。

（5）残余阶段［图1-5（e）］，随着洋壳海域的缩小，终于导致两侧陆壳地块相互逼近，其间仅存残留小型洋壳盆地，如地中海。

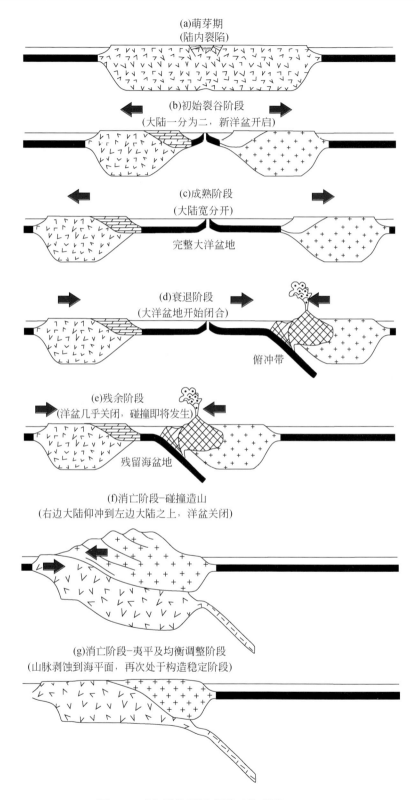

图 1-5　威尔逊旋回示意图（陈书平，2019）

（6）消亡阶段［图1-5（f）、（g）］，海洋消失，大陆相碰，使大陆边缘原有的沉积物强烈变形隆起成山，如喜马拉雅山、阿尔卑斯山脉，然后接受剥蚀作用，使高山夷平到海平面，同时经历了均衡调整。

前三个阶段是大陆开裂阶段，后三个阶段是大洋闭合阶段，伴生相关类型的盆地。大陆裂开和大洋闭合过程在地质历史中反复出现，既形成了构造旋回和构造运动的周期性，也决定着盆地发育的周期性。值得指出的是，地史中古板块和古洋盆的情况较复杂，上述威尔逊旋回的6个阶段不一定全部依次发展，小型或微型板块的分裂和拼合过程也有特殊性，在实际应用时需要根据具体情况具体分析。

四、沉积盆地系统

地球表层沉积盆地的形成是地球系统各圈层相互耦合作用的结果。盆地的形成要有沉积可容空间，其次是充填物，沉积可容空间由构造运动形成，其后在剥蚀、搬运和沉积成岩的作用下，盆地得以充填（陈书平，2019）。

（一）盆地类型

沉积盆地可以根据其赋存的大地构造位置、盆地形态结构、盆地的沉降与充填、盆地的含油气性和含矿性、盆地动力学、板块边界类型和盆地沉陷机制等进行分类。从动力学上，可以划分为与岩石圈伸展相关的、与挠曲相关的及与走滑相关的盆地（Allen and Allen，2013）。与岩石圈伸展相关的盆地包括克拉通盆地、裂谷、废弃裂谷、大陆边缘盆地、原洋谷和被动大陆边缘，与挠曲相关的盆地主要是前陆盆地，与走滑相关的盆地有斜张盆地、斜压盆地和拉分盆地。我国学者还划分出一种盆地，包括克拉通内部盆地和克拉通边缘盆地（朱夏，1983，1984）。

（二）盆地成因

大陆岩石圈的伸展或变薄是由地幔上拱或者其他原因形成的拉张力引起的，岩石圈伸展过程中，早期形成克拉通内裂谷，常常伴随有地壳的穹状隆起，这种裂谷可以持续进化成大洋扩张中心，也可以停止发育形成夭折裂谷或拗拉槽。随着洋壳的出现和两侧大陆漂离扩张中心，被动大陆边缘盆地就出现了。裂谷盆地的发展大多经历前裂谷期、同裂谷期和后裂谷期三个阶段，与之对应形成三套特征清晰的沉积体系（金之钧等，2003）。

挠曲盆地与岩石圈板块汇聚引起的岩石圈的径向弯曲有关，包括大洋板块向大陆板块之下的俯冲和大陆板块之间的碰撞。在大洋板块向大陆板块之下俯冲的情形下，大洋板块一边是海沟盆地，大陆板块一边为弧后前陆盆地，引起挠曲的动力可能是作用在下行大洋板块上的体积重力和岩浆弧质量过剩的综合。在两个大陆板块的碰撞地带，会形成周缘前陆盆地，山脉的地形载荷、岩石圈物质密度的横向变化，以及由浮升大陆岩石圈浅部末端碰撞所造成的水平力，三者的综合是盆地形成的动力源。在像夏威夷岛链那样的海山处，大洋岩石圈的弯曲是由海山质量过剩引起的垂向力作用的结果。周缘前陆盆地的发展一般经历被动大陆边缘阶段、早期深水复理石阶段、晚期陆源磨拉石阶段；弧后前陆盆地一般经历弧后裂陷阶段和挤压前陆盆地阶段。

走滑作用是由板块的离散运动、聚敛运动和斜向运动引起的，但多数情况下是由弧陆碰撞和陆陆碰撞引起的，因此，走滑盆地可以发育在多种构造环境之下，如洋陆转换带、弧和缝合线碰撞边界、陆内和大陆边缘。一个走滑带具有典型的分段特点，由叠合带相连，在释放性或离散型叠合带会形成拉分盆地，在受限性或聚敛型叠合带会形成挤压隆起，伴生挠曲盆地。两个走滑带之间的断块体旋转可以形成旋转盆地，先存断层后期发生张扭或压扭活动形成斜张和斜压盆地。走滑盆地可以从陆内裂谷发展成陆间裂谷。

我国学者还把克拉通盆地单独作为一类加以讨论，当然这里的克拉通盆地并不包括一些发育于克拉通内部的盆地，如裂谷和坳拉槽等，而是指位于基底之上的简单克拉通盆地和位于早期裂谷或其他类型盆地之上的复杂克拉通盆地（金之钧等，2003）。克拉通盆地的成因模式有：热隆起、陆壳的拉伸和减薄、板块边缘的构造荷载、相变和壳下载荷、地壳缩短与弯曲、与水平应力传递有关的沉降等。

（三）盆地充填

构造作用形成了盆地可容空间后，盆地即便进入充填过程，沉积物从地形高地被剥蚀、搬运到地形低地进行沉积和成岩，沉积物的充填过程受内部动力条件影响，同时也响应于外部机理，如气候和构造作用。碎屑岩沉积物的搬运和沉积是机械过程，化学岩沉积物的搬运和沉积则是化学过程。不管是碎屑岩沉积物还是化学岩沉积物，其剥蚀、搬运和沉积过程都符合输运方程条件。

1. 碎屑岩沉积成岩过程

主要以 Kooi 和 Beaumont（1994）模型为例，来说明碎屑岩的搬运沉积过程。该表面过程模型描述了地形 h（x，y，t）的长期变化，是短途和长途质量输运过程联合作用的结果，前者是扩散过程，后者是对流过程。

1）短途输运

短途输运代表山坡过程（例如土壤蠕变、雨水喷溅、土壤流、滑坡和岩崩）的综合效果，这些过程将物质从山坡搬运到相邻谷地中，水平物流 q_s 与局部坡度 ∇h 有关：

$$q_s = -K_s \nabla h \tag{1-1}$$

式中，K_s 为扩散系数，与物质性质有关，$K_s = u_s h_s$。h_s 和 u_s 分别为可剥蚀表面边界层的厚度和搬运速度。对于考虑气候对风化速率的影响时，这种理解特别有意义。因此，K_s 可理解为既是岩性的函数，也是气候的函数。

假定没有构造输运、体积守恒（忽略孔隙度变化）、溶解作用，则可给出线性扩散方程：

$$\frac{dh}{dt} = -K_s \nabla^2 h \tag{1-2}$$

2）长途输运

长途输运反映的是冲积搬运的综合效果，长途输运体系的局部平衡沉积物搬运能力 q_f^{eqb} 与局部线性河流能量成比例：

$$q_\mathrm{f}^\mathrm{eqb} = -K_\mathrm{s}q_\mathrm{r}\frac{\mathrm{d}h}{\mathrm{d}l} \tag{1-3}$$

式中，q_r 为单位宽度河流卸载量；$\dfrac{\mathrm{d}h}{\mathrm{d}l}$ 是河渠方向上的斜坡度；K_s 是标量搬运系数。

如果沉积物搬运处于稳态情况下，即 $\partial q_\mathrm{f}/\partial t = 0$，则时间依赖性的剥蚀或沉积变为空间依赖性，其形式为

$$\frac{\partial h}{\partial t} = -\frac{\mathrm{d}q_\mathrm{f}}{\mathrm{d}l} = \frac{1}{L_\mathrm{f}}(q_\mathrm{f}^\mathrm{eqb} - q_\mathrm{f}) \tag{1-4}$$

式中，$L_\mathrm{f} = V_\mathrm{f}t_\mathrm{f}$；$q_\mathrm{f}$ 为河流搬运的局部沉积物流；V_f 为对流速度；t_f 为时间；L_f 可理解为与气候和岩性有关的参数。

2. 碳酸盐岩沉积成岩过程

充分考虑地层单元的几何形状和岩性受构造沉降、海平面升降变化、沉积物供给和气候控制，采用一个作用–响应模式，模拟碳酸盐岩层序的垂向叠置方式和横向展布特点（徐怀大等，1997）。沉降速率和海平面变化速率综合表现为沉积可容空间系数。

如图 1-6 所示，设从时间 1 到时间 2，水深从 DW1 变为 DW2，沉积物厚度从 DS1 变为 DS2，设 ΔIS 为基底沉降量，ΔDW 为水深变化量，ΔSL 为海平面变化量，ΔDS 为沉积物净增量，则有

$$\frac{\mathrm{dIS}}{\mathrm{d}t} + \frac{\mathrm{dSL}}{\mathrm{d}t} - \frac{\mathrm{dDS}}{\mathrm{d}t} = \frac{\mathrm{dDW}}{\mathrm{d}t} \tag{1-5}$$

上式为沉积学和层序学中控制沉积变量之间的基本数学关系。

当 $\dfrac{\mathrm{dDW}}{\mathrm{d}t} > 0$ 时，水深增加，形成海进序列。反之，则形成海退序列。

碳酸盐岩产率主要由水深所控制，即碳酸盐岩产率可以粗略看作是水深的函数，即 DS=f(DW)，即

$$\frac{\mathrm{dIS}}{\mathrm{d}t} + \frac{\mathrm{dSL}}{\mathrm{d}t} + \frac{\mathrm{d}f(\mathrm{DW})}{\mathrm{d}t} = \frac{\mathrm{dDW}}{\mathrm{d}t} \tag{1-6}$$

基于此，可以构筑一个理论模型，模拟各种不同海平面变化和基底沉降速率条件下，碳酸岩台地上不同部位的沉积作用响应，从而对影响碳酸盐岩层序形成的各要素之间相互作用作出定量解释。

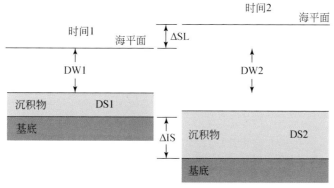

图 1-6 沉积作用与各控制因素之间的关系（据徐怀大等，1997）

第三节　　地球系统的波动过程

地球系统的波动性表现在时间上具有周期性和空间上具有波状运动特点，波动的周期性具有多时间尺度，从亿年尺度到年际尺度等；在空间上的波动表现为地块的波浪状运动、构造的等距性和迁移性等。

一、波动的时间尺度

地球形成与演化过程中，岩石圈、水圈、生物圈、大气圈等圈层的发展具有强烈的波动性，各自具有不同的时间周期，这些时间周期根据其对应的天文和地质过程可以划分为不同的尺度（图 1-7）（Benkö，1985；王鸿祯，1997；An et al.，2015；陈书平等，2020）。

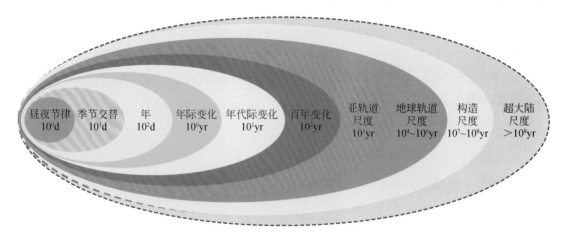

图 1-7　地球系统波动的时间尺度（修改自 An et al.，2015）

首先是大于 10^8 yr 的波动过程，即超大陆旋回，主导地球陆壳演化，生命起源与演化（Conrad，2013；Puetz and Condie，2022）。其次是 $10^7 \sim 10^8$ yr 的波动过程，即构造尺度的波动节律。全球板块运动，岩浆活动，古地磁极变化，表层水循环与碳循环等圈层的波动节律常发生在这类时间尺度上（Berner，2003；Meyers and Peters，2011；Mitchell et al.，2019）。高频驱动力通过气候变化在沉积记录中留下了印记，包括时间尺度为 $10^4 \sim 10^6$ yr 的振荡，称为米兰科维奇周期，主要由地球轨道变化调控（Milankovitch，1941；Berger，1988；Laskar et al.，2004），以及 $10^2 \sim 10^3$ yr 的亚米兰科维奇周期、半岁差周期（Berger and Loutre，1997）等。在年代际尺度上，太阳辐射强度的变化主要受 70 ~ 90 yr 的 Gleissberg 周期、22 yr 的太阳海尔周期和 11 yr 的施瓦贝太阳黑子周期所支配（Hoyt and Schatten，1997；Shi et al.，2021）。在更短的时间尺度上，厄尔尼诺南方涛动（Trenberth，1997）和准双年振荡（Baldwin et al.，2001）是由海洋和大气系统中的耗散性振荡引发的。解释这些周期和突发地质事件留下的记录是一个重大的挑战，因为它们往往是叠加的，并且在地球历史上相互干扰。

二、天文周期

沉积过程的旋回性变化体现在不同级次的时间尺度上，这种旋回性变化在地球轨道时间尺度（米兰科维奇旋回）有明确记录（Milankovitch，1941；Berger et al.，1992；Laskar et al.，2004）。然而，米兰科维奇旋回气候变化理论的局限性在于它无法解释超越地球轨道尺度的长期过程（Zhang et al.，2023；张瑞等，2023）。近年来，人们发现地球内部及表层的各种地质作用周期通常与太阳系在银河系内运动的轨道周期（Puetz et al.，2014；Rampino and Caldeira，2017；Boulila et al.，2018a）等存在相似的变化。本节对影响沉积盆地波动演化的太阳系轨道周期、地球轨道周期等做重点阐述。

（一）银河年

大规模巡天观测使我们获得了大量关于银河系结构和运动学的信息，这些信息概括了银河系的基本形状、组成、运动、质量和演变（McMillan，2016；Reid et al.，2019）。从垂直于银河系平面的方向看，银河系是由四条主旋臂组成的棒旋星系，四条主旋臂分别为英仙旋臂、盾牌-南十字旋臂、人马-船底旋臂、矩尺-天鹅旋臂［图1-8（a）］。太阳系则位于英仙旋臂与人马-船底旋臂之间的猎户支臂的内缘，到银河系中心的距离大约2.6万光年（Gies and Helsel，2005；Zhang et al.，2023）。

银河系平面上的恒星团绕银河系中心旋转，一个完整的旋转周期通常被称为银河年（Innanen et al.，1978；Gies and Helsel，2005；Bailer-Jones，2009）。太阳的当前位置位于近银河系中心点，旋转速度为233.4±1.5 km/s（Drimmel and Poggio，2018），银河年可限定为220～230 Myr（Araujo et al.，2019；Reid et al.，2019）。此外，太阳系的径向速度分量以1.4 km/s向内螺旋运动，导致银河年随时间的推移而减小（Steiner and Grillmair，1973）。

（二）太阳系轨道周期

太阳系自身具有庞大的壳体结构，八大行星位于内壳层。海王星外的柯伊伯带是由冰质小行星或彗核组成的区域。它的外缘被称为奥尔特云，其中有无数的彗星，是距离太阳最远的壳层。太阳系在银河系的盘面内以近似圆形轨道运动。太阳目前位于中平面的北面，以7±1 km/s的速度远离中平面，并以9±1 km/s的速度向银河中心移动（Fuchs et al.，2009）。因此，可以利用太阳在三维空间中的当前位置和速度以及银河系已知的引力势数值积分来重构太阳系的轨道参数（Gies and Helsel，2005；Bailer-Jones，2009；McMillan，2016）。太阳在圆形轨道上的运动可以用银河系的柱坐标系（φ，R，Z）来描述。φ显示了随着轨道的推进在方位角位置上的前进［图1-8（c）］；R值反映了距离银河中心的距离随时间的变化［图1-8（d）］；Z值显示了在银河平面上方和下方的振荡［图1-8（e）］。

天体运行时的径向速度指物体运动速度在观察者视线方向的速度分量，即速度矢量在视线方向的投影。当前太阳对银河系中心的径向速度为9 km/s，太阳系到银河系中心的径向距离变化周期约180 Myr（Gies and Helsel，2005；Bailer-Jones，2009；Gillman and

Erenler，2019），这个周期也可能与太阳系穿越银河旋臂的时间（188 Myr）一致（Gillman and Erenler，2008，2019；Gillman et al.，2018）。由于太阳系的运动有远银心点和近银心点之分，两者交替出现，其半周期约 90 Myr（徐道一等，1983；Chen et al.，2015）。

　　根据银河系运动学的螺旋密度波理论（Innanen et al.，1978；Vallée，2022），当太阳系围绕银河系中心旋转时，密度波的一个分量使得太阳系在垂直于银盘面的方向上螺旋前进，周期为 60 ~ 72 Myr［图 1-8（b）、（e）］。考虑到太阳系在其完整的垂直运动中两次穿越银盘面，其垂向振荡的半周期为 30 ~ 36 Myr（Rampino and Stothers，1984a；Stothers，1998）。

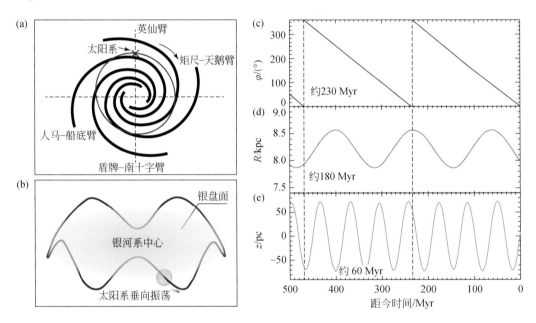

图 1-8　太阳系在银河系中的位置及其轨道周期模型

（a）银河系四个主旋臂及太阳系的当前位置（Gillman and Erenler，2019）；（b）太阳系穿越银盘面时垂向运动轨迹示意图（Rampino，2017）；（c）方位角位置随轨道的推进（Gies and Helsel，2005；Svensmark，2007）；（d）太阳围绕银河系中心的径向运动（Bailer-Jones，2009）；（e）太阳围绕银河系中心的垂直运动（Bailer-Jones，2009）。pc 为秒差距，天文学中使用的距离单位，一秒差距大约 3.26 光年；kpc 为千秒差距

　　由于银河系的质量模型和引力势场模型大多来自天文观测约束，复杂的天文环境对太阳系轨迹的影响还没有充分揭示。例如，银河引力势模型是轴对称的，没有考虑到旋臂附近引力场的微小变化（Dehnen and Binney，1998；Gies and Helsel，2005）。该模型还忽略了与巨分子云的相互作用引起的轨道扰动（Scoville and Sanders，1986；Bailer- Jones，2009）。

（三）地球轨道周期

　　太阳系内不同行星之间以及地球和月球之间的引力导致地球自转轨道和围绕太阳的公转轨道逐渐发生变化，从而引起地球轨道参数的周期性变化（Milankovitch，1941；Berger

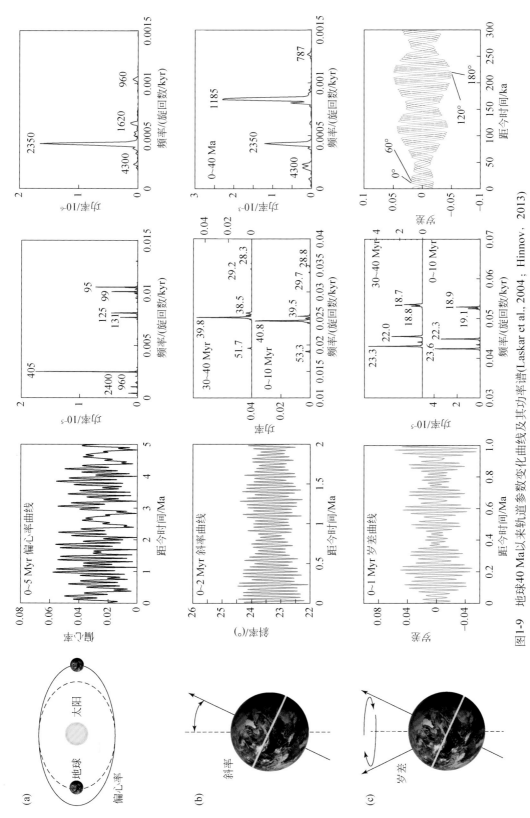

图1-9　地球40 Ma以来轨道参数变化曲线及其功率谱(Laskar et al., 2004; Hinnov, 2013)

(a)地球轨道偏心率变化曲线及其功率谱; (b)地球轨道斜率变化曲线及其功率谱; (c)地球不同纬度上岁差变化曲线及其功率谱

et al.，1992；Laskar et al.，2004）。来自月球的引力也在旋转的相反方向施加了一个扭矩，导致地球的旋转减速（Hinnov，2013）。

影响日照分布的地球轨道参数已被广泛认可：偏心率、斜率和岁差（图1-9）。地球的轨道偏心率是由其他行星运动的引力扰动造成的。偏心率决定了地球和太阳之间的距离，从而决定了大气层顶部接受的太阳辐射总量。偏心率的主要周期为95 kyr、99 kyr、124 kyr、131 kyr 和 405 kyr。斜率，即赤道相对于地球轨道平面的倾斜度，决定了日照的入射角，从而决定了日照的纬向分布。因此斜率是地球四季存在的原因。现代斜率的主要周期为41 kyr，次要周期为54 kyr、39 kyr、29 kyr。岁差的变化周期为24 kyr、22 kyr、19 kyr 和 17 kyr（Berger，1988，Laskar et al.，2004）。此外，半岁差周期已经被观察到，并被解释为由于太阳每年两次穿越热带地区而产生的现象（Berger and Loutre，1997；Boulila et al.，2010）。

轨道参数的数值积分表明存在着高频轨道周期的振幅调制（Laskar，1990）。例如，20 kyr 的气候岁差被 100 kyr 短偏心率周期调幅，而后者被 405 kyr 长偏心率周期调幅（Hinnov，2000；Laskar et al.，2004）。约 173 kyr 斜率调制周期与地球和土星之间的轨道斜率的频率干扰有关（Hinnov，2000）。在新生代和白垩纪地质记录中，这项周期被多次检测到（Boulila et al.，2018b；Charbonnier et al.，2018；Huang et al.，2021）。

对于低频轨道周期，能量可以通过振幅和/或频率调制从高频项转移到低频项（Boulila et al.，2012）。对 La2004（Laskar et al.，2004）和 La2010d（Laskar et al.，2011）天文模型的时间序列分析表明，对 405 kyr 偏心率周期的振幅调制会导致 2.4 Myr、4.7 Myr 和 9.5 Myr 超长偏心率周期（Boulila et al.，2012，2021；Martinez and Dera，2015）。表 1-1 对不同时间尺度的天文周期类型及可能的变化机制进行了归纳。

表 1-1　不同时间尺度的天文周期类型及可能的变化机制

天文周期	参考值	可能的驱动机制	参考文献
太阳系完整穿越四个旋臂并返回起点	约 750 Myr	太阳系比银河系旋臂的运动速度略快	Gillman and Erenler, 2019
太阳系围绕银河系中心旋转一周（银河年）	220~230 Myr	银河系的自转、太阳系轨道与银河系引力势和螺旋密度波的相互作用等	Araujo et al., 2019; Reid et al., 2019
太阳系穿越银河系的一个旋臂	约 188 Myr		Gillman and Erenler, 2019
太阳系向银河系中心作径向运动	约 180 Myr		Gies and Helsel, 2005
太阳系向银河系中心作径向运动的半周期	约 90 Myr		Bailer-Jones, 2009
太阳系绕银盘面垂向振荡	60~72 Myr		Rampino, 1999
太阳系绕银盘面垂向振荡的半周期	30~36 Myr		Stothers, 1985
银河系宇宙射线通量的变化	30~36 Myr		Boulila et al., 2018a
陨石撞击事件	26~36 Myr	对奥尔特云的引力扰动	Rampino and Stothers, 1984a, 1984b

天文周期	参考值	可能的驱动机制	参考文献
偏心率振幅调制周期	4.7 Myr 和 9.5 Myr	不同频率的轨道周期之间的能量传递，地球轨道与太阳系内行星的相互作用	Boulila et al.，2012
偏心率振幅调制周期	2.4 Myr	地球和火星的近日点进动之间的相互作用	Laskar et al.，2004；Boulila et al.，2011
斜率振幅调制周期	1.2 Myr	地球和火星的节点进动之间的相互作用	Laskar et al.，2004；Boulila et al.，2011
长偏心率周期	405 kyr	金星和木星之间的轨道共振	Laskar et al.，2004
斜率振幅调制周期	173 kyr	地球和土星之间的轨道共振	Boulila et al.，2018b
短偏心率周期	95 kyr、99 kyr、125 kyr、131 kyr	火星和木星（95 kyr）、地球和木星（99 kyr）、火星和金星（125 kyr）、地球和金星（131 kyr）之间的轨道共振	Milankovitch，1941
斜率周期	约 41 kyr	地球轨道倾角的变化	Milankovitch，1941；Berger，1988
岁差周期	约 20 kyr	近日点和地球自转轴的进动变化	Milankovitch，1941；Berger，1988
半岁差周期	10～12 kyr	千年尺度的太阳辐射变化	Berger and Loutre，1997
海因里希周期	5～10 kyr	千年尺度的太阳辐射变化	Heinrich，1988
丹斯果–奥什格尔周期	约 1.5 kyr	千年尺度的太阳辐射变化	Dansgaard et al.，1993
格莱伯格周期	70～90 yr	太阳辐射强度的变化	Hoyt and Schatten，1997
海尔周期	22 yr	太阳辐射强度的变化	Hoyt and Schatten，1997
施瓦贝太阳黑子周期	11 yr	太阳辐射强度的变化	Hoyt and Schatten，1997
厄尔尼诺南方涛动	3～7 yr	由日照量维持的海洋和大气系统的耗散性振荡	Trenberth，1997
准两年振荡	2.3～2.5 yr	由日照量维持的海洋和大气系统的耗散性振荡	Baldwin et al.，2001

三、地壳（盆地）波动周期

地壳（盆地）运动具有显著的周期性特点。自地球形成以来，地壳运动明显表现出 2 亿年左右的周期性，如燕山旋回和喜马拉雅旋回、印支旋回和海西旋回都是 2 亿年左右。当然，这些构造旋回可以进一步划分成构造幕和次级构造旋回（图 1-10），这些次级、

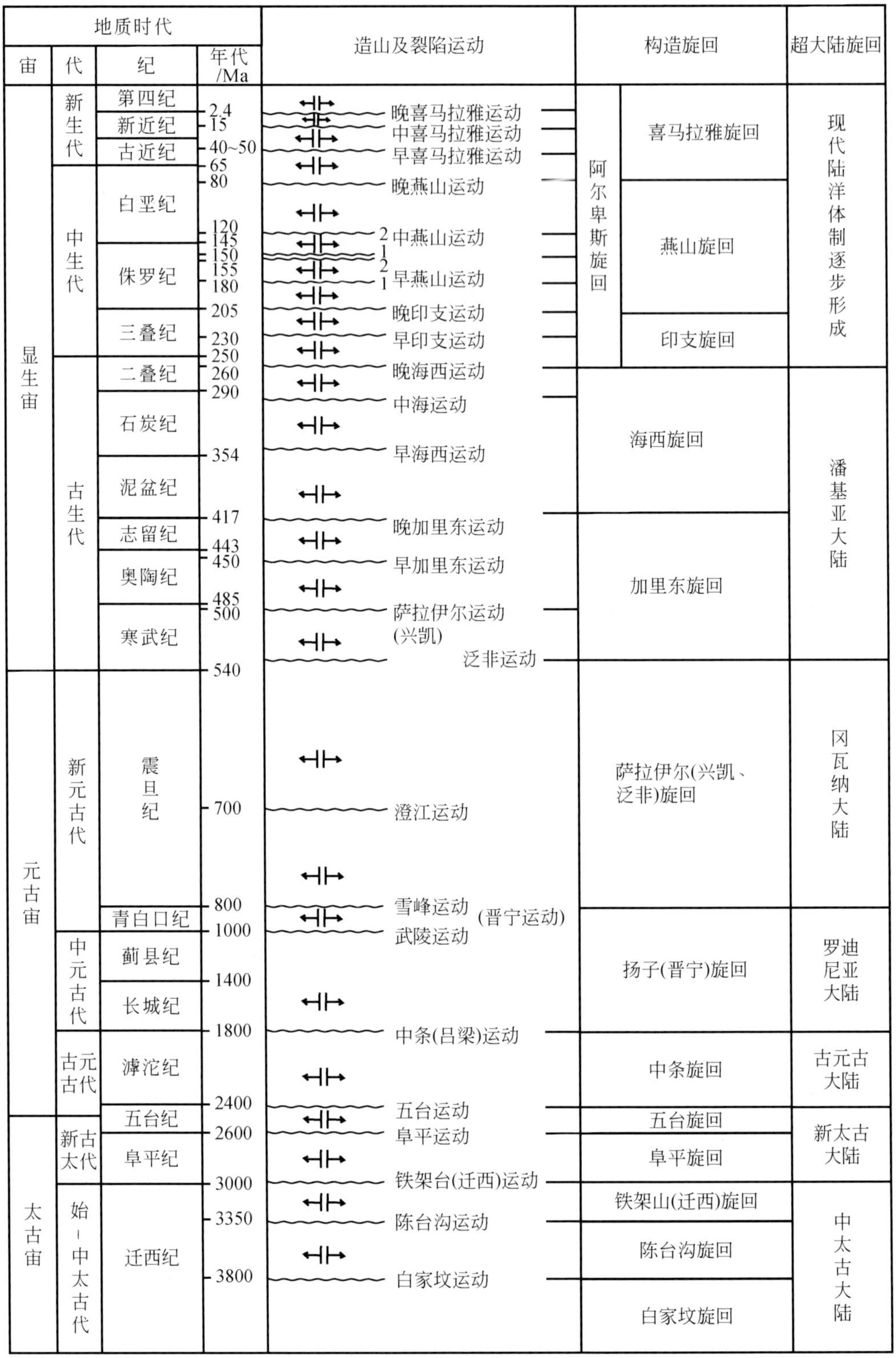

地质时代				造山及裂陷运动	构造旋回		超大陆旋回
宙	代	纪	年代/Ma				
显生宙	新生代	第四纪	2.4	晚喜马拉雅运动	喜马拉雅旋回	阿尔卑斯旋回	现代陆洋体制逐步形成
		新近纪	15	中喜马拉雅运动			
		古近纪	40~50	早喜马拉雅运动			
			65				
	中生代	白垩纪	80	晚燕山运动	燕山旋回		
			120				
			145	2 中燕山运动			
			150	1			
		侏罗纪	155	2 早燕山运动			
			180	1			
			205	晚印支运动	印支旋回		
		三叠纪	230	早印支运动			
			250				
	古生代	二叠纪	260	晚海西运动	海西旋回		潘基亚大陆
			290	中海运动			
		石炭纪		早海西运动			
			354				
		泥盆纪	417				
		志留纪	443	晚加里东运动	加里东旋回		
		奥陶纪	450	早加里东运动			
			485	萨拉伊尔运动 (兴凯)			
		寒武纪	500				
			540	泛非运动			
元古宙	新元古代	震旦纪	700	澄江运动	萨拉伊尔(兴凯、泛非)旋回		冈瓦纳大陆
		青白口纪	800	雪峰运动 (晋宁运动)	扬子(晋宁)旋回		罗迪尼亚大陆
			1000	武陵运动			
	中元古代	蓟县纪	1400				
		长城纪	1800	中条(吕梁)运动	中条旋回		古元古大陆
	古元古代	滹沱纪	2400				
太古宙	新古太代	五台纪	2600	五台运动	五台旋回		新太古大陆
		阜平纪	3000	阜平运动	阜平旋回		
	始-中太古代	迁西纪	3350	铁架台(迁西)运动	铁架山(迁西)旋回		中太古大陆
			3800	陈台沟运动	陈台沟旋回		
				白家坟运动	白家坟旋回		

图 1-10 中国及邻区造山运动与构造旋回划分（任纪舜等，1999）

再次级的旋回均具有同级旋回大致等时性的特点，其中 35～40 Myr 周期是全球波状构造运动的基本节律，其构造活动期与构造平静期经历了大致相同的时间（徐道一等，1983）。该周期也是各种地质作用耦合最好的地质旋回，具有全球可比性（史晓颖，1996；王鸿祯，1997）。

分隔构造旋回的界面是不整合，它反映了大陆碰撞、洋脊–大陆碰撞、海山–大陆碰撞、俯冲带俯冲速度和俯冲角度的变化等。大型边缘海区塌陷等引起板块短期的再组合，其后是新的沉降旋回。Sloss（1976）提出，大陆克拉通的历史演化有三种类型的构造幕出现，即下降幕、上升幕和震荡–破裂幕，幕的出现具有全球同时性。

盆地波动体现在沉积层序上，是由不同时间尺度的不整合限定的。Vail 等（1977）划分出三种尺度的沉积旋回（图 1-11）：一级旋回，能辨认的有两个这样的长期旋回（前寒武纪到早三叠世和中三叠世到现在）（分别为 300 Myr 和 225 Myr）；二级旋回，在 10～80 Myr 尺度上有 14 个这样的旋回；三级旋回，在 1～10 Myr 尺度上有 780 个这样的旋回。本书对不同属性的沉积盆地演化中长周期进行的统计表明，全球沉积盆地的构造–沉积演化主控周期约为 740 Myr、220 Myr、90 Myr、30 Myr 和 10 Myr 等（表 1-2）。沉积旋回可能受地内因素和天文因素共同调节（金之钧等，2000，2005；陈书平，2019；陈书平等，2020；张瑞等，2023）。

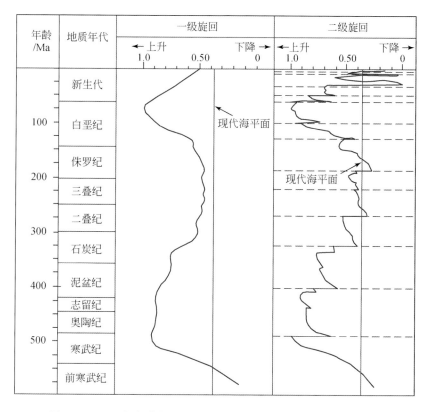

图 1-11 显生宙全球海平面变化旋回（修改自 Vail et al.，1977）

表 1-2　国内外典型沉积盆地演化的波动周期

沉积盆地	地质时代	沉积旋回/Myr					文献来源
渤海湾盆地	新元古代至今	740	200~220	—	27~35	6~10	施比伊曼等，1994
塔里木盆地	新元古代至今	740~760	200~235	100	30	10	金之钧等，1998，2003；Chen 等，2015；陈书平等，2020
四川盆地	新元古代至今	750	220	100	35	18	汤良杰等，2005
三水盆地	新元古代至今	740	220	120	30	10	张一伟等，1997
楚雄盆地	新元古代至今	760	220	100	45	10	李儒峰等，2004
柴达木盆地	显生宙	—	180		20	8	金之钧等，2006
鄂尔多斯盆地	显生宙	—	250	93	33	9	张瑞等，2023
松辽盆地	中生代	—	—	100	35	8	李儒峰等，2012
燕辽裂谷	中元古代	—	200		32	—	孟祥化等，2011
俄罗斯西西伯利亚盆地	新元古代至今	540	200		27~35		金之钧等，1996
俄罗斯西西伯利亚盆地	中-新生代	—	180~200	90	45	18	Belozerov and Ivanov，2003
加拿大北极地区	显生宙	—	—		32	—	Rampino and Caldeira，2020
日本美浓盆地	中生代	—	—		30	10	Ikeda et al.，2017，2020
意大利西西里岛	中生代	—	—		30	10	Ikeda et al.，2020
美国纽瓦克盆地	中生代	—	—		—	8~10	Ikeda and Tada，2020
巴西亚马孙河口盆地	白垩纪	—	—			9.5	Boulila et al.，2020
意大利古比奥地区	白垩纪	—	—			8	Sprovieri et al.，2013

四、波状构造

（一）构造的等距性和迁移性

1. 隆-拗变迁

根据变形岩石的流变学性质，可将地壳上的变形区划分为三种类型，即相对稳定地区、岩石塑性较强的活动区和岩石刚性较强的活动区，不管哪个变形区，其基本形变类型就是隆起和拗陷。隆-拗交替表现为波状运动，包括隆-拗伴生、隆-拗转化和隆-拗时空定向迁移。这里所谓的隆起和拗陷的含义较广泛，包括了单个的和复式的宽阔平缓型隆起和拗陷；向斜、背斜和复向斜、复背斜型拗陷和隆起；地堑、地垒和复式地堑、地垒型拗陷和隆起以及三种互相复合型的拗陷与隆起。

隆-拗剖面构造细节和平面展布都显示出波动特点，可用几组波的叠加干涉来表达

（Мясникова и Шпильман，1989；Мясникова，1991）。图 1-12 展示了三组不同方向的波平面干涉图，其中每组波的周期和振幅都相同，它们以一定的角度相互干涉，形成了形态复杂的地质构造。如果三组波的振幅非线性变化，同时改变波的传播方向，其干涉结果就更加复杂。大陆地壳受到外力作用后，硅铝层不仅呈现波浪形态，波峰和波谷也会相互转化推进迁移，就像一浪推一浪一样。不过这种波动的波长非常长，可达几十千米、几百千米，甚至上千千米，其周期也可以长达几百万年、几千万年，甚至上亿年。由于波动周期和波长的复杂性，波的干涉和叠加往往是不同时进行的，并且强弱不一。后期的波动可能会改变原来的构造形态。此外，多次的地壳升降运动、地层的剥蚀等因素的干扰也会使得直接观察具体的波动过程变得困难。因此，需要利用一定的手段从剖面和平面上进行分析来研究地质构造的波动过程。

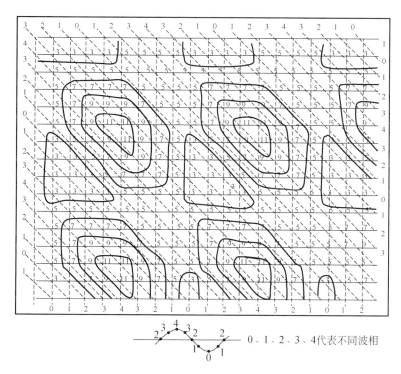

0、1、2、3、4代表不同波相

图 1-12　三组不同方向的波平面干涉示意图

2. 构造的近等距性

地质构造在空间上的近等距性，是地壳波浪运动在地表留下的最好标记，最典型的是构造带分布的近等距性。张伯声和王战（1984）对此曾作过重要的论述，他们认为地球上有几个明显的或断或续的环球构造活动带，由于其规模已接近地球的大圆而被称为大圆构造带，明显的有环太平洋构造活动带、特提斯构造活动带、环印度洋构造带和环南大西洋构造带，这四个大圆构造带基本上都处于地球上的巨大洼陷和巨大隆起之间的部位，可以认为是第一级的等间距的构造带。

世界上几个著名地台之间，夹着地槽褶皱带。这些褶皱带相距约有 2500 ~ 3000 km。

中国及其邻近的东亚其他地区，造山带均被地块所隔，其间距多在 500～800 km，在这些构造褶皱带间的地块内部，又多在平分地块的地带发育着一条活动性较次的"构造带"。在每一构造带内，还平行排列着若干条山带，间距多为 40～50 km，进一步还可划分出5～7 km 宽的平行断条或复式褶皱。

造山带内部，常可发现一系列近平行的、与构造带走向相垂直或斜交的断裂破碎带，其分布也近于等间距，通常在 6～10 km 之间。各级构造带的近等间距性，导致各级的沉积洼陷带、变质岩带、火山岩带、侵入岩带以及脉岩带近等间距排列。南阳、泌阳拗陷已发现的部分油气藏，也具有明显的近等间距特点，间距约 10 km（图1-13），油藏受构造影响，也从另一个侧面说明了构造的等距性。

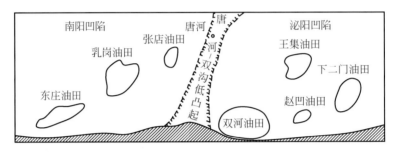

图1-13　油气藏分布近等间距性示意图

3. 不整合面的非等时性

某一不整合面虽然在大尺度的时间间隔上大致相同，但在不同地区之间，却存在着一个不长的时间差（图1-14），反映了构造的迁移性，从一个侧面反映了波传播到达的时间先后效应。

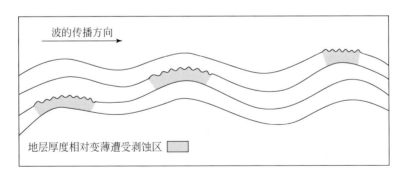

图1-14　不整合面非等时性的形成过程示意图

嵩明—遵义地区的不整合（图1-15）充分表现了不整合面的非等时性。在该区域的西南部，早在寒武纪早期就已经出现了地层缺失现象；而向东北方向，从昆明和曲靖一带开始，地层缺失的时间则推迟到了晚寒武世。再往东北到织金地区，地层缺失的时间又推迟到了中奥陶世；而到了遵义及其北部地区，地层缺失的时间则又推迟到了中志留世后期；在四川泸州一带，地层缺失的时间一直延迟到了晚志留世。这种依次缺失的地层定向反映了本区地壳运动的总趋势呈波浪形式。但是，在昆明和曲靖地区缺失上寒武统之前，在其北东方向的宣威和威宁一带却率先缺失了中寒武统；在织金地区开始缺失中奥陶统之前，在其东北方向的大方和开阳地区又率先缺失了下奥陶世统。初看起来，这种奇怪的跳跃现象似乎使波浪迁移乱了套，但实际上这正是波浪运动的真正形式。这种相位差的存在使得地壳波浪的运动形态更加形象。此外，许多地区的地层缺失呈现间歇式的现象，即与相邻区域相比，或者缺失依次错位，或者相互补充，如东川、曲靖、昆明等地区。这也是波浪迁移过程中地壳运动发生峰谷（凸凹）交替变化的必然结果（张学仁，1986）。

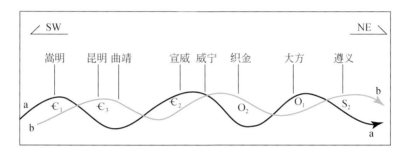

图 1-15　贵州及其邻区地壳波浪相位差与地层变化示意图（张学仁，1986）

a 为早期波动；b 为落后 1/3 周期的另一次波动；字母表示波峰区地层开始缺失的时间

（二）沉降中心有规律地转移

图 1-16 是黄骅拗陷古近系—新近系形成过程的波动模型。由左至右的七条波动曲线分别代表着拗陷内从南西向北东分布的七个小区的沉积过程。可以看出，在 8 区，孔店期对应沉积速率的最大值，到 6 区，孔店期末到沙河街早期对应沉积速率最大值，到 4 区，新近纪后期才达到沉积速率最大值。图中清楚地显示了从一个剖面（小区）到另一个剖面（小区）波的相态变化，其结果是新近系厚度与古近系孔店组厚度呈镜像对称。这是地壳波状运动过程从南西向北东传递的结果。

图 1-17 是五台山区滹沱群豆村亚群各组超覆关系示意图。五台山区滹沱群下部豆村亚群，自下而上为四集庄组、南台组和大石岭组。从这三个组相互之间叠覆关系及对五台山系的超覆关系可以看出：滹沱群自下而上是逐渐由北向南推进的。由各超覆点上、下地层接触关系及砾石来源分析，在向南超覆的同时，早期沉积的地层不断隆起，或被剥蚀而提供砾石，或直接被上面地层以角度不整合叠覆。因此这一超覆过程呈现了前进中横波连续变形的特点，是地史中地壳弹性波传递过程的物质记录。

根据豆村亚群的沉积相、地层厚度及分布宽度可以粗略分析这种弹性波量度上的变化：豆村亚群是一套碎屑岩沉积，由滨海砾岩和具双向交错层、对称波痕的潮汐砂岩组成；泥质岩常可见泥裂，石盐假晶，具潮上盐坪的特征；碳酸盐岩或者富含砂质碎屑，或者产叠层石，具有潮间带的特点。它们基本上均属滨海相的范畴，说明盆地极浅，沉积界面几乎与平均海平面持平，但每个组均有上百米的厚度，说明盆地是持续缓慢地下陷。假如把地层的沉积厚度（1 km）当作弹性波平衡面下面的半波幅度，则可估算当时半波高为1 km，那么波幅就是2 km。由地层分布宽度、超覆点控制的边界推算，每个组沉积宽度约40～50 km，按沉积盆地宽度相当于半波长计算，可获得当时弹性波波长约为100 km（徐朝雷等，1984）。

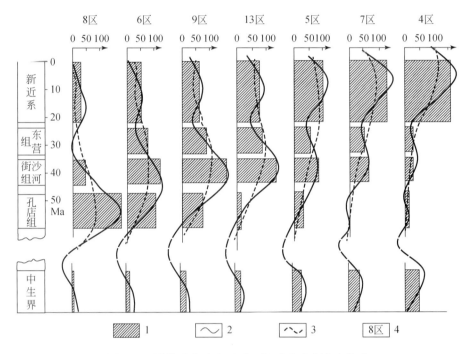

图 1-16 渤海湾盆地古近系—新近系形成波动模型

1. 不同时期地层剖面的沉积速率（m/Myr）；2. 约30 Myr周期波；3. 周期更长的波束叠加；4. 研究区编号

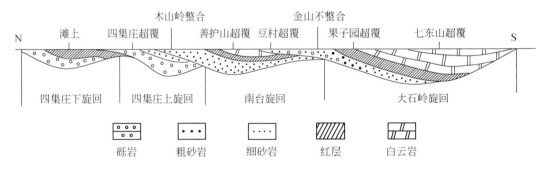

图 1-17 五台山区滹沱群豆村亚群各组超覆关系示意图（徐朝雷等，1984）

(三) 地壳的翘倾运动

地壳的翘倾运动是一种较普遍的地质现象。许多断陷性盆地，如东北裂谷、红海和莱茵地堑的外缘多具翘起的特征，加拿大的渥太华–邦尼切尔地堑和澳大利亚的旺撒吉含煤盆地中发育有一系列同向翘倾的断块。在我国，从贺兰山到渤海就是由一系列一级、次一级的东翘西倾断块所组成。在中–新生代的断陷盆地中，断块的翘倾活动更为普遍，如河套、汾渭、晋中、南襄、江汉等断陷盆地，以及皖北、苏北、鲁西和东北三省的许多含煤盆地中均发育有翘倾断块。图 1-18 是从蓟县经五台山到豫西中上元古界和震旦系的地层剖面。从图中可以直观地看到中上元古界的海侵海退具天平式摆动的特点。断块的翘倾运动及地壳的天平式摆动，是地壳波浪运动中蚤行波和蠕行波同时作用、相互影响的结果。

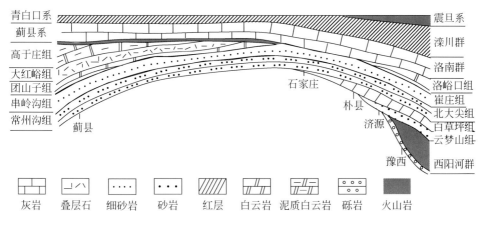

图 1-18　中上元古界超覆显示天平式摆动图示意图（徐朝雷等，1984）

（四）大陆内部变形的波状迁移

横穿四川南部的南北向剖面（图 1-19）的构造变形证明，南部边缘山脉的隆起活动（上升）引发了一个向北的侧压力，此力逐渐向北传播，依次形成了高木顶–打鼓场–白节滩–纳溪构造。在应力传递远端的纳溪构造不是变得比较平缓，反而发生向南部的倒转，这是纳溪构造之北潜伏的泸州古隆起对应力波反射的结果。

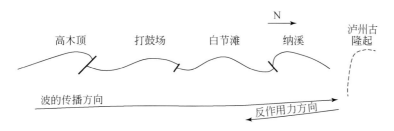

图 1-19　四川南部龙门–泸州构造变形样式示意图

（五）前陆区构造形成的波状迁移性

前陆区构造的形成和演化表现出明显的波动迁移（DeCelles and DeCelles，2001），也许是波动研究的最合适地区。图 1-20 和图 1-21 是库车前陆变形区的两条典型剖面。库车拗陷现今的构造面貌显示峰、谷相间的构造格局，代表了新生代时期天山隆起对南侧库车拗陷的挤压作用所导致的中新生界盖层的波状运动。波状构造带在平面上由北而南可以划分为：北部波峰带、克拉苏–依奇克里克北波谷带、克拉苏–依奇克里克波峰带、拜城–阳霞波谷带、秋立塔克波峰带、南部平缓波谷带。

北部波峰带因靠近天山山脉，构造隆升强烈，中生界地层多出露地表；克拉苏–依奇克里克（克依）北波谷带南北宽度约 10 km，波谷带中最新地层为第四系；克拉苏–依奇克里克（克依）波峰带为库车拗陷最重要的构造带，在该波峰带上叠加了次一级的波峰波谷带，次级波峰、波谷主要发育在该带西段的克拉苏波峰带上，两个次级波峰分别为南侧的喀桑托开背斜和北侧的库姆格列木–巴什基奇克背斜，其间为次级波谷；拜城–阳霞波谷带较为宽阔，带内也存在次级波谷、波峰带，只不过波峰的幅度较小；秋立塔克波峰带的局部地段也叠加了次级波峰、波谷，两个次级波峰分别是北秋立塔克次级波峰带和南秋立塔克次级波峰带，其间为次级波谷带；南部平缓波谷带处于塔北隆起与库车拗陷的过渡部位，构造变形相对北侧波峰、波谷带较弱，其上叠加发育着羊塔克、牙哈等次级波峰、波谷带（图 1-20，图 1-21）。

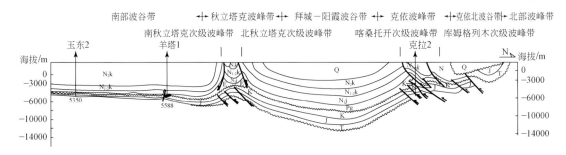

图 1-20　库车拗陷西部南北向构造剖面图

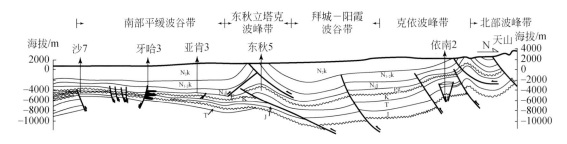

图 1-21　库车拗陷东部南北向构造剖面图

从变形幅度上看，由北向南逐渐变弱；从变形时间上看，北部波峰带形成时间最早，大致从古近纪晚期开始发育，克依波峰带的发育从中新世开始，而秋立塔克波峰带的形成时间是上新世以来。构造的强弱和时间的先后都说明波状运动存在着一个由北向南的传播过程。

第四节　盆地波状运动的影响因素

盆地波动的影响因素有地球自身的内部因素，也有地球以外的外部因素，地球内部因素包括地球自转相关的"大陆车阀作用"、岩石圈板内和板间地质作用，地球外部因素包括银河系引力势场变化、太阳系穿越银河旋臂、太阳系穿越银盘面及地球轨道周期等相关的影响机制。

一、地球内部因素

（一）地球自转相关的力

地球自转运动时，其自转速度是在不断变化的，有长周期的变化，也有短周期的变化，而且旋转轴的方位也有所变动，从而产生了力的变化（高庆华等，1996）。与地球自转相关的力有离心惯性力、纬向附加力和径向附加力，只有在地球自转速度改变时，才能产生这些力。当地球自转速度加快时，经向附加力从两极指向赤道，垂直分力向上；纬向附加力作用方向自东而西。当地球自转速度变慢时，各种力的作用方向与加快时正相反。地震研究工作者发现，地球自转加快时积累能量，地球自转减慢时释放能量。

在地球漫长的历史中，地球自转速度有过较大的变化，总的趋势是在变慢，但地球自转速度的变慢是跳跃式的，或波动的，有时比长期变慢的速率还慢，有时则在一段时期反而变快了（王仁，1976；高庆华等，1996）。地球自转速率的这种变化与潮汐摩擦作用、深部地质过程等有关。

关于地球自转速度的变化所引起的动力量级是否能推动地壳运动还存在争议，高庆华等（1996）认为，既然地球自转速度变化在几十年中积累的应力已对地震活动产生了重要影响，那么长时期的积累对地质历史时期地壳运动的影响就不言而喻了，而王仁（1976）认为，地球自转速度变化引起的力对构造运动仅起触发作用。从与地球自转相关力的大小上看，确实是不容易引起地壳运动，但可能在触发地壳运动和制约地壳运动方向上有一定的作用（Chen，2010）。

（二）地球自转"大陆车阀作用"

李四光（1962）指出地球自转角速度的变化对地壳运动有决定性作用，一方面地球自转角速度的变化决定着地壳运动的方向，另一方面，地球自转角速度的周期性变化，决定着地壳的周期性水平运动以及与之伴生的垂直运动，而地球的这种自转速度的变化是地球自动调节的，称为"大陆车阀作用"。

当地球角速度加大到一定的程度时，地壳，尤其是其上层，就会沿着某些纬度和某些经度发生挤压性或张裂性的大规模构造运动，同时，在某些地区又会发生水平扭动，这些运动的总体趋向是要让地壳的扁度稍稍加大，让地球的形状适应它加大了的自转速度。一旦这些大规模构造运动发动了以后，跟不上随着基底往东加速前进的大陆部分，不免有整体稍微向西错动的趋势，例如南、北美洲就可能是这样的大陆块。当比较坚硬的由基性岩组成的太平洋底阻挡它们向西滑动趋势的时候，就有可能在南、北美洲的西部边缘发生大规模的褶皱或拗褶。科迪勒拉和安第斯地向斜以及在这两个地向斜中继起的褶皱山脉，很可能就是这种作用形成的。由于这种运动在某些趋向于向西错动的大陆的基底和前面受到阻碍发生摩擦，又由于大规模较重的岩石向地球表面侵入或向地表流出以及由于大规模区域变质等作用的影响，还有潮汐作用的干扰（尽管有些研究潮汐者认为这种影响大部分是"弹性"的），地球的角速度会稍稍变慢。角速度变慢的结果，又可能发生与上述情况类似但方向相反的构造运动。据此可以推断，在全球性大规模构造运动发生以前，地球角速度会显著变小，并且持续变小，直到它的角速度又重新增大。可以说，地壳的构造运动是控制地球自转速度的自动机制（李四光，1962）。

（三）岩石圈板块间作用

岩石圈板块间的相互作用是构造变动的主要动力。在板间力作用下，①地壳表层出现了一系列与动力作用方向垂直的、规模不等的大地波浪和正弦状褶皱弯曲及压性或压扭性断裂、节理、挤压带。在结构与性质大体相同的岩层或岩块中，同一等级的构造具有近等距性。间距的大小与岩块的厚度或深度成正比。②同一地区不同方向的动力作用可以引起不同方向的波浪运动，它们叠加在一起，出现了构造的复合现象、叠加和活化。不同方向的"波谷"相交下陷形成盆地；不同方向的"波峰"相交则隆起更高，常出现古老的岩石。③在板间作用下，沉积物的挠曲载荷引起弹性岩石圈的下沉，被动大陆边缘陆壳横向的伸展作用，使得大陆地壳的中、下部向大洋地壳蠕动（不包括板块、地体间的碰撞），从而造成以断层为界，且与海岸平行的沉陷谷和地堑。④板间作用使应力和变形波状迁移，中国大陆曾发生过自北向南的迁移，致使我国的几条纬向构造带自北向南一个比一个形成时代更晚。中国西部，大地波浪向西南方向迁移，北美大陆发生过自东北向西南朝着拉布拉多半岛至密苏里高原的一个向西南方向突出的弧形外侧迁移。日本、澳大利亚、南美洲等地在地质历史上都曾发生向洋的迁移运动。

山东西部箕状凹陷为块体作用引起应力波状传递的典型实例（张一伟，1983）。鲁中地区，是白垩纪以来陆壳块体碰撞的"凸角"地区。在此碰撞"凸角"地区，一是在毗邻"凸角"的地区形成隆起或山脉，并产生放射状或同心状的断层（图1-22）；二是引起碰撞冲击能量的波状扩散，在板内形成相对低的隆起和拗陷。晚白垩世至古近纪，鲁东、鲁西两个块体沿郯庐断裂带碰撞形成凹陷。碰撞的初期，在碰撞主要受力点附近产生了一系列碰撞破裂纹（断层），它们由碰撞点呈放射状分布，北西走向的有蒙山断层、新泰-垛庄断层、铜冶店-蔡庄断层等，东西走向的有长龙断层、陶枣断层。这些断裂的南侧为沉降中心，堆积了官庄组沉积，在平邑凹陷，此期沉积厚度最大，并有数百米碳酸盐岩沉积。碰撞发生后，碰撞冲击能量向板内波状传递。凸起和凹陷反映了波峰、波谷的存在，各层最大沉陷地区平面上有规律的迁移，官庄组主要发育在碰撞点附近，纯化镇组的最大沉降地区移至泗水、汶东、莱芜西、肥城、大汶口、汶上-宁阳等凹陷，沙河街组的最大沉降区则移至东营、惠民、东濮、车镇、沾化等凹陷。至新近系沉积时，最大沉降区已转移到更远的渤海海域、开封拗陷一带（图1-23）。

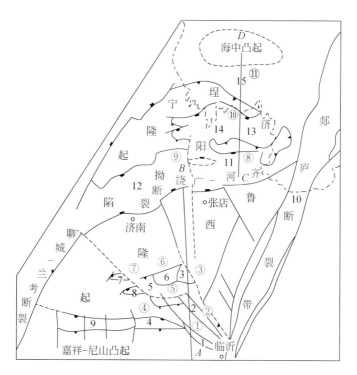

图1-22　山东西部古近纪凹陷分布略图（张一伟，1983）

凹陷：1. 平邑；2. 蒙阴；3. 莱芜东；4. 泗水；5. 汶东；6. 莱芜西；7. 肥城；8. 大汶口；9. 汶上–宁阳；10. 潍北；11. 东营；12. 惠民；13. 沾化；14. 车镇；15. 埕北。断层：①蒙山；②新泰–垛庄；③铜冶店–蔡庄；④汶泗；⑤莲花山；⑥泰安–大王庄；⑦肥城、南留；⑧陈南；⑨无棣南；⑩埕南；⑪海南

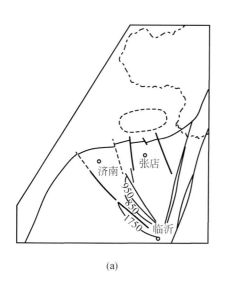

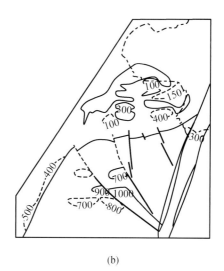

(a)　　　　　　　　　　　　　　　　　　(b)

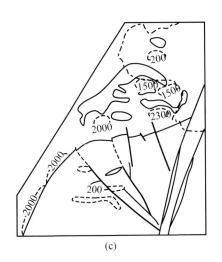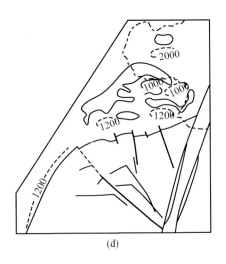

图 1-23　山东西部箕状凹陷新生代各期沉积厚度分布示意图（单位：m；据张一伟，1983）

（a）官庄组；（b）纯化镇组（鲁西隆起上可能包括沙三段部分层位）；（c）沙河街组；（d）新近系与第四系

　　当然，山东西部箕状拗陷沉降中心的这种迁移规律，以及北边的伴生断层的产生可能是在统一构造作用下，不同级别与不同成因的地壳波状运动叠加的结果。如图 1-24 所示，自鲁西隆起至济阳−渤中拗陷为一区域性倾斜（可能反映了地幔的缓慢波状运动），相当于一级波状运动波峰（或波谷）的一翼（曲线Ⅰ）。在此区域背景上，叠加了由鲁东、鲁西块体碰撞引起的二级波状运动（曲线Ⅱ），可以说后者波峰、波谷的位置分别决定了凸起和凹陷的位置，而波的向前传播决定了沉降中心的迁移。曲线Ⅰ+Ⅱ表示了Ⅰ、Ⅱ组波状运动叠加的结果。由曲线Ⅰ+Ⅱ可见，叠加后的波谷（凹陷）并不能保持其叠加前原有的对称波形，波谷向着区域倾斜方向的一翼变陡，在此陡翼应力集中的拐点（b、c 点）处易形成断裂。同理，曲线Ⅰ的拐点（a 点）处也是断层发育地区，其倾向与前者相反（图 1-24）。也就是说，两个级别波的叠加决定了断层的位置。总之，地壳波状运动控制了箕状凹陷北断南超、基本等距分布、各层沉降中心、同生断层有规律转移等一系列特性。

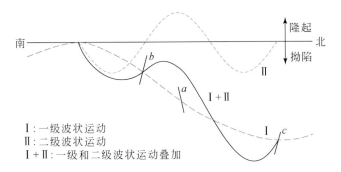

图 1-24　地壳波状运动控制箕状凹陷演化示意图（张一伟，1983）

超大陆的裂解和聚合是周期性的，约 6 亿 ~ 7 亿年为一个周期（图 1-25），而威尔逊旋回约 2 亿年（Li and Zhong，2009；陈凌等，2020）。大陆的周期性碰撞作用是陆内动力学的主要来源之一（Hill et al.，1992），其周期性作用必然引起盆地的周期性发育。与大陆碰撞有关的盆地主要为前陆盆地，因此是前陆盆地周期性发育的主要机理。同时，也引起前陆区挠曲波的迁移（DeCelles and DeCelles，2001）。板块边缘的驱动力的传递包括弹性传力和通过岩石圈下层网络状流动和塑性流动波传递。Bott 和 Dean（1973）建立了岩石圈弹-韧结合的波动传力方程。在这个模型中，将岩石圈板块所受的力全部集中在板块端部，或全部归为洋脊推力，并将岩石圈看作二维弹性板，下伏软流圈流动速度与深度呈线性关系（即软流圈的流动是由上覆运动板块所驱动），在洋脊推动所造成的水平压力作用下，应力呈波状传播。设想板块远端存在着薄弱带，例如先存断层、俯冲带，或"能干"的传力板块与易变形的岩体的接触边界，应力从初始传递到板块远端并经过一段时间后，应力将达到薄弱带的屈服极限，板块边界就会发生位移，达到应力释放；随后，应力再次聚集达到临界值，然后再释放。因此，板块远端的应力释放是周期性的，变形也是周期性的。

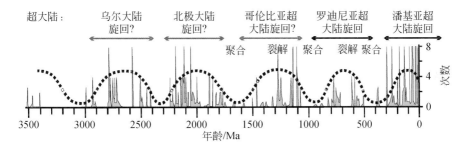

图 1-25　地球历史时期超大陆时间演化与大火成岩省事件概率分布的对比
（据 Li and Zhong，2009；陈凌等，2020）

（四）大陆幕式增生

大陆沿其边缘的幕式增生，必然引起大陆内部地质事件的周期性。大陆形成的地质年代证明，大陆形成的高速期和低速期是交替进行的（McCulloch and Bennett，1994；Stein and Hofmann，1994；Kirkland et al.，2022；Nance，2022）（图 1-26）。地壳的形成和地幔对流是紧密相连的，大陆增生主要通过俯冲驱动的岛弧岩浆活动和岛弧增生、现存地壳底部的幔柱驱动的垫托作用和幔柱产生的大洋高原或海山的增生作用等实现。地壳形成的幕式特点说明，高速形成期和低速形成期时，地幔对流的方式是不同的（Stein and Hofmann，1994），它可以在单层或全层对流和双层对流之间交替进行（图 1-27），这里的层指的是以过渡带底界（670 km）分开的地幔，其上为上层、其下为下层。

地幔可以在上层和下层内部作分层对流，这种对流方式也叫威尔逊对流，属于正常板块构造期，大洋开合。地幔柱起源于上层底部，大陆通过岛弧增生而扩大，增生速度较慢。在过渡带底面上聚集的冷的俯冲岩石圈板片会幕式、突发式地掉入过渡带下部的下地幔中，引起地幔柱从核幔边界上升到地表，形成主对流，引起上、下地幔重要的物质交

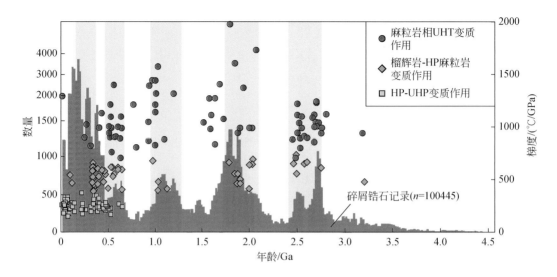

图 1-26　基于碎屑锆石年龄表征大陆地壳的生长节律（Nance，2022）

阴影表示超大陆的聚合期，左侧纵坐标轴标尺间距不等

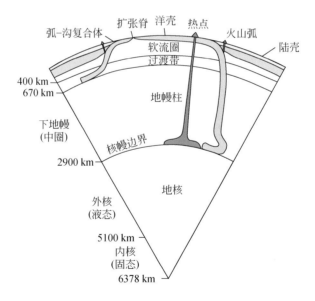

图 1-27　地球岩石圈俯冲切片（Stern，2002；Allen and Allen，2013）

岩石圈板片或在 670 km 不连续面上聚集，或掉入下地幔到达核幔边界。地幔柱从核幔边界上升到大洋板块并形成热点

换。大的地幔柱头形成海底高原，通过拼贴形成新生大陆或垫托在现存大陆岩石圈或地壳下，这种方式的大陆增生速度较大。不管是双层对流还是单层对流，都是幕式发生的。因此大陆增生也是旋回式发生的，周期似乎有变小的趋势（Kirkland et al.，2022）（图 1-28）。

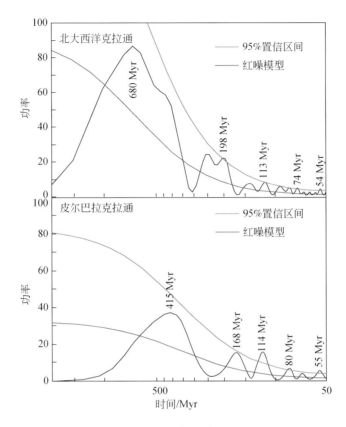

图 1-28 克拉通锆石颗粒的 Hf 同位素频谱分析 (Kirkland et al., 2022)

（五）岩石圈流变学分层结构与裂谷幕式发育

Bott（1976）认为，在一定时期，地堑沉降能痉挛式地重复发生，持续时间取决于相应的黏弹性体性质（图 1-29）。在断裂阶段，由于断层的影响，楔形体活动加大，随着沉降活动加大，脆性层的张应力降增大，脆性层的弹性收缩与断层作用引起的拉伸相等；在拉伸阶段，由于断层活动的结果，使弹性层张力增加，高塑性层的应力被释放，然后又重新作用于上部脆性层时，就产生递增拉伸与变薄活动。这两个过程可循环发生。

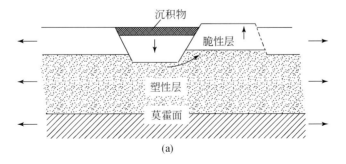

(a)

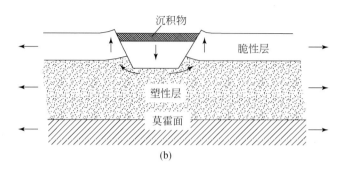

图 1-29　地堑形成机制示意图（Bott，1976）

（a）由地垒上升补偿的沉降；（b）由弹性上挠补偿的沉降

　　根据垂直运动的机理，岩石圈减薄和地壳减薄以相反方向进行，大的地壳减薄增加裂谷轴部的沉降，但大的岩石圈减薄则减少沉降（Allen and Allen，1990）。伸展引起的应力过程是自扩散过程，因为岩石圈减薄引起张性应力，加速裂谷作用和进一步张应力。另外，地壳减薄减少张应力，以平衡和稳定岩石圈-软流圈系统。实验证明，岩石圈以加速伸展、无伸展和自限式伸展等方式响应于地幔对流诱发的隆起。

　　假定对流引起的正应力瞬时被加到岩石圈底部，且在盆地时间规模内保持，由于岩石圈伸展流变学性质是时间依赖性的（Sonder et al.，1987），因此伸展应变速率决定于隆起的时间尺度（产生驱动应力）和热扩散（控制有效强度）。对于一个初始隆起为 1.2 km 的模型来说，伸展瞬时开始，地壳和岩石圈的加热作用使其强度降低，伸展速率增大。然而，在莫霍面的冷却作用使有效强度增加，降低了应变速率，上地幔的继续冷却使有效的强度恢复到隆起前的水平，因此大约持续 35 Myr 后伸展结束。

（六）重力引起的密度波

　　地球在混沌初期物质的分布大略是均匀的，总体成分相当于陨石的成分。在星云物质旋转的过程中，由于引力与斥力的联合作用，发生分异，密度大的物质向地心移动，密度小的物质向地表移动，于是形成了地核、地幔和地壳等圈层，彼此之间出现了不连续的界面。流体力学理论证明（易家训，1982），对于存在密度倒置的液体，就会产生波动。密度正常的分层系统，重力上是稳定的。界面的任何扰动起伏都会在重力作用下逐渐消失。但是，当存在外界策动力，不同介质间发生相对运动或应力传递的相互作用时，若强制扰动运动的速率超过扰动波的传播速率，外界策动的能量就会被体系吸收而发生界面波动的自激增长（池顺良和骆鸣津，2002）。

　　假想最初地球的表面是平的，有一层基本的岩浆（假设为硅-铝和硅-镁两种化合物的混合体）支撑在某个基底层上（可能与 900 km 深处尚有疑义的伯奇不连续面是一致的）。假如忽略地球的曲率，在地球上部切一个横剖面 [图 1-30（a）]，图中 X 轴代表基本岩浆的下界面，Z 轴是铅直轴，因分异速率随地理位置而改变，岩浆分异进行一段时间后，就形成了如图 1-30（b）所示的情况。

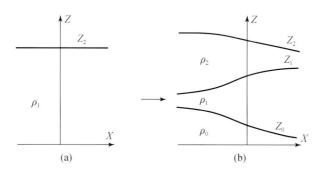

图 1-30 波动学说设想的岩浆从一层分异成三层的过程

(a) 初始状态；(b) 岩浆分异后

假定基本岩浆的密度大于分异后产物的平均密度，当变成 ρ_0 和 ρ_2 两种物质的分异作用按 $a:b$ 的比例发生时，

$$\frac{1}{a+b}(a\rho_0 + b\rho_2) < \rho_1 \qquad (1-7)$$

随着持续不断的分异，表面 Z_2 被推向比原来情况更高的水平。在分异过程中，Z_0 面以下的物质需保持地壳均衡。同时，还有一种趋势是通过侧向位移把 Z_2 面的高差拉平。把垂向分异和表面拉平运动结合起来，得到在岩浆分异情况下，描述波动过程的方程组。

$$\begin{cases} \dfrac{\partial z_2}{\partial t} = \left(\dfrac{c_1}{\rho_2} - \dfrac{c_0 + c_1}{\rho_1} + \dfrac{c_0}{\rho_0}\right)F + \alpha_2\rho_2\dfrac{\partial^2 z_2}{\partial x^2} + \beta_2(\rho_1 - \rho_2)\dfrac{\partial^2 z_1}{\partial x^2} + \gamma_2(\rho_0 - \rho_1)\dfrac{\partial^2 z_0}{\partial x^2} \\[3mm] \dfrac{\partial z_1}{\partial t} = \left(\dfrac{c_0}{\rho_0} - \dfrac{c_0 + c_1}{\rho_1}\right)F + \alpha_1\rho_2\dfrac{\partial^2 z_2}{\partial x^2} + \beta_1(\rho_1 - \rho_2)\dfrac{\partial^2 z_1}{\partial x^2} + \gamma_1(\rho_0 - \rho_1)\dfrac{\partial^2 z_0}{\partial x^2} \\[3mm] \dfrac{\partial z_0}{\partial t} = \dfrac{c_0}{\rho_0}F + \alpha_0\rho_2\dfrac{\partial^2 z_2}{\partial x^2} + \beta_0(\rho_1 - \rho_2)\dfrac{\partial^2 z_1}{\partial x^2} + \gamma_0(\rho_0 - \rho_1)\dfrac{\partial^2 z_0}{\partial x^2} \end{cases} \qquad (1-8)$$

地球经过数十亿年的重力分异，形成了具有同心圈层的分层结构，形成了壳-幔、核-幔及液核-固核间三个清晰的全球性地震波速及物性间断界面。随着地震探测技术的发展，三个界面上都发现了界面起伏波动现象，核-幔界面波动起伏幅度可达 12 km，液核-固核界面起伏幅度可达 25 km，至于壳-幔界面（莫霍面）的波动起伏幅度可达 65 km（池顺良和骆鸣津，2002）。

（七）地球收缩说和地球膨胀说

在早期关于地球动力源的一些学说中，有地球收缩说和地球膨胀说。建立在这两个假说基础上的地球脉动说，认为地球一段时间膨胀，一段时间收缩，两者交替发生。在地球膨胀期，地壳受到引张作用，产生出大规模的隆起与拗陷，大型裂谷和岩浆喷发；在地球收缩期，地壳受到挤压作用，产生出褶皱山系，并伴有岩浆活动。地球的胀缩运动，特别是地球的膨胀，过去常作为垂直运动说的依据，现在看来，地球的胀缩必然会使地球转速变化，引起水平运动。所以垂直运动与水平运动，是地球运动的两个有机组成部分，不能片面强调某一方面，而忽视了另外一个方面的作用。

(八) 负荷作用与地壳波动

1. 牛顿第二定律给出的波动方程

假设在瞬间加载作用下（例如冰盖形成、前陆盆地造山楔生长），岩石圈块体离开平衡位置开始下沉，岩石圈底层对岩石圈块体位移产生弹性反作用：块体越向下位移，那么反作用于块体的指向上的力 F 也越大，$F = H(t)K$，这里 $H(t)$ 是 t 时刻位移深度；K 为底层刚性系数。对于该岩石圈块体来说，根据牛顿定律，作用力等于质量 M 和加速度 $\mathrm{d}^2 H(t)/\mathrm{d}t^2$ 的乘积（金之钧等，2000），即

$$M \cdot \mathrm{d}^2 H/\mathrm{d}t^2 = KH(t) \tag{1-9}$$

上述微分方程的解有几种变体，其中包括

$$H(t) = A\cos(2\pi t/T - \alpha) = A\cos(2\pi \nu t - \alpha) = A\cos(\omega t - \alpha) \tag{1-10}$$

$$H(t) = B\cos\omega_0 t + C\sin\omega_0 t \tag{1-11}$$

能够用上述三式表达的深度随时间的变化叫作间谐振动。A、B、C 为振幅；T 为周期；α 为相位角、相偏角；振子的瞬间状态叫作相；ν 为频率；ω 为圆频率。

然而在地质学上这样的理想过程是不存在的。实际上，在地质体形成过程中，遇不到周期性（振动）过程，也就是遇不到经过一定时间间隔严格重复的过程。这些地质体是在大量的简谐振荡作用下（如地球自转、太阳系在银河系中的位置变化）形成和发展的。这些周期性作用过程相互调制、相互干涉，形成自己独特的、不重复的发展史，决定了其发展的波动规律的存在。

对于非周期性过程，描述深度随时间变化的微分方程为

$$\frac{\mathrm{d}^2 H(t)}{\mathrm{d}t^2} + WR \frac{\mathrm{d}H(t)}{\mathrm{d}t} = -W^2 H(t) \tag{1-12}$$

式中，R 是由振动过程的衰减特性决定的参数。

如果加上沉积和剥蚀作用，则块体深度的变化可用下述微分方程表达

$$\frac{\mathrm{d}^2}{\mathrm{d}t^2} H(t) + WR \frac{\mathrm{d}}{\mathrm{d}t} H(t) + aWR \frac{\mathrm{d}}{\mathrm{d}t} H(t) = W^2 H(t) \tag{1-13}$$

这里的逆相关性决定着 a 的符号。负逆相关性的存在决定了区域内沉积和构造活动的衰减阶段，从而在很大的空间范围内出现缓慢构造运动状态。正逆相关引起的现象近于技术上的共振、屈服区，要么形成快速沉降的条件，要么相反，出现造山运动阶段。如果把所研究的岩石圈块体分成更小的若干块体，它们中的某一块相对于总体的位移也可以用式（1-9）至式（1-13）来描述，但在这些方程中具有另外的、属于自己的振幅、频率和周期。界面的总位移应是大块和小块位移的叠加。而且谐波将独立叠加，而彼此不产生影响。也就是说，在一个小块范围内的表达式为

$$H(t) = A_1 \cos\left(\frac{2\pi}{T_1} t - \alpha_1\right) + A_2 \cos\left(\frac{2\pi}{T_2} t - \alpha_2\right) \tag{1-14}$$

波的这种叠加叫干涉。几个具有不同周期、不同振幅和不同相位谐波的叠加形成在有限的时间间隔内不具任何周期的干涉图像，它可以用来描述表现不出任何周期性的激发的传播特点，揭示地质过程的真正机理，也就是完成由经验描述一个地区的发展史向理解地

壳的发展历史的转变。

当被叠加若干波的频率具有某一确定的关系时，行波的叠加可以产生驻波，这时介质在所有点上对任一可能的振动频率来说仅在相同的相位上振动。在这种情况下，如果我们来观察不同时刻剖面上的若干界面，我们就会发现它们的形态是不变的，也就是说，对于任意时刻，隆起和拗陷只是固定在剖面的相应位置上。

根据 1987 年涅斯捷罗夫和施比伊曼（据金之钧等，2000）对沉积盆地波动分析的研究，如果过程的记录是连续的，那么它可以写成谐波周期为 e（2.718）倍的波动方程的形式。构造轴在平面上的有规律间隔分布是由频率接近的几个波前干扰形成的，构造轴间隔（波长）为：1.7～2.2 km、5～7 km、17～21 km、54～69 km、168～216 km、530～680 km 和 1660～2140 km，波长为 π 的倍数。

对于理想盆地，构造-沉积过程的方程可写成

$$ST(t_1 r) = K + \sum_{i=0}^{n-1} N_i A_i \cos\left(\frac{2\pi e^i}{T_0}t + \frac{2\pi e^{i+1}}{\lambda_0}r + \phi\right) \tag{1-15}$$

2. 力学给出的前陆盆地波动方程

前陆盆地模型可用无黏性流体（软流圈）之上的弹性板的弯曲代表，其挠曲解析表达式为（Allen and Allen，1990）

$$D\frac{\mathrm{d}^4 w}{\mathrm{d}x^4} + p\frac{\mathrm{d}^2 w}{\mathrm{d}x^2} + \Delta\rho g w = q_a(x) \tag{1-16}$$

$$D = \frac{Eh^3}{12(1-r^2)} \tag{1-17}$$

式中，D 为挠曲刚度，与材料性质有关；E 为杨氏模量；r 为泊松比；h 为板厚度；w 为挠度；x 为横坐标；p 为水平力；$q_a(x)$ 为垂直力；$\Delta\rho$ 为地幔与沉积物或水的密度差；g 为重力加速度。显然，该方程包括了纵波和横波成分。

如果不考虑垂直力和水平力，则可简化为

$$D\frac{\mathrm{d}^4 w}{\mathrm{d}x^4} + \Delta\rho g w = 0 \tag{1-18}$$

用包含指数、正弦及余弦分量（阻尼正弦曲线）表述为

$$w = e^{x/\alpha}(C_1\cos x/\alpha + C_2\sin x/\alpha) + e^{-x/\alpha}(C_3\cos x/\alpha + C_4\sin x/\alpha) \tag{1-19}$$

式中，C_1、C_2、C_3、C_4 由边界条件确定；α 是挠曲系数（Walcott，1970）。

$$\alpha = \left\{\frac{4D}{\nabla\rho g}\right\}^{1/4} \tag{1-20}$$

如果考虑水平力，则表述薄板弹性板块挠曲性态的方程，其分析结果是将板块的负荷响应分解为谐波分量，此时响应函数为

$$\phi(k) = \left[1 + \frac{D(2\pi k)^4 - N(2\pi k)^2}{\rho_m g}\right]^{-1} \tag{1-21}$$

式中，波数 k 由抗挠刚度确定。

实际上，如上方程式给出的是一个波剖面。由于造山作用的旋回性和造山楔的幕式冲断特征，前陆盆地具有明显的时间周期性。造山带的运动通过前陆岩石圈的挠曲形成了平

衡波，其传播速度等于造山楔的扩展速度与前陆岩石圈向造山带下部俯冲（或会聚或缩短）速度之和（DeCelles and DeCelles，2001）。

二、天文驱动因素

鉴于波动存在的普遍性，我们不能不从全球乃至宇宙的尺度来思考盆地波动现象产生的原因（张一伟等，1997）。沉积盆地波动过程除受板块运动的控制外，还受地球深部地幔甚至地核物质周期性运动和天文因素的影响（金之钧等，1998）。由于天体运行遵循严格的时间规律，人们更倾向于把地质节律与天文周期相联系，认为天文周期可能在根源上驱动了地球内生与外生地质过程以及不同圈层的相互作用（王鸿祯，1997；Puetz et al.，2014）。这些证据或科学假说也成为盆地波动理论基础的重要组成。许多学者注意到天文周期与地质旋回的对应关系，提出了多种科学假说：一是触发说，认为宇宙与地球是有关系的，但是宇宙仅起到触发作用；二是调制说，认为宇宙因素不仅具有触发作用，更重要的是可制约和调节地质现象的发生和发展；三是共振说，认为地质旋回的根本原因是天文周期的共振作用（徐道一等，1983）。本节旨在探讨沉积盆地系统演化中的天文驱动因素，重点关注银河系动力学过程、太阳系和地球的轨道周期对沉积盆地波动的影响。

（一）银河系引力势场波动

宇宙膨胀假说表明，银河系的质量分布和引力势能随着时间不断变化（Hellings，1988）。自然界的基本常数可能随时间变化的认识最早可以追溯到狄拉克（Dirac）的大数假设，他假设牛顿的引力"常数"（G）随时间变化是减小的（Dirac，1937）。对狄拉克的引力递减假说的经验检验导致对广义相对论的引力修正（Jordan，1962）。因此，G 可以定义为一个引力函数（Steiner，1967）。

太阳系环绕银心旋转的轨道是椭圆形的，具有一定的偏心率。太阳处于近银河系中心（简称银心）点和远银心点时，G 值有显著差异。为描述 G 值在空间的变化趋势，Steiner（1967）给出了如下近似关系式：

$$G = \frac{RV_R^2}{M_g} \tag{1-22}$$

式中，M_g 为银河系质量；R 为太阳到银心的距离，称为银心距；V_R 是在 R 处的圆速度。引力函数（G）随银心距（R）的变化情况如图 1-31（a）所示。

根据牛顿–开普勒运动方程可近似求出银心距（R）随地质时间（t）的变化情况（Steiner，1967）。

$$t = T + \frac{P_e}{2\pi}(E - e \cdot \sin E), E = \arccos \frac{1 - \dfrac{R}{a}}{e} \tag{1-23}$$

式中，R 为银心距；P_e 为银河年；T 为经过近银心点的时间；e 为太阳系椭圆轨道的偏心率；a 是椭圆的半主轴。根据指定的银心距（R）可求出相应的 G 值及对应的地质时间（t），从而获得 G 值在一个银河年内的周期性变化［图 1-31（b）］。

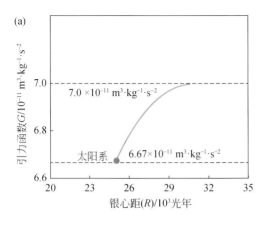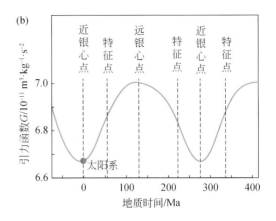

图 1-31　银河系的引力函数在时空中的变化（据 Steiner，1967）
（a）G 值随银心距（R）的变化；（b）G 值随地质时间（t）的变化

因此，在一个银河年内，当太阳系从近银心点运行到远银心点时，G 值增加；从远银心点运移到近银心点时，G 值减小。此外，在近银心点和远银心点时，$\dfrac{\mathrm{d}G}{\mathrm{d}t}=0$；每当 $R=a$ 时，$\dfrac{\mathrm{d}G}{\mathrm{d}t}$ 出现极大值，这是重要的特征点。

地质记录中普遍存在的周期性过程可以通过引力势能模型进行合理解释。Steiner 和 Grillmair（1973）进一步发现，银河系平面内每单位质量的银河系中心力可能在某种程度上与 G 值成正比。因此，太阳系在其银河系轨道上经历了一个变化的银河系中心力，这是与银河中心距离和时间有关的函数。显生宙以来，银河系中心力的演变周期为 250～300 Myr（图 1-32）。银河系中心力的长期变化导致太阳辐射和地球物理性质发生周期性变化（徐道一等，1983；Steiner，1967；Steiner and Grillmair，1973）。

地球多个圈层和地球上的主要元素在显生宙期间经历了两次长期波动响应。例如，Fischer（1981）提出了冰室期与温室期的概念，认为冰期是由板块运动和地幔对流速率的变化驱动的，通过调节海平面、大气 CO_2 浓度影响气候变化。冰室期与温室期交替的最长尺度的准周期变化为 250～300 Myr（徐道一等，1983；Brink，2015；Mills et al.，2017）。全球海平面变化所指示的水循环具有银河年尺度的波动（Innanen et al.，1978；Boulila et al.，2018a，2021），这可能是由银河系中心力的波动引起［图 1-32（a）、（b）］（Steiner and Grillmair，1973；Meyerhoff，1973）。

氧循环反映了大气氧含量的长期演化（Berner，2006；黄建平等，2021），与地球历史上海相生物族群丰度变化趋势密切相关（Zaffos et al.，2017）［图 1-32（c）、（d）］。在地质时间尺度上，地球深部的演化被认为与水圈、生物圈和大气圈的变化密切相关（Prokoph and Puetz，2015；张水昌等，2022）。超大陆聚合期间地壳隆升会释放大量营养物质到海洋中，促进光合作用增氧和生态系统的繁盛（Campbell and Allen，2008）。因此，大气氧化程度强烈影响盆地内的陆地风化和沉积过程，并通过俯冲作用最终影响到地球深部地质演化（张水昌等，2022）。

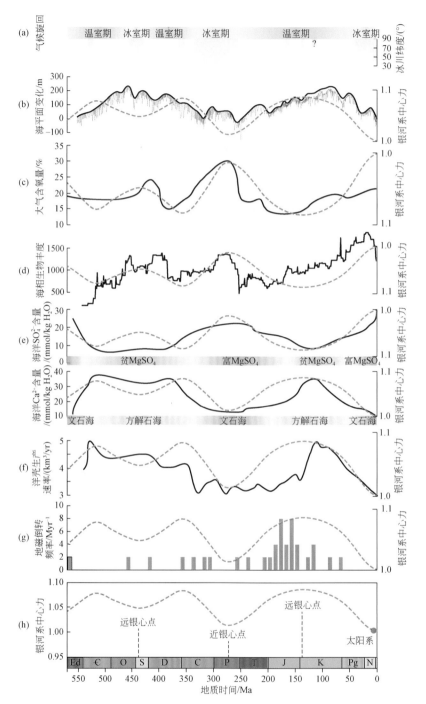

图 1-32　显生宙期间地球系统长期变化与银河引力势（虚线）之间的可能联系

（a）冰室期与温室期旋回（Mills et al.，2017）；（b）显生宙全球海平面波动（Haq et al.，1987；Haq and Al-Qahtani，2005；Haq and Schutter，2008）；（c）通过 GEOCARB 模拟获得的大气含氧量，阴影为 95% 置信区间（黄建平等，2021）；（d）以百万年为单位计算的海相生物族群丰度变化趋势（Zaffos et al.，2017）；（e）海洋化学环境中 SO_4^{2-} 和 Ca^{2+} 含量的长期变化（Warren，2010）；（f）洋壳生产速率（Stanley and Luczaj，2015）；（g）古地磁场反转频率（Biggin et al.，2012）；（h）银河系平面内每单位质量的银河系中心力（Steiner and Grillmair，1973）

显生宙以来，海洋的主要离子组成和化学环境演变过程（Warren，2010）与银河系中心力的波动可能存在耦合［图1-32（e）］。地球化学循环也可能受到构造驱动的海道开合与大气环流重组的影响（Zachos et al.，2001）。值得注意的是，尽管没有直接的地质证据将氧循环与银河系中心力的波动联系起来，但这种潜在的耦合为研究地球多圈层演化的机制提供了新视角。

洋壳生产速率所指示的岩石圈演化（Stanley and Luczaj，2015）和古地磁场长期反转频率所反映的地球深部地质过程（Biggin et al.，2012）也可能与银河系引力势场的变化［图1-32（f）、（g）］相关。彗星撞击事件会周期性地影响地球的构造演化，地球上已发现的陨石坑记录显示出260±25 Myr周期性（Rampino and Stothers，1984b）。古地磁场长期反转频率的频谱分析获得的周期值约为285 Myr，与太阳系在银河系中的运动周期相匹配（Negi and Tiwari，1983）。此外，大陆地壳通常被认为是由地球内部过程驱动的物质分异作用产生的。然而，来自克拉通锆石颗粒的Hf同位素地质证据（Kirkland et al.，2022）和全球碎屑锆石U-Pb年龄的时间序列分析（Wu et al.，2022）表明，银河环境可能会通过彗星周期性撞击驱动地幔减压熔融促进克拉通核的生成，最终促进大陆地壳的生长。另外，现今全球火山和地震活动可能与引力扰动导致的地球胀缩、地壳应力变化有深层次联系（徐道一等，1980，1983；Brink，2015，2019）。

当地球系统的运行节律超过一定阈值后会发生突变，转换到另一种运行模态（Lenton et al.，2008；Westerhold et al.，2020）。太阳系处于近银心点和远银心点时，地球环境受其影响最为显著。例如，在二叠纪期间，太阳系运行到近银心点附近，G值降低到极小值，太阳光度最弱，更容易产生大冰期，海平面显著降低（Meyerhoff，1973）。同时洋壳生产速率处于最低水平（Stanley and Luczaj，2015），对应着潘基亚超大陆聚合的过程。

综上所述，叠加在地球多个圈层上的周期性地质过程发生的原因不仅仅是地球内部环境的变化，还有更深远的天文因素的影响。然而，地球系统的复杂性使其难以作为直接证据来支持或反驳银河引力场环境变化的存在（Uzan，2003）。地质旋回与银河系引力势场模型之间的对应关系仍需要进一步研究（Clube and Napier，1982；McMillan，2016）。

（二）太阳系穿越银河旋臂

密度波理论认为，银河旋臂中存在强大的引力势场，星系的旋涡结构是由引力势场的螺旋形分量产生的，旋臂结构则是一种波动图案（Innanen et al.，1978）。恒星和星际介质进入该引力势场时速度会变慢，因而更加密集起来并显现出旋臂图案。但恒星并不是永远停留在旋臂上，恒星按照近于圆形的轨道绕星系中心旋转。在运动过程中，恒星先进入旋臂，然后再离开旋臂。因此，银河旋臂并不是固定的物质，而是引力势最小的区域；银河旋臂的结构具有一致性，每次穿越银河旋臂发生的事件都有重复的可能性（Gillman and Erenler，2019）。

太阳系和银河旋臂都绕着银心运动，但前者的运行速度稍快，它们之间存在相对运动周期。银河系自由电子密度（或等效的电离气体密度）是螺旋结构的示踪剂［图1-33（f）；Leitch and Vasisht，1998］。由于旋臂模式速度还存在很大的不确定性，目前只能推测地质历史时期的银河旋臂位置（Gies and Helsel，2005）。根据银河刚性旋转的四旋臂模型假设（Innanen et al.，1978；Vallée，2022），太阳系穿越银河旋臂的平均时间为~188 Myr（Gillman and Erenler，2008，2019；Gillman et al.，2018）。如果将太阳系的空间位置和速度参数逐渐追溯到过去的状态，那么太阳系要完整穿越银河系的四个主旋臂臂大约需要 188×4≈750 Myr（Gillman and Erenler，2019）。

太阳系通过银河旋臂的过程会潜在地对地球系统的环境造成扰动。这个过程显然非常复杂，不同圈层的响应周期可能有差异。例如，显生宙去趋势的海洋物种多样性数据库突出显示了~140 Myr 周期［图 1-33（a）；Rohde and Muller，2005］。日前尚不清楚这个周期是否反映了真实的物种多样性演化，但它意味着一种未知的周期性过程对地球生态系统施加了显著影响。过去的 5 亿年间，生物多样性演化似乎存在多种驱动机制（Rohde and Muller，2005；Bailer-Jones，2009；Bond and Grasby，2017）。海洋生物多样性的低谷期往往对应于旋臂穿越期［图 1-33（a）］。理论上，在太阳系穿越四个主旋臂的过程中都有可能发生生物大灭绝，但最有可能发生生物大灭绝的时间为太阳系靠近旋臂时期（Leitch and Vasisht，1998；Gillman and Erenler，2008；Filipović et al.，2013）。特别是，晚奥陶世（~440 Ma）的灭绝事件发生在太阳系靠近矩尺–天鹅旋臂时期；二叠纪末（~252 Ma）和三叠纪末（~200 Ma）的灭绝事件发生在太阳系靠近盾牌–南十字旋臂期间；而白垩纪末（~66 Ma）的大灭绝事件发生在太阳系靠近人马–船底旋臂时期。随着太阳系穿过旋臂的高密度物质区域（例如高质量恒星形成区域和巨分子云），来自奥尔特云的彗星撞击频率增加，导致火山活动增加（Dumont et al.，2020），最终引发生态圈的危机。已知的大灭绝事件的发生时间可能是太阳系绕银河系轨道运动的一个函数，表明地球上的生命演化与我们在宇宙中的位置密切相关。未来需要进行更多的统计工作，将陨石撞击事件、火山活动、大灭绝历史记录与银河系动力学结合起来，构建太阳通过旋臂的精确时间表，以检验生物灭绝原因的假说。

百万年尺度上的气候变异（例如热带海面温度变化）可能归因于太阳系的径向运动［图 1-33（b）；Shaviv and Veizer，2003］。Boulila 等（2018a）提出一种宇宙射线通量作用下的气候模型，其中宇宙射线通量的变化具有~250 Myr 周期性［图 1-33（c）］。银河系宇宙射线通量对地球气候变化的影响一直备受争议，因为缺乏自洽的物理学机制来解释它们之间的联系。一个流行的假说认为，旋臂穿越过程或旋臂上的螺旋密度波导致宇宙射线通量发生变化（Innanen et al.，1978；Shaviv，2002）。当宇宙射线与大气层相互作用时，云层的活动增强，地球的反照率增加，导致地球大气冷却。大气层的冷却促进了大陆冰川的形成（Shaviv，2002；Boulila et al.，2018a）。目前卫星观测的经验证据表明，宇宙射线的增强导致多云的天气发生，这为天文环境和地球气象变化之间提供了新的联系。有学者提出了"宇宙气候学"的概念，以引起人们对银河系尺度上气候变化机制的关注（Svensmark，2007）。

值得注意的是，全球有机碳埋藏速率（Berner and Canfield，1989；Berner，2003）具有~230 Myr 周期变化［图 1-33（d）］。全球烃源岩的发育集中在六个关键地质时期，这些时期聚集成两个显著峰值（Klemme and Ulmishek，1991；Trabucho- Alexandre et al.，2012）［图 1-33（e）］。无论是在全球范围内还是在特定的沉积盆地中，六个关键地质时期只占显生宙的 34%，生成的常规油气资源量却占全球的 90% 以上。在地球轨道时间尺度上，由天文周期引起的气候变化控制了黑色页岩的发育，并与沉积盆地中油气资源的富集密切相关（Zhang et al.，2019；Wei et al.，2023a，2023b）。而在百万年尺度上，与威尔逊旋回相关的地球动力学过程主导了显生宙期间烃源岩的时空分布（金之钧等，2003，2005；Trabucho-Alexandre et al.，2012）。在宏观天文环境中，太阳系在银河系中的轨道运动对地球上烃源岩的形成可能非常关键（Brink，2015；Chen et al.，2015；陈书平等，2020）。然而，我们需要一个合适的物理模型来解释烃源岩集中发育与银河系动力学之间的复杂联系（Zhang et al.，2023）。

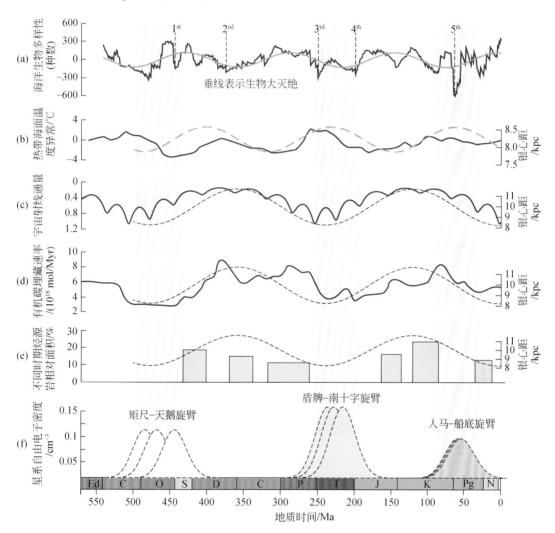

图1-33 太阳系穿越银河旋臂过程与地球系统演化

（a）去趋势的海洋物种多样性和140 Myr周期（绿线）（Rohde and Muller，2005），虚线表示五大灭绝的时间；（b）热带海面温度变化（Shaviv and Veizer，2003）和太阳系的径向运动（黄色虚线）；（c）太阳在银河系中的轨迹导致地球上宇宙射线通量的变化（Boulila et al.，2018a）；（d）全球有机碳埋藏速率与时间的关系（Berner and Canfield，1989；Berner，2003）；（e）全球烃源岩的发育时间和面积（Klemme and Ulmishek，1991）；（f）由银河系自由电子密度追踪的旋臂位置（Leitch and Vasisht，1998）

（三）太阳系环绕银盘面垂向振荡

在银盘面内，太阳系除了受银河系中心引力之外，还受到垂直于银河旋臂方向指向太阳系的引力势场作用或银河系潮汐的扰动（Innanen et al.，1978；Rampino and Stothers，1984a，1984b；Karim and Mamajek，2017）。这样的扰动可能导致奥尔特云变得不稳定，形成有节律地轰击太阳系内行星的彗星雨。已有研究表明，地球遭受的彗星撞击事件呈现26～36 Myr周期（Napier，2006；Rampino and Caldeira，2015）（图1-34）。彗星周期性撞

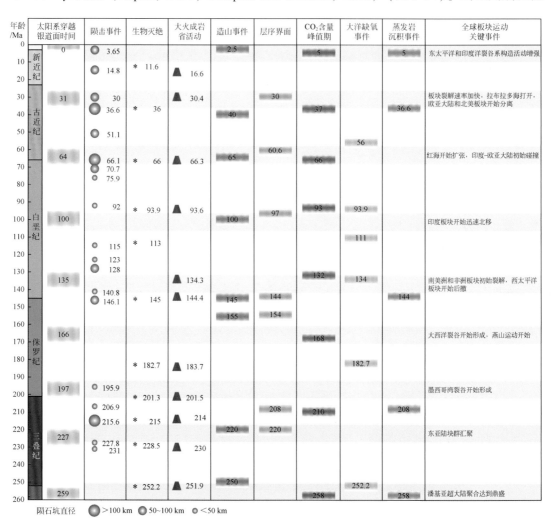

图 1-34　中生代以来的天文事件和重大地质事件时间对比（单位：Ma）

图中展示了太阳系穿越银盘面时间和陨石坑年龄（Innanen et al.，1978；Rampino and Stothers，1984a，1984b；Rampino and Caldeira，2017，Gillman and Erenler，2019）；生物灭绝时间（Bond and Grasby，2017，Rampino et al.，2021）；全球大火成岩省（体积大于 10^6 km³）侵位时间（Prokoph et al.，2013）；全球造山事件和蒸发岩沉积事件时间（Rampino and Caldeira，1993）；层序界面年龄（Embry et al.，2013）；大气 CO_2 含量峰值期和全球板块运动关键事件（Tiwari and Rao，1998）；大洋缺氧事件时间（Percival et al.，2015）

击的一个必然后果是将能量和动量施加到地球上。巨型撞击的数值模型预测了撞击地点下方岩石圈减薄与地幔的大规模加热和减压熔融（Jones et al.，2005）。这种潜在的扰动可能有助于产生大火成岩省的强烈地幔柱活动（Clube and Napier，1982），并最终影响全球气候变化。Kirkland 等（2022）指出，随着太阳系穿越银河旋臂，周期性彗星撞击将导致地幔减压熔融，从而形成前克拉通核。因此，早期地球大陆地壳的形成与保存可能在基本上受到银河动力学的影响（Kirkland et al.，2022）。

很多学者尝试模拟太阳系环绕银盘面垂向振荡运动，以阐明彗星撞击事件与周期性地质过程之间的因果关系，并提出了多种科学假说。Rampino 和 Stothers（1984a，1984b）提出了银河振荡假说，将地球上的地质事件与银河系的结构和动力学联系起来。Davis 等（1984）提出了伴星假说，即当一个假想的伴星在近椭圆轨道上通过近日点时，它会扰动奥尔特云，导致彗星雨事件。此外，Stothers（1998）提出暗物质是太阳系轨道运动和周期性彗星撞击之间的缺失环节。在这个假说中，地球每隔约 30 Myr 穿过集中在银河平面上的暗物质团簇。暗物质粒子可以被地球捕获并聚集在地核中。在地核内，弱相互作用致密粒子之间的相互湮灭会产生大量热量（Krauss et al.，1986；Randall and Reece，2014）。

地球多圈层的地质过程具有约 30 Myr 周期性。在研究充分的中生代—新生代，大火成岩省启动年龄、大气 CO_2 含量变化、全球层序界面、全球造山事件、大洋缺氧事件、蒸发岩沉积事件等表现出强烈的脉动特征，并且与彗星撞击节律、太阳系绕银盘面垂直振荡运动周期基本一致（张瑞等，2023）。全球板块运动发生的重大转折事件与地球多圈层地质事件之间也存在明显的时空相关性（图 1-34）。

图 1-35 是距今 6 亿年以来，太阳在银盘面上、下往返运动的轨迹，以及地质年代上各个地质纪所处的时段。其中三叠纪、侏罗纪、白垩纪和古近纪之间的界线分别为距今 2.01 亿年、1.45 亿年和 0.66 亿年前，而太阳由北向南穿越银盘面的时间分别为 1.97 亿年、1.35 亿年和 0.64 亿年前，两个系列的时间吻合良好。33 Myr 周期与生物灭绝周期基本对应，与全球海平面变化、构造运动幕、岩浆旋回、古气候变化、古地磁倒转和陨击事件等方面也都有密切关系（蒋志，1981；史晓颖，1996）。

地质事件与天文事件具有相似的周期节律和相似的相位，表明它们具有统一的起源（Brink，2015；Puetz and Condie，2019）。天文旋回和地质旋回可能是同步锁相的（Puetz et al.，2014），天文周期是地质节律和生命进化的驱动力。

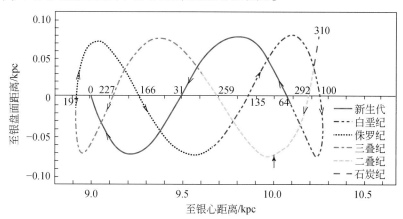

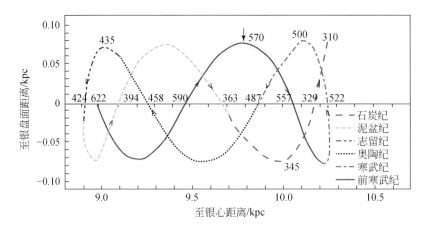

图 1-35　太阳系往返银盘面的时间与地质时代的分界（Innanen et al.，1978）

（四）超长地球轨道周期变化

百万年尺度的地球轨道周期是地球系统与沉积盆地演化的重要控制因素。中生代和新生代的有孔虫多样性记录（Prokoph et al.，2004）、底栖有孔虫 δ^{13}C 与 δ^{18}O 记录（Boulila et al.，2012；Boulila，2019）以及箭石 δ^{13}C 与 δ^{18}O 记录（Martinez and Dera，2015）检测出显著的约 9 Myr 和约 5 Myr 周期。揭示了百万年尺度的地球轨道周期与全球气候变化、生物多样性演化密切相关。指示中生代季风活动的相关沉积记录中发现了约 10 Myr、约 4.7 Myr 和约 3.5 Myr 地球轨道周期（Ikeda and Tada，2020；Boulila et al.，2020）。中生代陆相盆地沉积速率中也呈现了类似旋回，揭示了百万年尺度的地球轨道周期影响着湖泊沉积环境演化和有机碳埋藏（张瑞等，2023）。

尽管百万年尺度的地球轨道周期对日照量的影响微不足道，但它可以在地质记录中产生显著的周期信号，并调控地质历史时期的水循环（Li et al.，2016，2018；Wei et al.，2023a，2023b）。轨道周期驱动的气候变化使大陆含水层像海绵一样储水和排水，这可能是引起温室时期全球海平面和内陆湖平面大规模变化的机制之一（李明松等，2023）。此外，百万年尺度的轨道通过调控气候变化，影响盆地沉积充填的源–汇系统和沉积相展布，并导致碳循环的时空变化（Boulila et al.，2012；Martinez and Dera，2015）。约 2.4 Myr 偏心振幅调制周期和约 1.2 Myr 斜率振幅调制周期的耦合可能通过非线性气候响应调节海洋或湖泊有机碳埋藏过程（De Vleeschouwer et al.，2017）。

综上所述，地球作为太阳系内一颗活跃的行星，地质历史演化与天文因素是紧密相连的，具有复杂多物理量协同或耦合的动力机制（Rampino and Stothers，1984a，1984b；Gillman and Erenler，2019；Puetz and Condie，2022；Zhang et al.，2023）。前已述及，我国典型沉积盆地的构造–沉积演化的波动周期约为 740 Myr、220 Myr、90 Myr、30 Myr 和 10 Myr 等（表 1-2）。这些研究成果揭示了沉积盆地波状运动的产生机制既有地球动力学旋回作用，也有超长天文周期的驱动。盆地波动过程阐述的是跨越时间尺度和穿越空间圈层的地质节律问题，充分体现了"均变论"思想。当今石油地质学的发展已进入地球圈层相互作用与资源环境演化过程整合的时代，建立地球系统演化与油气资源形成之间的内在关系，揭示全球不同地质环境中的油气分布规律，是当前面临的关键科学问题。盆地烃源岩发育环境与时空分布受到地球系统演化的影响，而天文旋回是地球系统演变的重要控制因素。这就启示我们要"站在地球外面看地球、看盆地"，从行星地球乃至银河系的角度俯瞰沉积盆地演化，关注宇宙因素和地球整体行为对沉积盆地演化的控制及其资源环境效应。沉积盆地波动过程分析为我们提供了一个全新的视角。

参 考 文 献

陈国达．1958．地壳的第三基本构造单元——地洼区．科学通报，10（05）：173-174.

陈国达．1960．地洼区的特征和性质及其与所谓"准地台"的比较．地质学报，40（2）：167-186.

陈凌，王旭，梁晓峰，等．2020．俯冲构造 vs. 地幔柱构造——板块运动驱动力探讨．中国科学：地球科学，50（04）：501-514.

陈书平．2019．圆动与地动．北京：石油工业出版社.

陈书平，王毅，周子勇，等．2020．塔里木盆地中–下寒武统自然伽马测井曲线周期及其在沉积层序划分中的意义．地质通报，39（07）：943-949.

池顺良，骆鸣津．2002．海陆的起源．北京：地震出版社.

高庆华，徐炳川，毕子威，等．1996．地壳运动问题．北京：地质出版社.

黄汲清．1959．中国地质构造基本特征的初步探讨．地质月刊，（07）：24-33+43.

黄汲清．1960．中国地质构造基本特征的初步总结．地质学报，（01）：1-31+135.

黄汲清，姜春发．1962．从多旋回构造运动观点初步探讨地壳发展规律．地质学报，（02）：105-152.

黄建平，刘晓岳，何永胜，等．2021．氧循环与宜居地球．中国科学：地球科学，51（4）：487-506.

蒋志．1981．地球在银道面上运动与理论地质年表．中国科学，（09）：1104-1116.

金之钧．2005．中国典型叠合盆地及其油气成藏研究新进展（之一）——叠合盆地划分与研究方法．石油与天然气地质，26（5）：553-562.

金之钧．2020．《朱夏论中国含油气盆地构造》习得——纪念朱夏先生诞辰100周年．石油实验地质，42（05）：670-674.

金之钧，张一伟，刘国臣，等．1996．沉积盆地物理分析——波动分析．地质论评，42（S1）：170-179.

金之钧，刘国臣，李京昌，等．1998．塔里木盆地一级演化周期的识别及其意义．地学前缘，5（S1）：194-200.

金之钧，李有柱，李明宅，等．2000．油气聚集成藏理论．北京：石油工业出版社.

金之钧，吕修祥，王毅，等．2003．塔里木盆地波动过程及其控油规律．北京：石油工业出版社.

金之钧，张一伟，陈书平．2005．塔里木盆地构造——沉积波动过程．中国科学 D 辑：地球科学，35（6）：530-539.

金之钧，李京昌，汤良杰，等．2006．柴达木盆地新生代波动过程及与油气关系．地质学报，80（03）：359-365.

李明松，张皓天，王蒙，等．2023．天文驱动的温室时期地下水储库与海平面变化．科学通报，68（12）：1517-1527.

李儒峰，金之钧，马永生，等．2004．盆地波动特征与生储盖层耦合关系分析——以楚雄盆地为例．沉积学报，22（03）：474-480.

李儒峰，杨永强，张刚雄，等．2012．松辽北部徐家围子白垩系不整合剥蚀量系统恢复．地球科学——中国地质大学学报，37（S2）：47-54.

李四光 . 1945. 地质力学之基础与方法 . 重庆：重庆大学 .
李四光 . 1962. 地质力学概论 . 北京：地质力学研究所 .
李四光 . 1972. 天文 · 地质 · 古生物 资料摘要（初稿）. 北京：科学出版社 .
李四光 . 1973. 地壳构造与地壳运动 . 中国科学，(04)：400-429.
李献华 . 2021. 超大陆裂解的主要驱动力——地幔柱或深俯冲？地质学报，95（1）：20-31.
马杏垣 . 1982. 论伸展构造 . 地球科学——武汉地质学院学报，(03)：15-22.
马杏垣 . 1989. 重力作用与重力构造 . 北京：地震出版社 .
马杏垣，索书田 . 1984. 论滑覆及岩石圈内多层次滑脱构造 . 地质学报，(03)：205-213.
马宗晋，杜品仁 . 1995. 现今地壳运动问题 . 北京：地质出版社 .
马宗晋，莫宣学 . 1997. 地球韵律的时空表现及动力问题 . 地学前缘，4（Z2）：215-225.
马宗晋，杜品仁，卢苗安 . 2001. 地球的多圈层相互作用 . 地学前缘，8（01）：3-8.
孟祥化，葛铭，任国选，等 . 2011. 宇地系统场沉积响应范例：蓟县系雾迷山巨旋回层序及节律 . 地学前缘，18（04）：107-122.
任纪舜，王作勋，陈炳蔚，姜春发，牛宝贵，李锦轶，谢广连，和政军，刘志刚 . 1999. 从全球看中国大地构造——中国及邻区大地构造图简要说明 . 北京：地质出版社，50.
施比伊曼 В И，张一伟，金之钧，等 . 1994. 波动地质学在黄骅拗陷演化分析中的应用——再论地壳波状运动 . 石油学报，15（S1）：19-26.
史晓颖 . 1996. 35Ma 地质历史上一个重要的自然周期 . 地球科学——武汉地质学院学报，21（03）：3-10.
孙殿卿，高庆华 . 1982. 地质力学与地壳运动 . 北京：地质出版社 .
汤良杰，马永生，郭彤楼，等 . 2005. 沉积盆地波动过程分析方法与应用——以四川盆地东北部为例 . 海相油气地质，10（04）：39-46.
万天丰 . 1997. 论构造事件的节律性 . 地学前缘，4（3-4）：257-263.
汪品先，田军，黄恩清，等 . 2018. 地球系统与演变 . 北京：科学出版社 .
王鸿祯 . 1997. 地球的节律与大陆动力学的思考 . 地学前缘，4（3-4）：1-12.
王仁 . 1976. 地质力学提出的一些力学问题 . 力学学报，2：85-93.
王战，谢广成，张学仁，等 . 1996. 中国地壳的镶嵌构造与波浪运动 . 北京：地质出版社 .
徐朝雷，武铁山，徐有华 . 1984. 山西的前寒武纪与地壳的波浪运动 . 长安大学学报（地球科学版），(1)：34-40.
徐道一，郑文振，安振声，等 . 1980. 天体运行与地震预报 . 北京：地震出版社 .
徐道一，杨正宗，张勤文，等 . 1983. 天文地质学概论 . 北京：地质出版社 .
徐怀大，樊太亮，韩革华，等 . 1997. 新疆塔里木盆地层序地层特征 . 北京：地质出版社 .
易家训 . 1982. 流体力学 . 北京：高等教育出版社 .
张伯声 . 1980. 中国地壳的波浪状镶嵌构造 . 北京：科学出版社 .
张伯声 . 1982. 地壳波浪与镶嵌构造研究 . 西安：陕西科技出版社 .
张伯声，王战 . 1974. 中国的镶嵌构造与地壳波浪运动 . 西北大学学报，4（1）：1-11.
张伯声，王战 . 1984. 论地壳的波浪运动 . 长安大学学报（地球科学版），9（01）：9-17.
张瑞，金之钧，Gillman M，等 . 2023. 太阳系长期旋回在中生代沉积盆地中的记录 . 中国科学：地球科学，53（2）：345-362.
张水昌，王华建，王晓梅，等 . 2022. 中元古代增氧事件 . 中国科学：地球科学，52（1）：26-52.
张文佑 . 1984. 断块构造导论 . 北京：石油工业出版社 .
张文佑，叶洪，钟嘉猷 . 1978. “断块”与“板块”. 中国科学，(02)：195-211.
张学仁 . 1986. 贵州及其邻区震旦纪和古生代地壳的波浪运动 · 地壳波浪与镶嵌构造研究（2）. 西安：

陕西科学技术出版社.

张一伟. 1983. 山东西部箕状凹陷形成的探讨——初论地壳波状运动. 石油学报, 4 (4): 19-25.

张一伟, 李京昌, 金之钧, 等. 1997. 中国含油气盆地波状运动特征研究. 地学前缘, 4 (3-4): 305-310.

郑永飞. 2023. 21世纪板块构造. 中国科学: 地球科学, 53 (1): 1-40.

朱日祥, 侯增谦, 郭正堂, 等. 2021. 宜居地球的过去、现在与未来——地球科学发展战略概要. 科学通报, 66 (35): 4485-4490.

朱夏. 1983. 含油气盆地研究方向的探讨. 石油实验地质, 5 (2): 116-123.

朱夏. 1984. 多旋回构造运动与含油气盆地. 中国地质科学院院报, 2: 197-209.

Allen P A, Allen J R. 1990. Basin Analysis: Principles and Application. London: Blackwell Scientific Press.

Allen P A, Allen J R. 2013. Basin Analysis: Principles and Application to Petroleum Play Assessment, 3rd Edition. UK: Wiley-Blackwell Press.

An Z, Wu G, Li J, et al. 2015. Global Monsoon Dynamics and Climate Change. Annual Review of Earth and Planetary Sciences, 43 (1): 29-77.

Araujo A, López D F, Pereira J G. 2019. De Sitter-Invariant Special Relativity and Galaxy Rotation Curves. Gravitation and Cosmology, 25 (2): 157-163.

Bailer-Jones C A L. 2009. The evidence for and against astronomical impacts on climate change and mass extinctions: a review. International Journal of Astrobiolog, 8 (3): 213-219.

Baldwin M P, Gray L J, Dunkerton T J, et al. 2001. The quasi-biennial oscillation. Reviews of Geophysics, 39 (2): 179-229.

Beaumont C, Quinlan G M, Hamilton J. 1988. Orogeny and stratigraphy: numerical models of the paleozoic in the Eastern Interior of North America. Tectonics, 7 (3): 389-416.

Belozerov V B, Ivanov I A. 2003. Platform deposition in the West Siberian Plate: a kinematic model. Russian Geology and Geophysics, 44 (8): 781-795.

Benkö F. 1985. Geological and cosmogonic cycles: as reflected by the new law of universal cyclicity. Budapest: Akadémiai Kiadóiadd Kiadó Press.

Berger A. 1988. Milankovitch theory and climate. Reviews of Geophysics, 26 (4): 624-657.

Berger A, Loutre M F. 1997. Intertropical latitudes and precessional and half-precessional cycles. Science, 278 (5342): 1476-1478.

Berger A, Coutre M F, Laskar J. 1992. Stability of the astronomical frequencies over the Earth's history for paleoclimate studies. Science, 255 (504): 560-565.

Berner R A. 2003. The long-term carbon cycle, fossil fuels and atmospheric composition. Nature, 426: 323-326.

Berner R A. 2006. GEOCARBSULF: a combined model for Phanerozoic atmospheric O_2 and CO_2. Geochimica et Cosmochimica Acta, 70 (23): 5653-5664.

Berner R A, Canfield D E. 1989. A new model for atmospheric oxygen over Phanerozoic time. American Journal of Science, 289 (4): 333-361.

Biggin A J, Steinberger B, Aubert J, et al. 2012. Possible links between long-term geomagnetic variations and whole-mantle convection processes. Nature Geoscience, 5: 526-533.

Bond D P G, Grasby S E. 2017. On the causes of mass extinctions. Palaeogeography, Palaeoclimatology, Palaeoecology, 478: 3-29.

Bott M H P. 1976. Formation of sedimentary basins of graben type by extension of the continental crust. Tectonophysics, 36 (1-3): 77-86.

Bott M H P, Dean D S. 1973. Stress diffusion from plate boundaries. Nature, 243: 339-341.

Boulila S. 2019. Coupling between grand cycles and events in Earth's climate during the past 115 million years. Scientific Reports, 9: 327.

Boulila S, Galbrun B, Hinnov L A, et al. 2010. Milankovitch and sub-Milankovitch forcing of the Oxfordian (late Jurassic) Terres Noires Formation (SE France) and global implications. Basin Research, 22 (5): 717-732.

Boulila S, Galbrun B, Miller K G, et al. 2011. On the origin of Cenozoic and Mesozoic "third-order" eustatic sequences. Earth-Science Reviews, 109 (3-4): 94-112.

Boulila S, Galbrun B, Laskar J, et al. 2012. A ~9 Myr cycle in Cenozoic δ^{13}C record and long-term orbital eccentricity modulation: Is there a link? Earth and Planetary Science Letters, 317-318: 273-281.

Boulila S, Laskar J, Haq B U, et al. 2018a. Long-term cyclicities in Phanerozoic sea-level sedimentary record and their potential drivers. Global and Planetary Change, 165: 128-136.

Boulila S, Vahlenkamp M, De Vleeschouwer D, et al. 2018b. Towards a robust and consistent middle Eocene astronomical timescale. Earth and Planetary Science Letters, 486: 94-107.

Boulila S, Brange C, Cruz A M, et al. 2020. Astronomical pacing of Late Cretaceous third-and second-order sea-level sequences in the Foz do Amazonas Basin. Marine and Petroleum Geology, 117: 104382.

Boulila S, Haq B U, Hara N, et al. 2021. Potential encoding of coupling between Milankovitch forcing and Earth's interior processes in the Phanerozoic eustatic sea-level record. Earth-Science Reviews, 220: 103727.

Brink H J. 2015. Periodic signals of the Milky Way concealed in terrestrial sedimentary basin fills and in planetary magmatism? International Journal of Geosciences, 6 (8): 831-845.

Brink H J. 2019. Do near-solar-system supernovae enhance volcanic activities on Earth and neighbouring planets on their paths through the spiral arms of the Milky Way, and what might be the consequences for estimations of Earth's history and predictions for its future? International Journal of Geosciences, 10 (05): 563-575.

Campbell I H, Allen C M. 2008. Formation of supercontinents linked to increases in atmospheric oxygen. Nature Geoscience, 1 (8): 554-558.

Charbonnier G, Boulila S, Spangenberg J E, et al. 2018. Obliquity pacing of the hydrological cycle during the Oceanic Anoxic Event 2. Earth and Planetary Science Letters, 499: 266-277.

Chen S. 2010. The earth dynamic system: the earth rotation vs mantle convection. Natural Science, 2 (12): 1333-1340.

Chen S, Jin Z, Wang Y, et al. 2015. Sedimentation Rate Rhythms: evidence from Filling of the Tarim Basin, Northwest China. Acta Geologica Sinica (English Edition), 89 (4): 1264-1275.

Clube S V M, Napier W M. 1982. The role of episodic bombardment in geophysics. Earth and Planetary Science Letters, 57: 251-262.

Conrad C P. 2013. The solid Earth's influence on sea level. GSA Bulletin, 125 (7-8): 1027-1052.

Dansgaard W, Johnsen S J, Clausen H B, et al. 1993. Evidence for general instability of past climate from a 250-kyr ice-core record. Nature, 364: 218-220.

Davis M, Hut P, Muller R A. 1984. Extinction of species by periodic comet showers. Nature, 308: 715-717.

De Vleeschouwer D, Da Silva A C, Sinnesael M, et al. 2017. Timing and pacing of the Late Devonian mass extinction event regulated by eccentricity and obliquity. Nature Communications, 8: 2268.

DeCelles P G, DeCelles P C. 2001. Rates of shortening, propagation, underthrusting, and flexural wave migration in continental orogenic systems. Geology, 29 (2): 135-137.

Dehnen W, Binney J J. 1998. Local stellar kinematics from Hipparcos data. Monthly Notices of the Royal Astronomical Society, 298: 387-394.

Dietz R S. 1961. Continent and ocean basin evolution by spreading of the sea floor. Nature, 190: 854-857.

Dirac P. 1937. The cosmological constants. Nature, 139: 323.

Drimmel R, Poggio E. 2018. On the solar velocity. Research Notes of the AAS, 2: 210.

Dumont S, Le Mouël J L, Courtillot V, et al. 2020. The dynamics of a long-lasting effusive eruption modulated by Earth tides. Earth and Planetary Science Letters, 536: 116145.

Embry A, Beauchamp B, Dewing K, et al. 2013. Episodic Tectonics in the Phanerozoic Succession of the North American Arctic and the "10 Million Year Flood." Calgary, Canada: CSPG/CSEG/CWLS GeoConvention.

Filipović M D, Horner J, Crawford E J, et al. 2013. Mass extinction and the structure of the Milky Way. Serbian Astronomical Journal, 187: 43-52.

Fischer A G. 1981. Climatic oscillations in the biosphere. In: Nitecki A H (ed). Biotic Crises in Ecological and Evolutionary Time. New York: Academic Press.

Fuchs B, Dettbarn C, Rix H W, et al. 2009. The kinematics of late-type stars in the solar cylinder studied with sdss data. The Astrophysical Journal, 137 (5): 4149-4159.

Gies D R, Helsel J W. 2005. Ice age epochs and the Sun's path through the galaxy. The Astrophysical Journal, 626: 844-848.

Gillman M P, Erenler H E. 2008. The galactic cycle of extinction. Journal of Astrobiology, 7 (1): 17-26.

Gillman M P, Erenler H E. 2019. Reconciling the Earth's stratigraphic record with the structure of our galaxy. Geoscience Frontiers, 10 (6): 2147-2151.

Gillman M P, Erenler H E, Sutton P J. 2018. Mapping the location of terrestrial impacts and extinctions onto the spiral arm structure of the Milky Way. Journal of Astrobiology, 18 (4): 323-328.

Grabau A W. 1913. Principles of Stratigraphy. New York: Seiler Press.

Grabau A W. 1936. Oscillation or pulsation? USA: International Geological Congress Report on the 16th session, 1933 (1): 539-552.

Haarmann E. 1930. Die osziliations-theorie: eine erklarung der Krustenbewegungen Von erder und mond. Stuttgart: F Enke Press.

Haq B U, Al-Qahtani A M. 2005. Phanerozoic cycles of sea-level change on the Arabian platform. GeoArabia, 10 (2): 127-160.

Haq B U, Schutter S R. 2008. A chronology of Paleozoic sea-level changes. Science, 322 (5898): 64-68.

Haq B U, Hardenbol J, Vail P R. 1987. Chronology of fluctuating sea levels since the Triassic. Science, 235 (4793): 1156-1167.

Heinrich H. 1988. Origin and consequences of cyclic ice rafting in the Northeast Atlantic Ocean during the past 130, 000 years. Quaternary Research, 29 (2): 142-152.

Hellings R W. 1988. Time variation of the gravitational constant. NATO Advanced Science Institutes Series, 230: 215-224.

Hess H H. 1962. History of ocean basins. In: Engel A E J, James H L, Leonard B F (eds). Petrologic Studies: a Volume in Honor of Buddington. USA: Geological Society of America.

Hill R H, Campbell I H, Davis G F, et al. 1992. Mantle plumes and continental tectonics. Science, 256 (5054): 186-193.

Hills J G. 1981. Comet showers and the steady-state infall of comets from the Oort cloud. Astronomical Journal, 86: 1730-1740.

Hinnov L A. 2013. Cyclostratigraphy and its revolutionizing applications in the earth and planetary sciences. Geological Society of American Bulletin, 125 (11-12): 1703-1734.

Hinnov L A. 2000. New perspectives on orbitally forced stratigraphy. Annual Review of Earth and Planetary Sciences, 28: 419-475.

Hoyt D V, Schatten K H. 1997. The Role of the Sun in the Climate Change. New York: Oxford University Press.

Huang H, Gao Y, Ma C, et al. 2021. Organic carbon burial is paced by a ~173-ka obliquity cycle in the middle to high latitudes. Science Advances, 7 (28): eabf9489.

Ikeda M, Tada R. 2020. Reconstruction of the chaotic behavior of the Solar System from geologic records. Earth and Planetary Science Letters, 537: 116168.

Ikeda M, Tada R, Ozaki K. 2017. Astronomical pacing of the global silica cycle recorded in Mesozoic bedded cherts. Nature Communications, 8: 15532.

Ikeda M, Ozaki K, Legrand J. 2020. Impact of 10-Myr scale monsoon dynamics on Mesozoic climate and ecosystems. Scientific Reports, 10: 11984.

Innanen K A, Patrick A T, Duley W W. 1978. The interaction of the spiral density wave and the Sun's galactic orbit. Astrophysics and Space Science, 57: 511-515.

Jones A P, Wuenemann K, Price G D. 2005. Modeling impact volcanism as a possible origin for the Ontong Java Plateau. Geological Society of America Special Paper, 388: 711-720.

Jordan P. 1962. Empirical confirmation of Dirac's hypothesis of diminishing gravitation. Recent Developments in General Relativity. Warsaw: Polish Scientific Press.

Karim M T, Mamajek E E. 2017. Revised geometric estimates of the North Galactic Pole and the Sun's height above the Galactic mid-plane. Monthly Notices of the Royal Astronomical Society, 465 (1): 472-481.

Kirkland C L, Sutton P J, Erickson T, et al. 2022. Did transit through the galactic spiral arms seed crust production on the early Earth? Geology, 50 (11): 1312-1317.

Klemme H D, Ulmishek G F. 1991. Effective petroleum source rocks of the world: stratigraphic distribution and controlling depositional factors. AAPG Bulletin, 75 (12): 1809-1851.

Kooi H, Beaumont C. 1994. Escarpment evolution on high-elevation rifted margins: insights derived from a surface process model that combines diffusion, advection, and reaction. Journal of Geophysics Research, 99 (B6): 12191-12209.

Krauss L M, Srednicki M, Wilczek F. 1986. Solar System constraints and signatures for dark-matter candidates. Physical review D: Particles and fields, 33 (8): 2079-2083.

Kump L R, Kasting J F, Crane R G. 2010. Earth system (Third edition). New Jersey: Pearson Education, Inc, publishing as Prentice Hall.

Laskar J. 1990. The chaotic motion of the solar system: a numerical estimate of the size of the chaotic zones. Icarus, 88 (2): 266-291.

Laskar J, Robutel P, Joutel F, et al. 2004. A long-term numerical solution for the insolation quantities of the Earth. Astronomy and Astrophysics, 428: 261-285.

Laskar J, Fienga A, Gastineau M, et al. 2011. La2010: a new orbital solution for the long-term motion of the Earth. Astronomy and Astrophysics, 532 (A89): 1-15.

Leitch E M, Vasisht G. 1998. Mass extinctions and the sun's encounters with spiral arms. New Astronomy, 3 (1): 51-56.

Lenton T M, Held H, Kriegler E, et al. 2008. Tipping elements in the Earth's climate system. USA: Proceedings of the National Academy of Sciences of the United States of America, 105 (6): 1786-1793.

Li M, Huang C, Hinnov L A, et al. 2016. Obliquity-forced climate during the Early Triassic hothouse in China. Geology, 44 (8): 623-626.

Li M, Hinnov L A, Huang C, et al. 2018. Sedimentary noise and sea levels linked to land-ocean water exchange and obliquity forcing. Nature Communications, 9: 1004.

Li Z X, Zhong S. 2009. Supercontinent- superplume coupling, true polar wander and plume mobility: Plate dominance in whole-mantle tectonics. Physics of the Earth and Planetary Interiors, 176 (3-4): 143-156.

Martinez M, Dera G. 2015. Orbital pacing of carbon fluxes by a ~ 9-Myr eccentricity cycle during the Mesozoic. USA: Proceedings of the National Academy of Sciences of the United States of America, 112 (41): 12604-12609.

McCulloch M T, Bennett V C. 1994. Progressive growth of the Earth's continental crust and depleted mantle: geochemical constraints. Geochimica et Cosmochimica Acta, 58 (21): 4717-4738.

McKenzie D, Parker R L. 1967. The north pacific: an example of tectonics on a sphere. Nature, 216: 1276-1280.

McLaren D J. 1983. Bolides and biostratigraphy: address as retiring president of The Geological Society of America, October 1982. GSA Bulletin, 94 (3): 313-324.

McMillan. 2016. The mass distribution and gravitational potential of the milky way. Monthly Notices of the Royal Astronomical Society, 465 (1): 76-94.

Meyerhoff A A. 1973. Mass biotal extinctions, world climate changes, and galactic motions: possible interrelations. In: Logan A, Hills L V (eds). Permian Triassic Systems and Their Mutual Boundary, Memoir 2. AAPG, 745-758.

Meyers S R, Peters S E. 2011. A 56 million year rhythm in North American sedimentation during the Phanerozoic. Earth and Planetary Science Letters, 303: 174-180.

Milankovitch M. 1941. Kanon der Erdbestrahlung und seine Anwendung auf das Eiszeitenproblem. Belgrade, Royal Serbian Academy, Section of Mathematical and Natural Sciences.

Mills B J W, Scotese C R, Walding N G, et al. 2017. Elevated CO_2 degassing rates prevented the return of Snowball Earth during the Phanerozoic. Nature Communications, 8: 1110.

Mitchell R N, Spencer C J, Kirscher U, et al. 2019. Harmonic hierarchy of mantle and lithospheric convective cycles: Time series analysis of hafnium isotopes of zircon. Gondwana Research, 75: 239-248.

Morgan W J. 1968. Rises, trenches, great faults, and crustal blocks. Journal of Geophysics Research, 73 (6): 1968-1982.

Nance R D. 2022. The supercontinent cycle and Earth's long-term climate. Annals of New York Academy of Aciences. Academy of Science, 1515 (1): 3-49.

Napier W M. 2006. Evidence for cometary bombardment episodes. Monthly Notices of the Royal Astronomical Society, 366 (3): 977-982.

Negi J G, Tiwari R K. 1983. Matching long-term periodicities of geomagnetic reversals and galactic motions of the solar system. Geophysical Research Letters, 10 (8): 713-716.

Percival L M E, Witt M L I, Mather T A, et al. 2015. Globally enhanced mercury deposition during the end-Pliensbachian extinction and Toarcian OAE: a link to the Karoo- Ferrar Large Igneous Province. Earth and Planetary Science Letters, 428: 267-280.

Prokoph A, Puetz S J. 2015. Period- tripling and fractal features in multi- billion year geological records. Mathematical Geosciences, 47: 501-520.

Prokoph A, Rampino M R, El Bilali H. 2004. Periodic components in the diversity of calcareous plankton and geological events over the past 230 Myr. Palaeogeography, Palaeoclimatology, Palaeoecology, 207 (1): 105-125.

Prokoph A, El Bilali H, Ernst R. 2013. Periodicities in the emplacement of large igneous provinces through the Phanerozoic: relations to ocean chemistry and marine biodiversity evolution. Geoscience Frontiers, 4 (3): 263-276.

Puetz S J, Condie K C. 2019. Time series analysis of mantle cycles part I: periodicities and correlations among seven global isotopic databases. Geoscience Frontiers, 10 (4): 1305-1326.

Puetz S J, Condie K C. 2022. A review of methods used to test periodicity of natural processes with a special focus on harmonic periodicities found in global U-Pb detrital zircon age distributions. Earth- Science Reviews, 224: 103885.

Puetz S J, Prokoph A, Borchardt G, et al. 2014. Evidence of synchronous, decadal to billion year cycles in geological, genetic, and astronomical events. Chaos Solitons Fractals, 62-63: 55-75.

Rampino M R. 1999. Impact crises, mass extinctions, and galactic dynamics: the case for a unified theory. Geological Society of America Special Paper, 339: 241-248.

Rampino M R. 2017. Cataclysms: A New Geology for the Twenty- First Century. New York: Columbia University Press.

Rampino M R, Stothers R B. 1984a. Terrestrial mass extinctions, cometary impacts and the Sun's motion perpendicular to the galactic plane. Nature, 308: 709-712.

Rampino M R, Stothers R B. 1984b. Geological rhythms and cometary impacts. Science, 226 (4681): 1427-1431.

Rampino M R, Caldeira K. 1993. Major episodes of geologic change: correlations, time structure and possible causes. Earth and Planetary Science Letters, 114: 215-227.

Rampino M R, Caldeira K. 2015. Periodic impact cratering and extinction events over the last 260 million years. Monthly Notices of the Royal Astronomical Society, 454: 3480-3484.

Rampino M R, Caldeira K. 2017. Correlation of the largest craters, stratigraphic impact signatures, and extinction events over the past 250 Myr. Geoscience Frontiers, 8: 1241-1245.

Rampino M R, Caldeira K. 2020. A 32- million year cycle detected in sea- level fluctuations over the last 545 Myr. Geoscience Frontiers, 11 (6): 2061-2065.

Rampino M R, Caldeira K, Zhu Y. 2021. A 27. 5−My underlying periodicity detected in extinction episodes of non-marine tetrapods. Historical Biology, 33: 3084-3090.

Randall L, Reece M. 2014. Dark matter as a trigger for periodic comet impacts. Physical Review Letters, 112: 161301.

Reid M J, Menten K M, Brunthaler A, et al. 2019. Trigonometric parallaxes of high- mass star- forming regions: our view of the Milky Way. The Astrophysical Journal, 885 (2): 131.

Rohde R A, Muller R A. 2005. Cycles in fossil diversity. Nature, 434: 208-210.

Scheidegger A E. 1982. Principles of Geodynamics. Berlin: Springer Press.

Scoville N Z, Sanders D B. 1986. Observational constraints on the interaction of giant molecular clouds with the solar system. In: Smoluchowski R, Bahcall J N, Matthews M S (eds) . The Galaxy and the Solar System. Tucson: University of Arizona Press.

Shaviv N J. 2002. Cosmic ray diffusion from the galactic spiral arms, iron meteorites, and a possible climatic connection. Physical Review Letters, 89: 051102.

Shaviv N J, Veizer J. 2003. Celestial driver of phanerozoic climate? GSA Today, 13 (7): 4-10.

Shi J, Jin Z, Liu Q, et al. 2021. Sunspot cycles recorded in Eocene lacustrine fine- grained sedimentary rocks in the Bohai Bay Basin, eastern China. Global and Planetary Change, 205: 103614.

Sloss L L. 1976. Areas and volumes of cratonic sediments, western North America and eastern Europe. Geology, 4 (5): 272.

Sonder L J, England P C, Wernicke B P, Christiansen R L A. 1987. Physical model for Cenozoic extension of western North America. In: Coward M P, Dewey J F, Hancock P L (eds). Continental Extensional Tectonics. London: Spec Pub Geol Soc.

Sprovieri M, Sabatino N, Pelosi N, et al. 2013. Late Cretaceous orbitally-paced carbon isotope stratigraphy from the Bottaccione Gorge (Italy). Palaeogeography, Palaeoclimatology, Palaeoecology, 379-380: 81-94.

Stanley S M, Luczaj J A. 2015. Earth System History, 4th edition. New York: Macmillan Higher Education Company Press.

Stein M, Hofmann A W. 1994. Mantle plumes from ancient oceanic crust. Nature, 372: 63-68.

Steiner J. 1967. The sequence of geological events and the dynamics of the Milky Way galaxy. Journal of the Geological Society of Australia, 14: 99-131.

Steiner J, Grillmair E. 1973. Possible galactic causes for periodic and episodic glaciations. GSA Bulletin, 84 (3): 1003-1018.

Stern R J. 2002. Subduction Zones. Reviews of Geophysics, 40 (4): 1012.

Stille H. 1924. Grundfragen der vergleichenden Tektonik. Berlin: Gebrüder Borntraeger, Ⅶ+443.

Stothers R B. 1985. Terrestrial record of the solar system's oscillation about the galactic plane. Nature, 317: 338-341.

Stothers R B. 1998. Galactic disc dark matter, terrestrial impact cratering and the law of large numbers. Monthly Notices of the Royal Astronomical Society, 300 (4): 1098-1104.

Svensmark H. 2007. Cosmoclimatology: a new theory emerges. Astronomy & Geophysics, 48 (1): 18-24.

Tiwari R K, Rao K N N. 1998. Correlated variations and periodicity of global CO_2, biological mass extinctions and extra-terrestrial bolide impacts over the past 250 million years and possible geodynamical implications. Geofizika, 15: 103-117.

Trabucho-Alexandre J, Hay W W, de Boer P L. 2012. Phanerozoic environments of black shale deposition and the Wilson Cycle. Solid Earth, 3: 29-42.

Trenberth K E. 1997. The Definition of El Nio. Bulletin of the American Meteorological Society, 78 (12): 2771-2777.

Uzan J. 2003. The fundamental constants and their variation: observational and theoretical status. Reviews of Modern Physics, 75 (2): 403-455.

Vallée J P. 2022. Kinematic structure of the Milky Way galaxy, near the spiral arm tangents. International Journal of Astronomy and Astrophysics, 12 (04): 382-392.

Vine F J, Matthews D H. 1963. Magnetic anomalies over oceanic ridges. Nature, 199: 947-949.

Walcott R I. 1970. Flexural rigidity, thickness and viscosity of the lithosphere. Journal of Geophysical Research, 75, 3941-3954.

Warren J K. 2010. Evaporites through time: tectonic, climatic and eustatic controls in marine and nonmarine deposits. Earth-Science Reviews, 98 (3-4): 217-268.

Wei R, Li M, Zhang R, et al. 2023a. Obliquity forcing of continental aquifers during the late Paleozoic ice age. Earth and Planetary Science Letters, 613: 118174.

Wei R, Zhang R, Li M, et al. 2023b. Obliquity forcing of lake-level changes and organic carbon burial during the Late Paleozoic Ice Age. Global and Planetary Change, 223: 104092.

Westerhold T, Marwan N, Drury A J, et al. 2020. An astronomically dated record of Earth's climate and its predictability over the last 66 million years. Science, 369 (6509): 1383-1387.

Wilson J T. 1965. A new class of faults and their bearing on continental drift. Nature, 207: 343-347.

Wu Y, Fang X, Jiang L, et al. 2022. Very long-term periodicity of episodic zircon production and Earth system evolution. Earth-Science Reviews, 233: 104164.

Zachos J, Pagani M, Sloan L, et al. 2001. Trends, rhythms, and aberrations in global climate 65 Ma to present. Science, 292 (5517): 686-693.

Zaffos A, Finnegan S, Peters S E. 2017. Plate tectonic regulation of global marine animal diversity. Proceedings of the National Academy of Sciences of the United States of America, 114 (2): 5653-5658.

Zhang R, Jin Z, Liu Q, et al. 2019. Astronomical constraints on deposition of the Middle Triassic Chang 7 lacustrine shales in the Ordos Basin, Central China. Palaeogeography, Palaeoclimatology, Palaeoecology, 528 (15): 87-98.

Zhang R, Jin Z, Li M, et al. 2023. Long-term periodicity of sedimentary basins in response to astronomical forcing: review and perspective. Earth-Science Reviews, 244: 104533.

Шпильман В И. 1982. Количественный прогноз нефтегазоносности. М: Недра.

Мясникова Г П. 1991. Динамика развития осадочних бассейнов как основа оценки их нефтегазоносности. Автореферат Докторской Диссертадии.

Мясникова Г П, Шпильман В И. 1989. Волновая эволюция осадочных бассейнов. Труды Запсибнигни Тюмень, 23-35.

第二章　沉积盆地波动过程分析方法

　　沉积盆地是多种周期性地质过程相互作用的结果，其沉积充填和构造发育等都表现出周期性或波动性。盆地分析方法主要包括地质学方法、盆地模拟法和"地质滤波法"。地质学分析方法主要包括不整合分析、沉积沉降分析和构造分析等，其中不整合分析是关键，它既是隆拗变迁的记录，也是层序地层分析的基础，例如 Vail 等（1977）。盆地模拟法和"地质滤波法"属于定量化方法。关于盆地模拟的盆地层序构建是早已发展起来和比较完善的方法（Beaumont et al., 1988；Kooi and Beaumont，1994；徐怀大等，1997）。盆地波动的"地质滤波法"是一种定量化盆地分析方法（施比伊曼等，1994；金之钧等，1996；张一伟等，1997；金之钧等，2000），在盆地分析中具有广阔的应用前景，这是我们介绍的重点。

　　盆地波动分析的"地质滤波法"主要是根据盆地现今沉积保存，通过去压实校正和地层年代的确定建立沉积速率-地质年代直方图，在此基础上进行滤波分析、建立波动方程，然后对波动方程和波动曲线进行分析，分析盆地发育的构造-沉积波动过程，以及这些波动过程与油气成藏的关系。因此，盆地波动分析的基础是地层原始厚度恢复和年代地层格架的建立，本章将主要介绍这方面的一些基础知识。

第一节　波动分析方法基本内涵

　　波是物质存在的最原始、最基本的形式。波动是振动（或扰动）在介质中的传播，是物质运动的基本形式。机械扰动在介质中的传播称为机械波，如声波、水波、地震波等。变化电场和变化磁场在空间的传播称为电磁波，如无线电波、光波、X 射线等。地壳的波动是一种机械波。

一、波动方程

　　典型的一维线性波动方程为

$$\frac{\partial^2 u}{\partial t^2} - c^2 \frac{\partial^2 u}{\partial x^2} = 0 \tag{2-1}$$

式中，$u(x, t)$ 为波幅，它可以是电场强度、声压、水面或地面的高度等振动变化的物理量；c 为波速或相速度。

　　式（2-1）的典型单色平面波解是

$$u(x,t) = A_0 \cos(\kappa x - \omega t) \tag{2-2}$$

式中，A_0 为振幅；波数 $\kappa = \dfrac{2\pi}{\lambda}$，圆频率 $\omega = 2\pi f = \dfrac{2\pi}{T}$；$\lambda$、$f$ 和 T 分别是波的波长、频率和

周期；$(\kappa x - \omega t)$ 为在 x 处的质点在时刻 t 的相（或相位）。波速或波的相速度是

$$c = \frac{\omega}{\kappa} \tag{2-3}$$

如果相速度 c 与频率或波长无关，则介质为无色散介质。如果相速度 c 与频率或波长有关，则介质是色散介质。如果相速度 c 与振幅有关，则介质是非线性的。地质体是非线性色散介质，波动方程的一般表达式为

$$\frac{\partial^2 u}{\partial t^2} = c^2 \left\{ 1 + \left(\frac{\partial u}{\partial x} \right)^2 \right\}^{-2} \frac{\partial^2 u}{\partial x^2} \tag{2-4}$$

有时为了简化问题，往往也将地质体当作线性介质，譬如将描述沉积过程的波动方程写为（金之钧等，1996）

$$u = A(t) \cdot \sin \left[\frac{2\pi}{T} (t - t_0) \right] \tag{2-5}$$

式中，u 为沉积速率；$A(t)$ 为随时间变化的振幅；T 为周期；t 为时间；t_0 为初始相位点。

如果介质是非线性的，在其中传播的波可能形成一种不弥散的波包——孤立波，是介质的色散效应和非线性效应共同起作用的结果。取介质中的波动方程为

$$\frac{\partial y}{\partial t} - 6y \frac{\partial y}{\partial x} + \frac{\partial^3 y}{\partial x^3} = 0 \tag{2-6}$$

这一方程现在就叫 KdV 方程，它的一个特解是

$$y = -\frac{u}{2} \text{sech}^2 \left[\frac{\sqrt{u}}{2} (x - ut) \right] \tag{2-7}$$

这是一种孤立波的数学表达式。这个波的波形就是一个波包，它以恒定速度 u 向前传播，其振幅 $u/2$ 为定值。

自 20 世纪 60 年代，人们开始注意研究非线性条件下的孤子以来，已发现了其他类型的孤子。目前许多领域中都在用孤子理论开展研究。例如，等离子体中的电磁波和声波、晶体中位错的传播、蛋白质中的能量的高效率传播、神经系统中信号的传播、高温超导的孤子理论解释、介子的非线性场论模型等。

在黏弹性介质中，波的传播速度是频率的函数，这就是说，黏弹性介质中的波存在频散。波的振幅随传播距离的增大而呈指数衰减：

$$A = A_0 e^{-\gamma x} \tag{2-8}$$

式中，γ 为衰减因子。能量与振幅的平方成正比，因此，振幅的衰减意味着能量的衰减。

二、波的叠加和驻波

在同一介质中传播的几列波相遇时，可以保持各自的特点（频率、波长、振幅、振动方向等）。在几列波叠加的区域内，任一点的位移，为各个波单独在该点产生的位移的合成。波的这种传播规律称为波传播的独立性或波的叠加原理。对于线性波动，叠加原理成立，但对于非线性波动方程，叠加原理不成立（张三慧，2000）

几列波叠加可以产生许多独特的现象，驻波就是其中一例。在同一介质中两列频率、

振动方向相同，而且振幅也相同的间谐波，在同一直线上沿相反方向传播时就叠加形成驻波。

　　设两列间谐波的表达式为

$$u(x,t) = A\cos(\kappa x - \omega t) \tag{2-9}$$

　　和

$$u(x,t) = A\cos(\kappa x + \omega t) \tag{2-10}$$

　　其合成式为

$$u(x,t) = A\cos 2\pi(\kappa x - nt) + A\cos 2\pi(\kappa x + nt) \tag{2-11}$$

利用三角关系可以求出

$$u(x,t) = 2A\cos\frac{2\pi}{\lambda}x\cos\omega t \tag{2-12}$$

此式就是驻波方程表达式。它不表示行波，只表示各点都在做间谐振动。各点振动频率相同，就是原来波的频率，但各点的振幅随位置的不同而不同。振幅最大的各点称为波腹，位置为

$$x = \kappa\frac{\lambda}{2}, \kappa = 0, \pm 1, \pm 2\cdots \tag{2-13}$$

振幅为零的各点称为波节，位置为

$$x = (2\kappa + 1)\frac{\lambda}{4}, \kappa = 0, \pm 1, \pm 2\cdots \tag{2-14}$$

这种波称为驻波。

　　驻波是在波动分析中一个重要的概念。驻波的显著特点是介质在所有点上对任意可能的振动频率来说，仅在相同的相位上振动。在这种情况下，如果我们观察不同时刻剖面上的若干界面，就会发现它们的形态是不变的，也就是说对于任意时刻，隆起和拗陷只是固定在剖面相应位置上。

第二节　原始厚度恢复和盆地沉降

一、孔隙度–深度关系

　　原始厚度恢复一般通过利用孔隙度–深度关系来实现，这里的孔隙度主要指的是原始孔隙度。对于正常压实的碎屑岩或碳酸盐岩，孔隙度–深度关系有两种，即指数关系式和线性关系式。

（一）指数关系式

　　对于正常压实的碎屑岩，经常认为孔隙度随着深度增加而呈指数递减（Athy，1930），即

$$\phi(z) = \phi_0\exp(-cz) \tag{2-15}$$

式中，z 为地层埋深，m；$\phi(z)$ 为深度 z 处的孔隙度，%；ϕ_0 为砂岩或泥岩在地表条件下的

孔隙度,% ; c 为压实系数, m^{-1} 。

对于碳酸盐岩来说,其压实系数在实际应用中很难求取,可参考一些地区的资料,如美国南佛罗里达盆地石灰岩的孔隙度-深度关系曲线

$$\phi = 51.3\exp(-z/1929) \tag{2-16}$$

式中, ϕ 的单位为% , z 的单位为 m 。

在我国盆地研究中还发现另一种形式的孔隙度-深度指数关系,即

$$\phi(z) = (\phi_0 - \phi_1)\exp(-cz) + \phi_1 \tag{2-17}$$

式中, z 为地层埋深, m , $\phi(z)$ 为深度 z 处的孔隙度,% ; ϕ_0 为地表孔隙度,% ; ϕ_1 为压实极限孔隙度,% ; c 为压实系数, m^{-1} 。

(二) 线性关系式

正常压实碎屑岩的孔隙度-深度线性关系表达式为 (Falvey and Middleton, 1981)

$$\frac{1}{\phi(z)} = \frac{1}{\phi_0} + \kappa z \tag{2-18}$$

式中, $\phi(z)$ 为深度 z 处的孔隙度,% ; ϕ_0 为地表孔隙度,% ; κ 为与岩性有关的系数。

(三) 相关参数求取

1. 现今孔隙度

孔隙度获得的最佳办法就是直接从探井中取样实测,如果受条件限制不能实测到足够多的样品,则可借助声波时差测井和密度测井资料求取孔隙度。在有声波时差测井资料时,可根据怀利 (Wyllie et al. , 1956) 时间平均方程求取孔隙度,表达式为

$$\phi = \frac{\Delta t - \Delta t_{\mathrm{m}}}{\Delta t_{\mathrm{f}} - \Delta t_{\mathrm{m}}} \tag{2-19}$$

式中, ϕ 为测点的孔隙度,小数; Δt 为测点的声波时差, $\mu\mathrm{s/m}$; Δt_{m} 为岩石基质的声波时差, $\mu\mathrm{s/m}$; Δt_{f} 为孔隙中流体的声波时差, $\mu\mathrm{s/m}$ 。有关岩石基质和孔隙中流体的声波时差可参见表 2-1。

表 2-1　岩石骨架与流体声波时差经验参数 (据郭秋麟等, 1998)

类型	参数			
骨架 Δt_{m} , $\mu\mathrm{s/m}$	砂岩: 179 ~ 191	泥岩: 265 ~ 275	石灰岩: 143 ~ 152	白云岩: 137 ~ 143
流体 Δt_{f} , $\mu\mathrm{s/m}$	水: 620	油: 720	气: 2200	

在有密度测井资料时,可根据怀利 (Wyllie et al., 1956) 公式计算孔隙度,即

$$\phi = \frac{\rho_{\mathrm{ma}} - \rho_{\mathrm{b}}}{\rho_{\mathrm{ma}} - \rho_{\mathrm{f}}} \tag{2-20}$$

式中, ρ_{ma} 为岩石骨架的平均密度,一般地,砂岩的骨架密度为 $2.65\ \mathrm{g/cm^3}$,灰岩的为 $2.71\ \mathrm{g/cm^3}$; ρ_{b} 为实测水饱和时的岩石密度; ρ_{f} 为孔隙中流体的平均密度。

2. 压实系数与极限孔隙度

在实际工作过程中，采用何种孔隙度–深度关系需视具体情况而定，具体说就是通过回归分析，判断哪种孔隙度–深度关系比较符合本地区的实际情况。

对于连续、正常压实模型，如果采用指数形式的孔隙度–深度关系，需在孔隙度（横坐标）–深度（纵坐标）半对数坐标系中投点作图，所得直线的斜率即为压实系数，直线与横坐标轴的交点为地表孔隙度。或者在直角坐标系中作图，通过确定地表孔隙度减小到 $1/\mathrm{e}$ 时的深度来确定压实系数（图 2-1）。经验的压实系数和地表孔隙度可参见表 2-2。

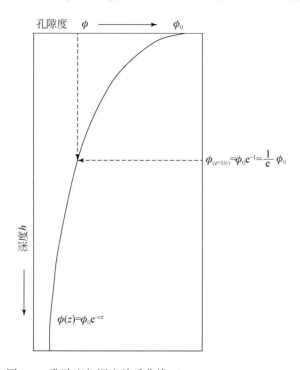

图 2-1 孔隙度与深度关系曲线（Allen and Allen，1990）

表 2-2 不同岩性的压实系数与地表孔隙度（据 Hegarty et al.，1988）

岩性	泥岩	砂屑灰岩	微晶灰岩	砂岩	粉砂岩	灰质粉砂岩
压实系数/10^3m	0.7	0.56	0.41	0.40	0.33	0.20
地表孔隙度/%	52	42	30	34	50	41

如果采用如式（2-17）所示的孔隙度–深度关系时，则可在孔隙度（横轴）–深度（纵轴）直角坐标系中投点作图，这时孔隙度与深度关系为一条曲线，该曲线与横坐标的交点为地表孔隙度，与纵坐标近平行段对应的孔隙度为极限孔隙度。例如，渤海湾盆地黄骅拗陷古近系—新近系孔隙度–深度关系见图 2-2。

渤海湾盆地黄骅拗陷古近系—新近系泥岩、砂岩孔隙度–深度关系的数学表达式分别为

$$\phi(z) = (55 - 9)e^{-0.5831 \times 10^{-3}z} + 9 \tag{2-21}$$

$$\phi(z) = (46 - 7.5)e^{-0.8585 \times 10^{-3}z} + 7.5 \tag{2-22}$$

塔里木盆地台盆区泥岩、砂岩孔隙度–深度关系的数学表达式分别为

$$\phi(z) = (55 - 9)e^{-0.58 \times 10^{-3}z} + 9 \tag{2-23}$$

$$\phi(z) = (45 - 8)e^{-0.85 \times 10^{-3}z} + 8 \tag{2-24}$$

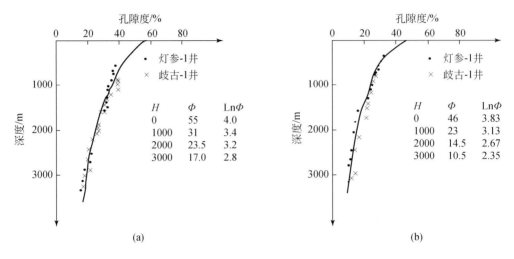

图 2-2　黄骅拗陷古近系—新近系碎屑岩孔隙度–深度关系曲线
（a）泥岩；（b）砂岩

如果采用线性孔隙度–深度关系，如式（2-18），则可将孔隙度和深度投影到以孔隙度为横坐标、深度为纵坐标的直角坐标系中，得到一条直线，该直线与横坐标的交点即为地表孔隙度（ϕ_0），该直线的斜率即为压实系数 c。研究证明，三水盆地孔隙度–深度关系符合线性表达式，其中，砂（砾）岩的 ϕ_0 和 c 值分别为 0.4 和 1.2，泥岩的 ϕ_0 和 c 值分别为 0.7 和 2.42。

应该说，不同岩性具有不同的压实系数，同一岩性在不同的埋深阶段也有不同的压实系数，孔隙度–深度曲线在半对数坐标中往往具有分段特征，因此压实系数也相应分段取值。

当存在多种岩性时，地层的孔隙度–深度曲线公式为（石广仁，1994）

$$\phi(z) = p_s\phi_{0s}(z) + p_m\phi_{0m}(z) + p_l\phi_{0l}(z) \tag{2-25}$$

式中，p_s 为地层的砂岩含量，小数；p_m 为地层的泥岩含量，小数；p_l 为地层中的灰岩含量，小数；$\phi_{0s}(z)$ 为地层中的砂岩孔隙度–深度关系，小数；$\phi_{0m}(z)$ 为地层的泥岩孔隙度–深度关系，小数；$\phi_{0l}(z)$ 为地层的灰岩孔隙度–深度关系，小数。

二、原始沉积厚度恢复

在原始厚度恢复过程中，假定体积的变化仅是因为地层厚度变化（孔隙水排出）引起的，即地层仅有纵向上的位置变化，而横向位置不变。原始厚度是通过求取骨架厚度得到

的。所谓骨架厚度是假设地层孔隙度为零时的地层厚度。

常用的有三种方法，即迭代法、经验系数法和概算法（石广仁，1994）。

（一）迭代法

骨架厚度公式为

$$h_s = \int_{z_1}^{z_2} \big[1 - \phi(z)\,\mathrm{d}z \big] \tag{2-26}$$

式中，h_s 为地层的骨架厚度，m；z_1 为地层的顶界深度，m；z_2 为地层的底界深度，m；$\phi(z)$ 为孔隙度–深度曲线函数，小数。

式（2-26）中，地层底界面埋深 z_2 需用迭代法求解：

$$z_2^{(k-1)} = f(z_2^{(k-1)}), \quad k = 1,2\cdots \tag{2-27}$$

为了加速收敛，z_2 的初值 $z_2^{(0)}$ 取为该地层的顶界加上其骨架厚度。根据式（2-27），逐次迭代得到 $z_2^{(1)}$，$z_2^{(2)}\cdots$，$z_2^{(k)}$，$z_2^{(k+1)}$，直至 $|z_2^{(k+1)} - z_2^{(k)}| < 10^{-5}$ m 为止。这时 $z_2 = z_2^{(k+1)}$，就是所求的地层底界。

对于沉积波动分析来说，需要的是各单层的原始厚度，一般为埋深 100 m 时的厚度，这时岩层顶面埋深 z_1 可以直接取 100 m。但对于沉降波动分析来说，需要各层不同时期的顶面埋深，在剥掉某层后，下伏各层顶面埋深可用下述方法确定：即回剥最上面一层后，设第二层顶面埋深为 0 或 100 m，计算出其底面埋深，计算出来的第二层底面的埋深又可视为第三层的顶面埋深，并由此类推计算出各岩层在回剥掉第一层后的埋深状态（图2-3）。

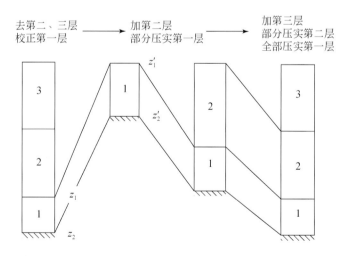

图2-3　去压实校正示意图

（二）经验系数法

当孔隙度–深度关系取式（2-18）时，骨架厚度公式为

$$h_s = \int_{z_2}^{z_1} [1 - \phi(z)] \mathrm{d}z = z_2 - z_1 - \frac{1}{c} \ln\left(\frac{\frac{1}{\phi_0} + cz_2}{\frac{1}{\phi_0} + cz_1}\right) = z_4 - z_3 - \frac{1}{c} \ln\left(\frac{\frac{1}{\phi_0} + cz_4}{\frac{1}{\phi_0} + cz_3}\right) \tag{2-28}$$

其中 z_1、z_2 分别为沉积层现今埋藏的顶面和底面深度；z_3、z_4 分别为地质历史时期顶面和底面的埋藏深度；ϕ_0 为初始孔隙度；c 为压实系数（经验系数）。

原始地层厚度为

$$z_4 - z_3 = z_2 - z_1 - \frac{1}{c} \ln\left(\frac{\frac{1}{\phi_0} + cz_2}{\frac{1}{\phi_0} + cz_1}\right) + \frac{1}{c} \ln\left(\frac{\frac{1}{\phi_0} + cz_4}{\frac{1}{\phi_0} + cz_3}\right) \tag{2-29}$$

（三）概算法

概算法是一种比较粗略的、但比较简单的方法，其表达式为

$$h = h_i \frac{1 - \phi_i}{1 - \phi_{100}} \tag{2-30}$$

式中，h 为原始地层厚度；ϕ_i 为第 i 层现今埋深处平均总孔隙度；ϕ_{100} 为地下 100 m 深处的孔隙度；h_i 为现今地层观测厚度。

在具体恢复各组、段原始厚度时，应注意以下四点：

（1）当某一组、段的整个岩层为薄泥岩层与薄砂岩层互层或砂岩、泥岩以夹层形式出现时，应分为两种情况：一是当该组、段的总厚度小于 300 m 时，则计算中所采用的埋藏深度取该组、段厚度的中央位置所处的深度，泥岩、砂岩的观察厚度分别按泥岩、砂岩的占比取值，如总厚度为 100 m，泥岩占比为 60%，则泥岩厚 60 m，砂岩厚 40 m；二是当该组、段的总厚度大于 300 m 时，就要将其划分开，分别恢复原始厚度。

（2）如果某一组、段内部岩性差别较大，或泥岩及砂岩各自的单层厚度较大，则要将其划分为若干层，分别恢复其原始厚度。

（3）对于灰岩、膏盐层可不需进行去压实校正。

（4）火成岩的厚度应扣除，因为它不代表沉积过程。

三、盆地沉降

盆地沉降包括了沉积物负荷沉降与构造沉降。前者是沉积物负荷的均衡响应，后者是深部地球动力学作用（热冷却、扩展、地幔隆升、岩浆底辟、地壳拆沉等）和构造环境施加的影响（伸展、挤压或走滑）的综合反映。因此，构造沉降变化体现出地球动力学环境的演变，具有丰富的地球动力学信息。

（一）总沉降

盆地总沉降的计算公式为（郭秋麟等，1998）

$$D(t) = H_s(t) + d(t) - \Delta S(t) \tag{2-31}$$

式中，$D(t)$ 为某时刻的基底沉降；$H_s(t)$ 为该时刻沉积物厚度；$d(t)$ 为古水深；$\Delta S(t)$ 为海平面升降变化。

(二) 构造沉降

构造沉降的计算公式为（Bond and Kominz，1984）

$$Y(t) = F(z,t)\left[S\frac{\rho_m - \overline{\rho_s}(t)}{\rho_m - \rho_w} - \Delta S(t)\frac{\rho_m}{\rho_m - \rho_w}\right] + \left[d(t) - \Delta S(t)\right] \qquad (2\text{-}32)$$

式中，$Y(t)$ 为盆地过去某时刻 (t) 的构造沉降量，m；$F(z, t)$ 为基底对负荷的响应函数，在艾里均衡（局部均衡）条件下为1；S 为回剥计算后的地层厚度；$\Delta S(t)$ 为相对现今海平面的海平面变化值，m；$d(t)$ 为沉积时的古水深，m；ρ_m 为地幔密度，kg/m^3，一般取3.3；$\overline{\rho_s}(t)$ 为该时间沉积层系的平均密度，kg/m^3；ρ_w 为水体密度，kg/m^3，一般取1.0。

对于式（2-32）还需作进一步的说明：

（1）关于挠曲响应函数 $F(Z, t)$：若岩石圈对沉积盆地的响应为长波长挠曲，则 $F(Z, t) = 0 \sim 1$，它取决于负荷被补偿的程度，其计算公式为

$$F(Z,t) = \frac{\rho_m - \rho_s}{\rho_m - \rho_s + \dfrac{D}{g}\left(\dfrac{2\pi}{\lambda}\right)^4} \qquad (2\text{-}33)$$

式中，ρ_m 为地幔密度；ρ_s 为沉积物密度；D 为抗挠刚度；g 为重力加速度；λ 为负荷波长，可取二分之一盆地宽度。对于裂陷盆地，由于裂陷破坏了岩石圈的连续性，可认为是处于艾里均衡，挠曲响应系数可取为1。对于前陆盆地，由于岩石圈保持了完整性，挠曲响应系数应小于1，如我国西部盆地岩石圈对沉积负荷的响应系数为 0.7 ~ 0.9（何登发和赵文智，1999）。

（2）古水深校正：可利用古生物化石群、沉积相及特征地球化学指标确定古水深。

（3）海平面变化校正：可利用 Vail 等（1977）、Haq 等（1987）、Haq 和 Al-Qahtani，（2005）、Haq 和 Schutter（2008）等关于全球海平面变化的研究结果。

（4）沉积物密度：沉积物平均密度的求取公式为

$$\overline{\rho_s}(t) = \sum_i \left\{ \frac{\overline{\phi_i}\,\rho_w + (1 - \overline{\phi_i})\,\rho_{sgi}}{S} \right\} z'_i \qquad (2\text{-}34)$$

式中，$\overline{\phi_i}$ 为第 I 层的平均孔隙度；ρ_{sgi} 为第 i 层沉积物骨架厚度；z'_i 为第 i 层回剥计算后的厚度；S 为回剥后沉积体的总厚度。

第三节　地质年代标尺与沉积速率厘定

一、绝对年龄框架约束平均沉积速率

确定地层的绝对年龄常使用生物地层学、磁性地层学、放射性同位素年代学方法，宇

宙射线成因核素定年、光释光测年等也是重要补充（Bowring and Schmitz，2003；吴怀春等，2011；Zhu et al.，2019）。对于深时地层剖面，凝灰岩中的锆石是尤为难得的 U-Pb 定年样品。目前主要发展了 3 种锆石 U-Pb 定年方法：激光剥蚀–等离子体质谱法（LA-ICPMS）、二次离子质谱法（SIMS）以及同位素稀释–热电离质谱法（ID-TIMS）等（李献华等，2015；Bowring and Schmitz，2003）。

在缺少凝灰岩夹层的沉积岩系中开展直接定年已有很多探索。低温沉积成岩环境下，沉积岩中发育的伊利石、钾长石、方解石、海绿石等自生矿物是重要的地质年代学计，可尝试采用 K-Ar 法、$^{40}Ar/^{39}Ar$ 法、Rb-Sr 法直接定年。海相生物的软组织在早期成岩作用过程中会被亲 U 的磷酸盐交代，对磷酸盐化石（如牙形石、双壳模）开展 LA-ICPMS 原位 U-Pb 定年，国际上已有较成功的范例（Rochín-Bañaga et al.，2021）。新发展起来的黑色页岩 Re-Os 同位素高精度定年也是约束地层年龄的重要手段（储著银和许继峰，2021）。由于 Re-Os 具有亲有机物的属性，在海相富有机质黑色页岩及其生成的原油和沥青中相对富集，因此，可以利用 Re-Os 放射性同位素体系确定富有机质沉积岩的绝对年龄（Selby and Creaser，2005）。

二、旋回地层学方法估算沉积速率变化

厘定连续沉积记录的持续时间主要依靠旋回地层学与天文年代学手段。这是目前唯一可提供连续的、高分辨率时间标尺的方法。米兰科维奇旋回理论认为，地球轨道参数（偏心率、斜率、岁差）的周期变化使地球表层接收的日照量分布发生变化，进而引起地球气候的周期性波动，这种周期变化的气候信息被记录在全球沉积序列中（Milankovitch，1941；Berger et al.，1992；Laskar et al.，2004）。

地球轨道周期具有相对稳定性，成为地层精细定年的"沉积物时钟"（金之钧等，1999）。地质历史时期，由于月–地间的引力作用产生力矩，对地球的自转起到减速刹车的作用，导致地球轨道斜率周期和岁差周期逐渐增大（Berger et al.，1992）。地球轨道长偏心率源于金星与木星的轨道近地点之间的相互作用，得益于木星巨大的质量，长偏心率旋回具有稳定的 405 kyr 周期，被誉为地质计时的最佳"计时器"（Laskar et al.，2004；Hinnov，2013）。Hilgen 等（2020）提出"天文时间带"概念，将地层中受天文轨道作用力控制的沉积旋回校准至周期稳定的天文理论曲线后形成具有全球对比潜力的地层时间单元（吴怀春和房强，2020；Hilgen et al.，2020）。根据特定天文旋回控制下的高分辨率时间标尺，可以计算不同深度层段的高分辨率沉积速率。中生代以来的地层序列通常以稳定的 405 kyr 长偏心率周期为基准建立天文年代标尺，对地层沉积速率刻画的分辨率即为 405 kyr 偏心率级别。而新近纪以来天文地质年代表已经可以精确到 20 kyr 岁差尺度（吴怀春和房强，2020；Hinnov，2013；Meyers，2019）。

近年来，旋回地层学方法结合数理统计学与计算机技术，可以在缺乏精确年龄约束的情况下估算地层序列沉积速率及其变化趋势，并给出可视化图形。当前流行的统计调谐手段主要有以下几种。

（1）平均频谱误差分析法（average spectral misfit，ASM），计算不同沉积速率下的古

气候序列的主要周期与天文周期的误差，并利用蒙特卡洛模拟给出零假设（不存在天文信号）检验的显著水平（Meyers and Sageman，2007）。

（2）时间标尺优化法（time scale optimization，TimeOpt），根据轨道信号的振幅调制属性，评估不同沉积速率条件下岁差（或短偏心率）振幅包络线与偏心率（或长偏心率）模型曲线的拟合程度，同时评估通过最小二乘法拟合实际数据获得的岁差与偏心率的信号与原始数据的拟合程度，利用两次拟合的乘积，寻找乘积的最高值来确定最优沉积速率（Meyers，2015）。同时使用蒙特卡洛模拟方法给出零假设检验的置信水平。

（3）相关系数分析法（correlation coefficient，COCO），通过评估不同沉积速率下的地层响应指标的功率谱与天文理论曲线中全部偏心率、斜率和岁差的功率谱之间的相关系数来实现沉积速率定量检验，同时利用蒙特卡洛模拟的方式评估零假设置信水平，并综合考虑能匹配的地球轨道周期数量来检测地层的沉积速率（Li et al.，2018）。

ASM、TimeOpt 和 COCO 方法都是利用零假设检验和蒙特卡洛模拟估算沉积速率的统计学方法。还有一类基于贝叶斯公式的沉积序列反演方法，使用马尔可夫链蒙特卡洛算法对沉积速率模型的后验分布进行采样，寻找匹配轨道周期的沉积速率最优解，并定量描述反演结果的不确定性（Malinverno et al.，2010）。这几类算法在实际应用中，都存在参数调整的不确定性，同时理论天文周期模型的选择等也限制着这些方法的普适性。

三、地球化学方法判识相对沉积速率

（一）稀土元素配分模式法判识相对沉积速率

页岩的稀土元素配分模式是其经历的搬运和沉积过程的综合反映（McLennan and Anonymous，1993）。碎屑矿物悬浮颗粒中的稀土元素在缓慢沉积过程中被黏土吸附并与有机物发生络合反应。轻稀土元素通常会先被吸附在有机质和黏土中并沉积下来，重稀土元素则形成稳定络合物留在水体中，从而导致稀土元素强烈分异。La 和 Yb 分别为轻稀土元素和重稀土元素的指示元素。因此，根据稀土元素的 $(La/Yb)_N$ 值（N 代表北美页岩标准化）可以判断沉积速率的相对大小（陈孟晋等，2007；Chen et al.，2019）。沉积速率较迅速的页岩，稀土分异作用不显著，稀土元素的配分模式相对平缓，$(La/Yb)_N$ 值约为 1。沉积速率较慢的页岩，稀土分异作用强烈，轻、重稀土元素出现亏损或富集，$(La/Yb)_N$ 值大于或小于 1。由于稀土元素的富集和亏损受多种因素的影响，因此需要在分析结果中考虑其他因素的干扰。

（二）晶体粒径分模式法论判识相对沉积速率

晶体粒径分布理论（crystal size distribution theory，CSDT）是用保留时间和系统内晶体增减作为参数来描述晶体数量与粒径变化规律。Wilkin 等（1996）将晶体粒径分布理论应用到沉积型莓状黄铁矿上，计算出莓状黄铁矿在沉积物表面的相对保留时间，进而获得相对沉积速率变化（Wilkin et al.，1996）。晶体粒径分布模式的应用需要黄铁矿在沉积过程中具有明显的富集特征，如果页岩中黄铁矿的数量较少，则粒径分布模式的统计结果可能会受到抽样误差的影响。

（三）星际尘埃特征元素丰度法判识相对沉积速率

这种方法利用沉积物中星际尘埃特征元素 [3]He、Ir、Co 的丰度值间接反映沉积速率（Alvarez et al., 1980；周瑶琪等, 1997；Murphy et al., 2010）。星际尘埃在地球表面的沉降量相对稳定，约为 1.6×10^{-4} g·cm^{-2}·yr^{-1}。在不考虑火山活动和生物富集作用的情况下，陆源物质输入对星际尘埃特征元素含量产生稀释效应（吴智平和周瑶琪，2000）。Alvarez 等（1980）建立了一个利用星际尘埃特征元素 Ir 的丰度值计算海相地层沉积速率的经验公式。周瑶琪等（1997）修正经验参数利用星际尘埃特征元素 Co 的丰度计算得到湖相页岩的沉积速率为 6~8 cm/kyr。[3]He 是地球对星际尘埃对吸积速率的示踪剂。对白垩纪—古近纪之交发育的海相碳酸盐岩的实例分析表明，宇宙来源的 [3]He 通量几乎是恒定的（Mukhopadhyay et al., 2001）。Murphy 等（2010）根据 [3]He 通量恒定假设（Mukhopadhyay et al., 2001）约束了南大西洋沃尔维斯海岭在整个古新世—始新世极热事件（Paleocene-Eocene thermal maximum，PETM）期间沉积速率的相对变化，并为该事件构建了一个新的年龄模型。因此，建立星际尘埃特征元素的同位素记录，是深海相和深湖相泥页岩年代学研究的重要补充。

以上沉积速率的研究方法各具特色，对于陆相页岩层系野外剖面或系统取心段，可以通过高精度年代学框架的应用，约束地层序列的沉积时限，并准确地计算平均沉积速率值。对于缺乏绝对年龄数据的连续沉积剖面，通常基于旋回地层学与天文年代学获得"浮动"天文年代标尺，利用统计调谐方法追踪沉积速率在不同深度层段内的变化（张瑞等，2023）。对于黑色页岩样品的相对沉积速率判识，稀土元素配分模式、莓状黄铁矿晶体粒径分布能够提供有价值的参考，星际尘埃特征元素丰度也是获取沉积速率的有效补充。然而这些方法都依赖于一些假设和前提条件，难免会出现系统误差和偶然误差，需要结合其他方法和数据进行综合校正（表 2-3）。

表 2-3　常用沉积速率研究方法对比（张瑞等，2023）

方法分类		方法举例	适用条件	主要优势	存在问题
地质年代学与统计学方法	绝对年龄框架约束	锆石 LA-ICPMS、SIMS、ID-TIMS 定年	含有凝灰岩夹层的页岩层系剖面	准确地计算出平均沉积速率值	难以获得合适的锆石样品
		自生矿物 K-Ar，^{40}Ar/^{39}Ar、Rb-Sr、Re-Os 同位素定年	不含凝灰岩夹层的黑色页岩剖面	直接利用沉积岩自生矿物定年且具有较高的年代学精度	对样品类型要求较高，分析和处理过程较为复杂
	旋回地层学统计调谐方法	平均频谱误差分析法（ASM）	连续沉积的页岩层系剖面	高分辨率地刻画页岩剖面的沉积速率或追踪沉积速率的变化	需要人为选择目标天文曲线、调整滑动窗口等参数
		时间标尺优化法（TimeOpt）			
		相关系数分析法（COCO）			
		贝叶斯反演法			

续表

方法分类		方法举例	适用条件	主要优势	存在问题
地球化学方法	稀土元素配分模式法	$(La/Yb)_N$ 值	深海相和深湖相页岩样品	获取相对沉积速率	稀土元素的富集和亏损受多种因素影响
	晶体粒径分布模式法	莓状黄铁矿粒径分布	深海相和深湖相页岩样品	获取相对沉积速率	莓状黄铁矿的数量少导致抽样误差且影响统计结果
	星际尘埃特征元素丰度法	特征元素 ^3He、Ir、Co 丰度值	深海相和深湖相页岩样品	获取相对沉积速率	火山活动、生物富集作用、陆源物质稀释效应均影响实验结果

第四节　波动要素分离方法

盆地沉积速率的波动要素分离是以野外实测、钻井、录测井、地震剖面等基础得到的岩性柱为基础，获得地质年代标尺–沉积速率直方图。然后利用数学方法进行波动要素分离。

一、地质滤波法

（一）步骤

为了从沉积速率直方图上得到周期性的波动过程，就必须对沉积速率直方图进行"滤波"处理（金之钧等，1996，2000，2003）。在已知波动函数情况下，可用傅里叶变换方法进行滤波处理，但在波动函数未知、波动曲线已知的情况下，可利用"滑动窗"法进行地质滤波，具体步骤是：

第一步：设定一个滑动窗口，对窗口内不同组、段的沉积速率取平均值，并将这一平均值记录在窗口中央所对应的位置上（图 2-4）。滑动窗从时间坐标的零点（现今）开始，每次移动一个时间单位（时间单位的长短视研究精度而定）依次下滑，这样就得到一系列沉积速率平均值的点。将这些点连接后，就得到一条圆滑的曲线 A（低频），无疑这条曲线消除了周期小于该窗口尺寸的波。

第二步：改变窗口尺寸（譬如窗口变小）又可以得到另一条曲线 B（高频）。如果所做出的两条曲线之差是周期波 b，又知道 A 的方程，则曲线 B 的方程为 $B = A + b$，它是时间的函数。

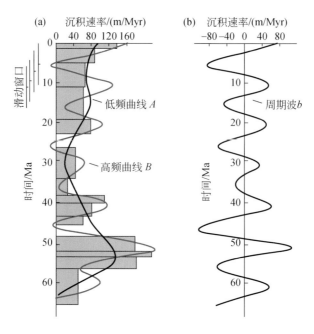

图 2-4　滑动窗地质滤波示意图

　　滑动窗的最小长度应等于第一个不包含在或接近波谱中的高频谐波的波长（周期），频谱的获得可以通过自相关函数计算和傅里叶分析获得（金之钧等，2000）。高频波（对总体贡献大的波）是首先应该分离出的波。在有经验的情况下，可根据控制盆地演化的主周期，设计滑动窗口的大小。

　　第三步：如果所做出的两条曲线之差不存在周期函数（主要考虑周期性），则变换滑动窗口的尺寸，直至找到一个周期波 b 为止，周期波的方程表达式为式（2-5）。其中，周期 T 可以从图上通过观察直接量得，如图 2-4 的周期波 b 的周期为 10Myr。

　　确定初始相位点 t_0 比较容易，即满足在该点的振幅为零且该点的右侧函数处于单调上升状态条件的点，如图 2-4 的初始相位点为 6 Ma。在实际工作中，可找最明显符合上述条件的点，如图 2-4 的视初相点（16 Ma），此时的初相可能大于周期值，为了符合标准的波动方程形式，可将视初始相位减去周期的整数倍，而得到小于一个周期的初相位值，即 6Myr。

　　较难确立的是振幅 $A(t)$，为了确定振幅的变化规律，需要建立一个以时间为横轴、振幅为纵轴的直角坐标系，在分解出的周期波图上将振幅、时间分别量出，点于该坐标系中，观察振幅随时间的变化规律，建立它们的经验方程。

　　振幅的变化可能有多种情况，或者是时间的函数，或者为上一级波动曲线振幅的函数。研究证明，当振幅为时间的函数时，可有两种情况：①振幅与时间为线性关系［图 2-5（a）、（b）］，此时振幅为 $A(t) = at + b$，a、b 可用最小二乘法求得；②振幅与时间为非线性关系，此时可对振幅取自然对数，这时 $\ln A(t)$ 与 t 可能呈线性关系，或者仍为非线性关系［图 2-5（c）］，这时可再对 t 取对数，可获得 $\ln A(t)$ 与 $\ln t$ 的直线关系［图 2-5

（d）］，这两种情况的振幅分别为 $A(t) = \mathrm{e}^{at+b}$ 和 $A(t) = \mathrm{e}^{a\ln t+b}$，$a$、$b$ 亦可用最小二乘法求得。有时下一级波动曲线的振幅与上一级波动曲线的振幅有关，如塔里木盆地塔中 10 井的周期为 240 Myr 的波动曲线的振幅（A_g）与周期为 700 Myr 的波动曲线的振幅（A_F）的关系为 $A_\mathrm{g} = |A_\mathrm{F}| - 10$。

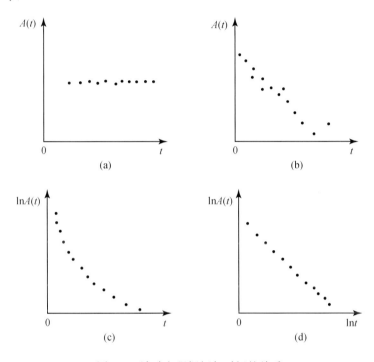

图 2-5　波动方程振幅与时间的关系

第四步：改变窗口的大小，重复以上过程，可以将一条看似无规律的复杂的沉积曲线依次分解。不同尺度的窗口还有一个互相衔接的问题，即寻找长周期时的小窗口应为寻找相邻短周期时的大窗口。

一般来讲，经过三、四级分解之后可以得到一条简单的曲线，它是控制盆地演化的最大周期，它的方程很容易通过观察建立，该方程也称为能量波函数。依次回代，就可以得到代表沉积-剥蚀过程的高频曲线的波动方程，其形式遵循描述地质体属性函数的一般形式（金之钧等，2000）

$$M(x,y,z,t) = V(x,y,z,t) + (k \pm \xi_\mathrm{k} \pm \xi_\mathrm{b} \pm \xi) \tag{2-35}$$

式中，$V(x,y,z,t)$ 为描述被研究过程的波动方程；ξ_k 和 ξ_b 为假定的随机干扰，它与实际分析时把高频谐波和低频谐波从 V 中排除有关，原则上可以通过扩展波谱 V 而使它们接近于零；k 为近似地描述被抛弃的低频波谱的平均数值或函数；ξ 为不属于研究过程的无法排除的随机干扰。

第五步：波动方程的拟合与平衡检验。盆地波动分析的目的是最终要找到一条能够代表沉积-剥蚀过程的波动曲线，通过上述分析得到的波动方程必须通过拟合与平衡检验，才能确定它们是否准确反映了盆地的沉积-剥蚀过程。

所谓拟合检验就是通过微调周期和初相（主要是初相），使波动曲线形态能够与主要地质事件，如沉积、剥蚀、沉积速率的大小基本吻合。平衡检验的目的是确定所得出的波动曲线是否真正代表了盆地沉积–剥蚀过程，其标准是波动曲线所代表的曾经沉积的厚度（曲线纵坐标轴右侧的面积，图2-6）减去剥蚀掉的厚度（纵坐标轴左侧的面积，图2-6）应等于现今保存的地层总原始厚度。从波动曲线上得到的应该保存的现今地层总原始厚度 H 为

$$H = \left| \int_{t_0}^{t} F(t)\,\mathrm{d}t \right| \tag{2-36}$$

式中，t_0 为盆地形成时的年龄，t 为现今年龄；$F(t)$ 为反映沉积–剥蚀过程的波动方程。平衡检验主要对振幅进行微调。

波动分析的平衡原则也是利用波动曲线进行剥蚀量计算的基础，某一沉积间断的剥蚀量 H_e 为

$$H_e = \left| \int_{t_1}^{t_2} F(t)\,\mathrm{d}t \right| \tag{2-37}$$

式中，t_1 为沉积间断开始时间，t_2 为沉积间断结束时间。

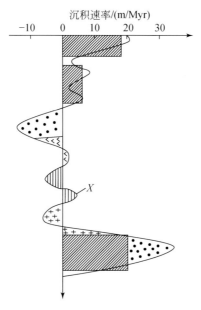

图 2-6　沉积–剥蚀过程平衡原则示意图

X 为代表沉积–剥蚀过程的波动曲线，竖轴左边曲线代表剥蚀，竖轴右边曲线代表沉积

值得注意的是，无论如何，所得到的波动曲线与实际情况仍存在差距，因为我们对地质体的时空研究永远只包含波谱的一部分，其中的每一个谐波由于作用于振幅或频率上的（不归咎于波动过程的）随机干扰而变得复杂。

（二）应用实例

以塔里木盆地塔中 10 井为例，来说明获得控制盆地剥蚀–沉积过程的波动方程的

步骤。

1. 建立沉积速率直方图

根据塔里木盆地各区年代地层格架和地震剖面对比，并通过现存地层的去压实校正，建立地质年代标尺和沉积速率直方图（图2-7）。

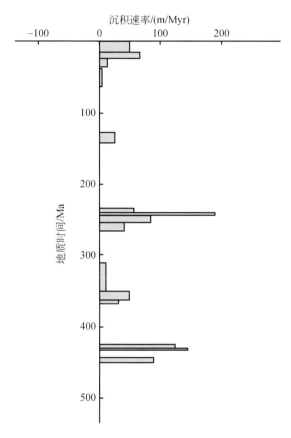

图2-7　塔中10井沉积速率直方图

2. 地质滤波与波动方程

图2-8（a）为10 Myr（曲线L）和40 Myr（曲线N）两个滑动窗口滑动的结果，曲线L与曲线N值之差为分解出的严格周期波曲线l，周期为35 Myr，初始相位为235 Ma。假定l波的振幅为A_l，则N与l叠加得到的非严格周期波L的波动方程为

$$L = N + A_l\sin\frac{2\pi}{35}(t - 235)\tag{2-38}$$

图2-8（b）为140 Myr（曲线G）和40 Myr（曲线N）两个滑动窗口滑动的结果。曲线N与曲线G值之差为分解出的严格周期波曲线n，周期为100 Myr，初始相位为215 Ma，假定n波振幅为A_n，则N波的波动方程为

$$N = G + A_n\sin\frac{2\pi}{100}(t - 215)\tag{2-39}$$

图 2-8（c）为 180 Myr（曲线 F）和 140 Myr（曲线 G）两个滑动窗口滑动出的结果。曲线 F 与曲线 G 值之差为分解出的严格周期波曲线 g，周期为 240 Myr，初始相位为 185 Ma，其振幅假定为 A_g，可以写出 G 波的波动方程：

$$G = F + A_g \sin \frac{2\pi}{240}(t - 185) \tag{2-40}$$

从图 2-8（c）中可以看出，F 波已不能再分解了，此时在横轴 20 m/Myr 值处做一条与纵轴平行的直线，可见 F 曲线在该水平上上下摆动，不难建立曲线 F 的波动方程：

$$F = 20 + (0.065t) \sin \frac{2\pi}{760}(t - 250) \tag{2-41}$$

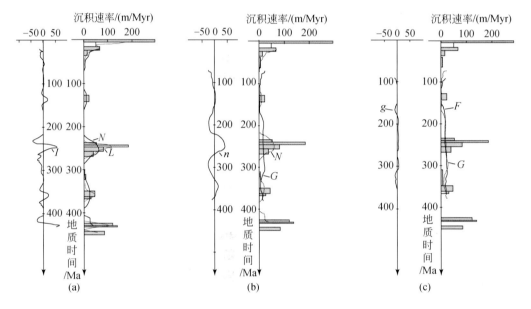

图 2-8　塔中 10 井不同滑动窗口的地质滤波结果

（a）用 40 Myr 和 10 Myr 两窗口的滑动结果；（b）用 140 Myr 和 40 Myr 两窗口的滑动结果；

（c）用 180 Myr 和 140 Myr 两窗口的滑动结果

各周期波振幅分析证明，以下关系式成立

$$A_l = 10 + 1.2\,|G|, \ A_n = 10 + 0.5F, \ A_g = |F| - 10 \tag{2-42}$$

然后依次回代，就可获得控制塔中 10 井构造–沉积过程的各周期波的波动方程：

$$F(t) = 20 + (0.065t) \sin \frac{2\pi}{760}(t - 250) \tag{2-43}$$

$$G(t) = F(t) + \left[\,|F(t)| - 10\right] \sin \frac{2\pi}{240}(t - 185) \tag{2-44}$$

$$N(t) = G(t) + \left[10 + 0.5F(t)\right] \sin \frac{2\pi}{100}(t - 215) \tag{2-45}$$

$$L(t) = N(t) + \left[10 + 1.2\,|G(t)|\right] \sin \frac{2\pi}{35}(t - 235) \tag{2-46}$$

各方程的曲线如图 2-9 所示。经平衡和拟合检验证明，35 Myr 周期的波动方程 $L(t)$

可很好地代表塔中 10 井沉积–剥蚀过程。

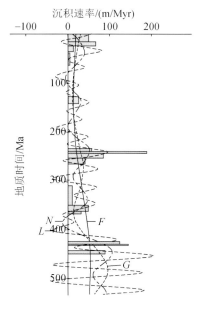

图 2-9　塔中 10 井沉积波动曲线

二、频谱分析法

所谓频谱指的是一个复杂的振动（或波动）可以看成由许多间谐分量叠加而成，这许多间谐分量及其各自的振幅、频率和初相就叫作这个复杂振动（或波动）的频谱。频谱分析是一种用于检测和量化复杂信号中规则（周期）行为分布的数值方法（Mann and Lees，1996）。常用的频谱分析方法有傅里叶变换和多窗口频谱分析（multi-taper spectral method，MTM）法等。

（一）傅里叶变换

根据傅里叶定理，任何时间序列，无论是怎样的形状，都可由一系列具有一定波长和振幅的正弦波和余弦波相加得到。傅里叶变换将时间序列的变化映射成一组不同频率的正弦和余弦波，每个频率都有一个"傅里叶系数"。它估计了可用于重建时间序列的正弦波的频率和振幅，从而将时间序列解构为其"分量"周期。相位是由正弦和余弦在特定频率下的相对贡献决定的。为数字计算机开发的快速傅里叶变换（fast Fourier transform，FFT）（Cooley and Tukey，1965）将长度为 N 的离散时间序列和间隔采样 Δt 的频率数量限制为 $N/2$，最高可测频率 $(\Delta t)/2 = f_{\text{nyq}}$ 为奈奎斯特频率。FFT 将正弦和余弦的"傅里叶系数"存储为一个复杂变量，该变量是频率的函数，其间距称为瑞利间距，为 $\Delta f = \Delta t/N$。瑞利间距的同义词包括术语"基本带宽"、"频率箱"和"采样频率"。在实践中，由 FFT 可以解析从 0 到 $f_{\text{nyq}} = 1/(2\Delta t)$ 的频率。瑞利间距决定了频谱估计中频率轴的间距，并设置了

FFT 的频率分辨率。

(二) 数据窗口

频谱分析用到的数据窗口主要有 Dirichlet 窗口、Bartlett 窗口和 Hann 窗口。Dirichlet 窗口的傅里叶变换，也称为"矩形"或"箱车"，是一种 sinc 函数（辛格函数）。由一个宽度为 Δf 的"中央裂片"组成，周围是一连串功率递减的侧波。这种"振铃"是由 Dirichlet 窗口的起点和终点的转角造成的。将 sinc 函数与傅里叶变换时间序列的频谱峰进行卷积的净结果，功率泄漏了大约 10%（Durrani and Nightingale，1972）。为了减少这种泄漏，已经开发了锥形数据窗口来平滑转角（Harris，1978）。在图 2-10 中，Dirichlet 频谱窗与著名的 Bartlett 和 Hann 窗口的频谱窗进行了比较。频谱窗的"中央裂片"显示为以 $f=0$ 为中心的半裂片，并定义了频谱估计器的频率分辨率。Dirichlet 频谱窗有最窄的中心叶，Bartlett 和 Hann 的中心叶更宽。在实践中，中心叶宽度是以"等效噪声带宽"来定义的，有 $1.0\Delta f$（Dirichlet），$1.333\Delta f$（Bartlett）和 $1.5\Delta f$（Hann）。Dirichlet 窗产生的频谱估计器具有最窄的频率分辨率，但其代价是功率泄漏到边沿区域。Bartlett 和 Hann 窗口在一定程度上将泄漏的功率恢复到中央波段。Dirichlet 窗口从开始到结束接纳整个时间序列，而其他两个窗口则强烈降低时间序列的开始和结束部分的权重。

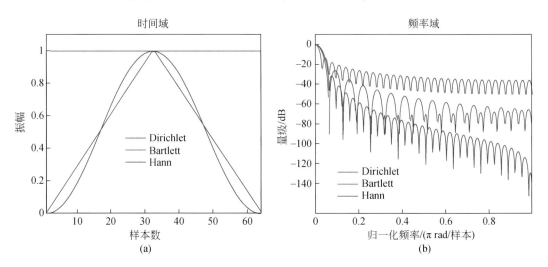

图 2-10　频谱分析中常用的三种数据窗口（a）及其傅里叶变换（b）

(三) 多窗口频谱分析

MTM 法包括谐波线（振幅）频谱估计器、平均功率频谱估计器、一致性和交叉相位估计器以及其他高阶频谱估计器，提供了一个灵活、高分辨率、统计学上稳健估计器的"全方位服务"工具箱，其性能优于其他频谱分析技术。

在过去的几十年里，人们设计了数十种单窗口来优化频谱估计的不同方面（Harris，1978）。所有这些方法的目标是控制来自"中央裂片"的频谱泄漏，增加统计稳定性（自由度最大化），最小化偏差，并保留最高（最窄）可能的频率分辨率。对满足所有这些标准的追求导致 "多窗口" 的概念。被称为 "离散长球体序列（discrete prolate spheroidal sequences，DPSS）" 的函数族，每个函数都独立于其他函数，当它们相加时就近似于一个 Dirichlet 数据窗口（Slepian，1978）。如果将一个系列中的 Slepian 序列作为渐变器单独应用于一个时间序列，然后将每个 Slepian 渐变的序列进行傅里叶变换，那么这组傅里叶变换可以被平均到一起，以产生一个平滑的频谱估计器，每个变换名义上贡献两个自由度（Thomson，1982）：

$$S_{x,D}^{K}(f) = \frac{1}{K+1} \sum_{K=0}^{K-1} |X_D^K(f)|^2 \tag{2-47}$$

$$X_D^K(f) = \sum_{n=0}^{N-1} x(n) D_K(n) e^{-i2\pi n f} \tag{2-48}$$

式中，$x(n)$ 为时间序列，$D_K(n)$ 为 Slepian 序列。Slepian 序列被解为具有相关特征值的特征向量，表明每个特征向量的偏差。特征值最接近于 1 的特征向量被保留为应用于时间序列的 "特征向量" 的 "最小偏差" 集。时间带宽乘积被选为 $P=NW$，解决了最大化问题，得到一组 $P\pi$ 扩展的特征点，其中最小阶 0 到 $K-1$，其中 $K=2P$，特征值非常接近于 1。一个 "特征化" 时间序列的傅里叶变换是一个 "特征谱"。通常，$K-1$ 阶的特征谱具有显著小于 1 的特征值，并从集合中删除。对于旋回地层学研究，P 通常为 2~6，可以是小数（例如 3.6 和 5.2）。随着窗口阶数的增加，宽度为 W 的中心裂片越来越向 W 的外缘取样。在时域中，每个窗口对时间序列的不同部分进行采样（图 2-11）。

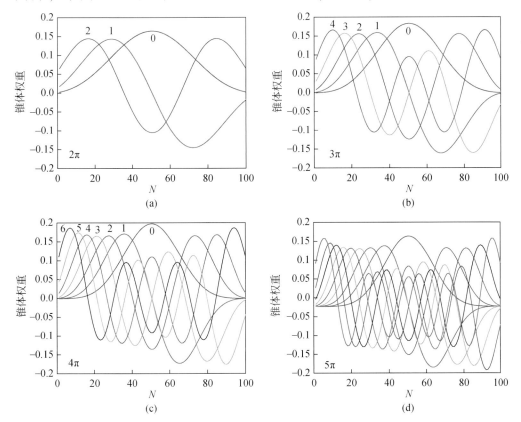

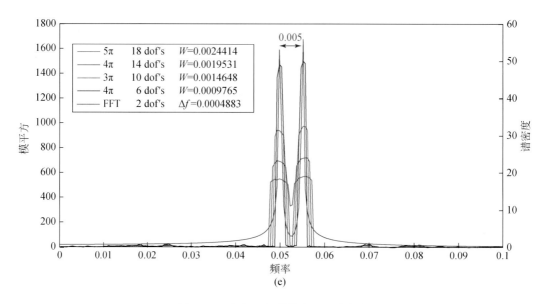

图 2-11　多窗口频谱估计器相关实例

长度 $N=2048$ 的时间序列的多窗口谱估计与 Dirichlet 周期图进行比较［图 2-11（e）］。例如，"5π" 指的是应用一组 9 个 5π 的 Slepian 窗口（即 0 ~ 8 阶）所施加的平均带宽，其中值 $P=5$ 由操作者选定。"5" 对应于平均带宽 $W=5/2048=0.0024414$。这个例子展示了多窗口估计器的优势：可调带宽 W 在保持高统计稳定性（多自由度）的同时解决了许多分辨率问题。

（四）自适应加权

在自然数据频谱中，功率随频率的分布通常是不均匀的。具有高功率的频率通常（但不总是）比低功率的频段承载更多的信息。此外，高阶特征值倾向于贡献更多的偏差，优先影响低功率谱估计。为了解决这些问题，研究人员开发了一种 "数据自适应加权" 策略，根据第 K 个特征值的数据频谱和偏差，降低低功率谱估计的权重（Thomson，1982）。由此产生的自适应权重 $d_K(f)$ 对于输入数据时间序列和频谱估计中使用的特征值是唯一的。$d_K(f)$ 还提供了有效自由度作为频率函数的经验估计，将较少的自由度分配给较低功率的频谱区域：

$$v(f) = 2 \sum_{K=0}^{K-1} |d_K(f)|^2 \tag{2-49}$$

不同的功率分布对自适应权重和因子 $v(f)$ 的影响如图 2-12 所示，信号深嵌在噪声中。该无噪声信号在两个信号频率周围宽度为 W 的波段上具有 $v(f)$，最多 14 个自由度，在其他地方，$v(f)$ 的最小值为 2。两个噪声时间序列的功率谱只是解析两个信号频率。$v(f)$ 跟踪估计的功率水平，在信号频率处有局部最大值，但从未达到 14 自由度的最大值（Kodama and Hinnov，2014）。

使用频谱分析可以评估时间序列中有多少种周期。简单地说，频谱图显示了时间序列

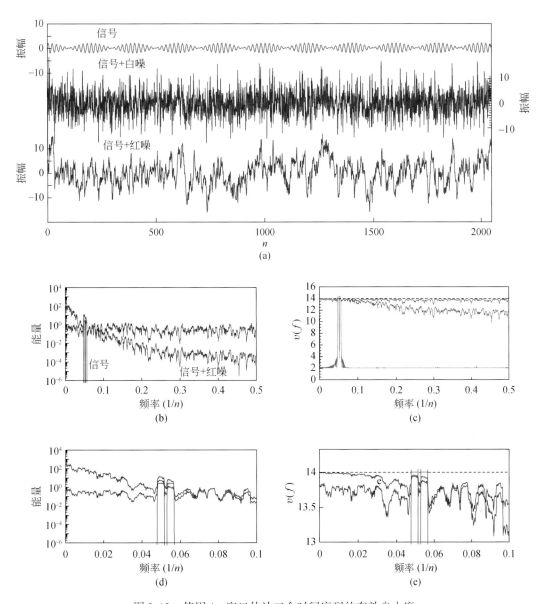

图 2-12　使用 4π 窗口估计三个时间序列的有效自由度

中所有周期的波长和相对振幅（严格的平方振幅）。如果是深度域序列，度量单位则为单位长度的周期数（比如 cycles/m），如果是时间域序列，则频率以单位时间的周期数（比如 cycles/kyr）来度量。图 2-13 显示三个波长和振幅不同的正弦波（波长 100 kyr，振幅为1；波长 41 kyr，振幅为 1；波长 23 kyr，振幅为 1）叠加在一起形成的时间序列。如果这三个周期分量的相对相位发生改变，则所得到的合成序列看起来会有所不同，但不会影响频谱的形状，因为功率谱产生时会消除所有相位信息。图 2-13 中的功率谱表明时间序列仅由三个频率分量组成，频谱峰的频率值可以从横坐标中读取。通过频谱分析检测到的三个周期都绘制成狭窄的"线状谱"，其功率完全集中在实心垂直线所示的周期。在这个理想化的例子中，除了这三个周期外，频谱图中的其他地方都没有功率出现。然而，在实际气候研究的时间序列，频谱从来没有这么简单。其中一个原因是，即使是看起来最规则的轨道周期，也不是完美的正弦波，而是在一个小范围的周期内变化。

此外，与完全确定的信号相比，气候变化记录的年代或测量其幅度的误差也会使能量在更广泛的时期范围内扩散。由于这些复杂的原因，与每个周期相关的功率总量看起来更像图 2-13 中虚线下的面积。现实中导致频谱更复杂的另一个原因是，气候系统中存在随机噪声，包括轨道或其他周期以外的不规则气候反应。在大多数记录中，噪声的影响分散在频谱谱的一系列周期中。一般来说，在较长的时间序列中，频谱的能量往往较大。因此，现实世界的气候信号的频谱往往看起来像图 2-13 中的粗弧线。在统计学意义上，在趋势基线之上上升最远的频谱峰是可信的（Ruddiman，2014）。

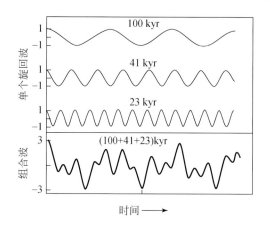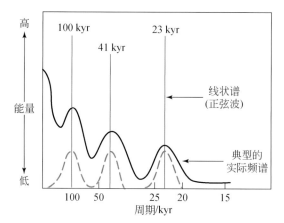

图 2-13　时间序列周期和频谱特征

三、小波分析法

小波分析是利用小波变换对信号进行时频分析的一种信号分析方法（崔锦泰，1995），小波变换的定义是：如果函数 $\psi \in L^1 \cap L^2$ 满足

$$C\psi = \int_R \frac{|\Psi(\omega)|^2}{|\omega|}\mathrm{d}\omega < \infty \tag{2-50}$$

令 $\psi_{a,b} = |a|^{\frac{1}{2}}\psi\left(\frac{t-b}{a}\right)$，则函数 $f \in L^2$ 的小波变换为

$$W_f(a,b) = \langle f, \psi_{a,b}\rangle = |a|^{-\frac{1}{2}}\int_R f(t)\,\overline{\psi\left(\frac{t-b}{a}\right)}\mathrm{d}t \tag{2-51}$$

式中，$W(f)$ 为函数 f 的小波变换；ψ 为小波函数；a 为尺度因子；b 为平移因子。通过构造 $\psi_{a,b}(t)$ 可构成 $L^2(R)$ 的规范正交基，组成小波基函数族；通过小波反变换可以恢复原始信号。

小波分析的主要优点是具有"自适应性质"和"数学显微镜性质"，能随频率变化自动调整分析窗口大小，实现对细节聚焦、局部分析，具有发现其他信号分析方法不能识别的结构特征信息，能更真实地反映信号在某一时间尺度上的变化。小波分析这种局部分析的特性适于对非稳态、不连续序列进行量化分析，而盆地沉积是地史时期各种地质因素混合叠加作用的综合响应，往往具有"非稳态、不连续"的特点，因此很适合应用小波分析技术开展盆地波动分析研究，它可以简化波动分析过程，更快速、高效地得到分析结果。

小波分析在盆地波动分析中的应用主要有两方面，一方面是应用小波分析技术识别沉积地层中的米兰科维奇旋回，以便于利用米兰科维奇旋回的时间意义对地层精细定年（金之钧等，1999），并在此基础上恢复地层沉积速率，建立精细沉积速率曲线。该方法在印尼库特（Kutei）盆地新生界地层米兰科维奇旋回识别研究中得到有效应用（Wu and Jin，2023）。另一方面应用是识别和提取盆地沉积演化过程中的周期性波动（吴宝年和金之钧，2015）。其应用过程是利用小波分析能通过尺度缩放和时间平移对信号进行多尺度细化分析并同时定位分析时段的优势，将信号中包含的不同尺度、不同位移的小波波形逐一析出，然后根据分析目的从信号中识别和提取信息。它可以有效降低和减少盆地波动分析研究中识别和提取周期或近周期性波动的难度和复杂性。该方法在印尼库特（Kutei）盆地深海区中北部新生界地层沉积波动分析研究中得到有效应用（吴宝年和金之钧，2015），其波动分析结果与实际地质情况吻合较好，有效指导了勘探。

四、经验模态分析法

虽然小波变换分析能在时域与频域同时表征信号，进行多尺度细化，但它实质是带通滤波器，各尺度之间因存在的频域混叠现象也会产生误差；小波系数方差可能会掩盖一些高频的周期。1998 年，美国工程院院士黄锷创立了一种在时域和频域上都能有效分解信息的"希尔伯特–黄变换法"（Huang et al.，1998，2001）。该方法具备自适应性与有效性，不需要任何先验假设，核心算法为经验模态分解（empirical mode decomposition，EMD）。近年来"希尔伯特–黄变换法"广泛应用于大气物理、经济预测、地震信号去噪等科学领域。鉴于盆地波动是非线性、非稳态的复杂地质过程，可以将其引入陆相盆地波动分析，同时对多窗谱频谱分析提取到的波动周期进行校验。例如，Chen 等（2015）在识别塔里木盆地显生宙以来的波动周期时尝试引入了经验模态分析法，逐级筛选出若干个本征模态函数分量以及一个趋势项，获得沉积速率曲线内在的振荡状态、涨落特征，对主要本征模态函数分量进行拟合提取波动曲线，分析过程更加简洁高效。

经验模态分析的关键步骤是筛选本征模态函数（intrinsic mode function，IMF）。本征模态函数可以理解为一组能够根据任何位置的局部属性定义瞬时频率的函数（Huang et al.，1998；郑祖光，2010）。相比于传统傅里叶变换或小波变换对"基函数"的依赖，经验模态分解无需基函数，筛选出的每个 IMF 分量可以反映信号本身的固有属性，每个 IMF 分量都具有明确的物理意义（刘莉红等，2008，2010；马娜，2014）。

对于数据长度为 N 的时间序列，IMF 个数最多为 $\log_2 N$（郑祖光，2010）。本书以模拟信号 $x(t)$ 为例说明提取 IMF 的筛选过程（图 2-14）。

$$x(t) = 0.5t + \sin(\pi t) + \sin(2\pi t) + \sin(6\pi t), \quad 0 < t < 9 \quad (2\text{-}52)$$

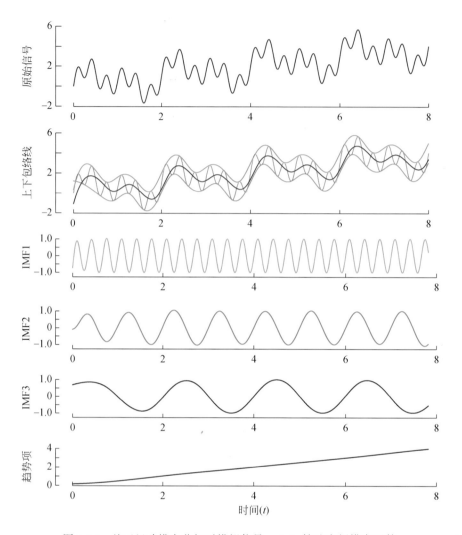

图 2-14　基于经验模态分解对模拟信号 $x(t)$ 筛选本征模态函数

　　首先找出信号 $x(t)$ 的所有极值，连接各个极值点构造上包络线 $e_{max}(t)$ 与下包络线 $e_{min}(t)$；计算上下包络线的均值 $m(t) = [e_{max}(t) + e_{min}(t)]/2$。下一步令 $d(t) = x(t) - m(t)$，将 $d(t)$ 作为一个新时间序列，重复上述步骤，获得第一个本征模态函数 IMF1。再将 IMF1 从原始信号中减去，剩余部分被用作新时间序列 $x(t)$；重复上述筛选过程得到 IMF2、IMF3、IMF4，最终的残余项为只有一个极值点的单调函数。以上筛选出的 IMF 序列，虽然称之为函数，实际表现为处理后的新数据序列，可用图形表达。本征模态函数和残量信号可以进行谱分析，判断周期性。

　　"希尔伯特–黄变换法"的另一个重要内容是希尔伯特谱分析（郑祖光，2010）。目的是获得信号的瞬时频率分量，进而实现高分辨率的时频分析。对每一个 IMF 分量做希尔伯特变换，构造出复函数信号，计算瞬时频率与瞬时振幅 $A(t)$，从而绘制时间–频率–振幅（能量）分布图，即希尔伯特谱图。该方法突破了傅里叶变换的定常振幅的限制，拓展为瞬时振幅。

EMD 在理论上可以应用于任何类型信号的分解，适合于分析非线性、非平稳信号时间序列，具有很高的信噪比。虽然 EMD 有很多优点，但也存在一些缺陷，其中两个问题最为突出：一是端点效应，二是模态混叠（Huang et al.，1998；Huang and Wu，2008；Guan et al.，2018）。由此产生了许多新的衍生算法。

针对 EMD 方法的不足，Wu 和 Huang（2009）提出了一种噪声辅助数据分析方法——集合经验模态分解（ensemble empirical mode decomposition，EEMD）。集合经验模态分解在原时间序列中加入若干次均匀分布的高斯白噪声，再分别进行 EMD 处理，最后求得平均值。由于白噪声是均值为零的随机过程的特性，对 EMD 分解得到的各个 IMF 序列求均值可以消除白噪声的影响，从而有效解决了 EMD 的混频现象。但由于添加的噪声不会完全抵消，EEMD 并不是一个严格意义的完全分解算法。后来衍生出 EEMD 的变体——自适应加噪集合经验模态分解（complete ensemble empirical mode decomposition with adaptive noise，CEEMDAN）。CEEMDAN 算法主要针对 EMD 算法的端点效应和停止法则进行了新的改进（Torres et al.，2011）。而且运行 CEEMDAN 算法的运算速度比传统的 EMD 算法的运算速度提高了三倍。同样先对数据曲线进行预处理，分解本征模态函数（IMF），通过逐级筛选，分解出不同频率成分的若干个分量（IMF1、IMF2、IMF3……）以及一个趋势项（残余量），获得曲线内在振荡特征。然后分析主控 IMF 分量是否具有严格的周期性，提取相应频带的信息，获得相应的周期。通常，高频 IMF 分量波动频繁，局部振幅变化剧烈而杂乱，低频 IMF 分量周期规律相对清晰。

参 考 文 献

陈孟晋，宁宁，胡国艺，等．2007．鄂尔多斯盆地西部平凉组烃源岩特征及其影响因素．科学通报，52（S1）：78-85.

储著银，许继峰．2021．铼-锇同位素和铂族元素分析方法及地学应用进展．地球科学进展，36（3）：245-264.

崔锦泰．1995．小波分析导论．程正兴译．西安：西安交通大学出版社．

郭秋麟，米石云，石广仁，等．1998．盆地模拟原理方法．北京：石油工业出版社．

何登发，赵文智．1999．中国西北地区沉积盆地动力学演化与含油气系统旋回．北京：石油工业出版社．

金之钧，张一伟，刘国臣，等．1996．沉积盆地物理分析——波动分析．地质论评，42（S1）：170-179.

金之钧，范国章，刘国臣．1999．一种地层精细定年的新方法．地球科学——武汉地质学院学报，24（04）：379-382.

金之钧，李有柱，李明宅，等．2000．油气聚集成藏理论．北京：石油工业出版社．

金之钧，吕修祥，王毅，等．2003．塔里木盆地波动过程及其控油规律．北京：石油工业出版社．

李献华，柳小明，刘勇胜，等．2015.LA-ICPMS 锆石 U-Pb 定年的准确度：多实验室对比分析．中国科学：地球科学，45（09）：1294-1303.

刘莉红，郑祖光，琚建华．2008．基于 EMD 方法的我国年气温和东部年降水量序列的振荡模态分析．高原气象，27（05）：1060-1065.

刘莉红，郑祖光，琚建华，等．2010．夏季副热带大气系统的多尺度振荡分析．高原气象，29（01）：115-127.

马娜．2014．基于高频数据 Hilbert-Huang 变换的突变与波动率研究．长春：长春工业大学，1-60.

施比伊曼 BИ，张一伟，金之钧，等. 1994. 波动地质学在黄骅拗陷演化分析中的应用——再论地壳波状运动. 石油学报，15（S1）：19-26.

石广仁. 1994. 油气盆地数值模拟方法. 北京：石油工业出版社.

吴宝年，金之钧. 2015. 印尼库特盆地深海区中北部沉积波动分析与油气分布特征研究. 石油与天然气地质，36（3）：510-516.

吴怀春，房强. 2020. 旋回地层学和天文时间带. 地层学杂志，44（3）：227-238.

吴怀春，王成善，张世红，等. 2011. "地时"（Earthtime）研究计划："深时"（Deep Time）记录的定年精度与时间分辨率. 现代地质，25（03）：419-428.

吴智平，周瑶琪. 2000. 一种计算沉积速率的新方法——宇宙尘埃特征元素法. 沉积学报，8（3）：395-399.

徐怀大，樊太亮，韩革华，等. 1997. 新疆塔里木盆地层序地层特征. 北京：地质出版社.

张瑞，金之钧，朱如凯，等. 2023. 中国陆相富有机质页岩沉积速率研究及其页岩油勘探意义. 石油与天然气地质，44（4）：829-845.

张三慧. 2000. 波动与光学. 北京：清华大学出版社.

张一伟，李京昌，金之钧，等. 1997. 中国含油气盆地波状运动特征研究. 地学前缘，4（3-4）：305-310.

郑祖光. 2010. 经验模态分析与小波分析及其应用. 北京：气象出版社.

周瑶琪，陆永潮，李思田，等. 1997. 间断面缺失时间的计算问题——以贵州紫云上二叠统台地边缘礁剖面为例. 地质学报，71（1）：7-17.

Allen P A，Allen J R. 1990. Basin Analysis：Principles and Application. London：Blackwell Scientific Press.

Alvarez L W，Alvarez W，Asaro F，et al. 1980. Extraterrestrial cause for the Cretaceous Tertiary extinction. Science，208（4448）：1095-1108.

Athy L F. 1930. Density，porosity and compaction of sedimentary rocks. American Association of Petroleum Geologists Bulletin，14：1-24.

Beaumont C，Quinlan G M，Hamilton J. 1988. Orogeny and stratigraphy：numerical models of the paleozoic in the Eastern Interior of North America. Tectonics，7（3）：389-416.

Berger A，Coutre M F，Laskar J. 1992. Stability of the astronomical frequencies over the Earth's history for paleoclimate studies. Science，255（504）：560-565.

Bowring S A，Schmitz M D. 2003. High-Precision U-Pb Zircon Geochronology and the Stratigraphic Record. Reviews in Mineralogy and Geochemistry，53（1）：305-326.

Chen G，Gang W，Liu Y，et al. 2019. Organic matter enrichment of the Late Triassic Yanchang Formation（Ordos Basin，China）under dysoxic to oxic conditions：insights from pyrite framboid size distributions. Journal of Asian Earth Sciences，170：106-117.

Chen S，Jin Z，Wang Y，et al. 2015. Sedimentation rate rhythms：evidence from filling of the Tarim Basin，Northwest China. Acta Geologica Sinica（English Edition），89（4）：1264-1275.

Cooley J W，Tukey J W. 1965. An algorithm for the machine calculation of complex Fourier series. Mathematics of Computation，19（90）：297-301.

Durrani T S，Nightingale J M. 1972. Data windows for digital spectral analysis. Proceedings of the IEEE，119（3）：343-352.

Falvey D A，Middleton M F. 1981. Passive continental margins：evidence for a pre-breakup deep crustal metamorphic subsidence mechanism. Oceanologica Acta，v4：103-114.

Guan B T，Wright W E，Cook E R. 2018. Ensemble empirical mode decomposition as an alternative for tree-ring chronology development. Tree-Ring Research，74（1）：28-38.

Haq B U, Al-Qahtani A M. 2005. Phanerozoic cycles of sea-level change on the Arabian platform. GeoArabia, 10 (2): 127-160.

Haq B U, Schutter S R. 2008. A chronology of Paleozoic sea-level changes. Science, 322 (5898): 64-68.

Haq B U, Hardenbol J, Vail P R. 1987. Chronology of fluctuating sea levels since the Triassic. Science, 235 (4793): 1156-1167.

Harris F J. 1978. On the use of window for harmonic analysis with the discrete Fourier transform. Proceedings of the IEEE, 66 (1): 51-83.

Hegarty K A, Weissel J K, Mutter J C. 1988. Subsidence History of Australia's Southern Margin: Constraints on Basin Models. AAPG Bulletin, 72 (5): 615-633.

Heinrich H. 1988. Origin and consequences of cyclic ice rafting in the Northeast Atlantic Ocean during the past 130, 000 years. Quaternary Research, 29 (2): 142-152.

Hilgen F J, Lourens L J, Pälike H. 2020. Should Unit-Stratotypes and Astrochronozones be formally defined? A dual proposal (including postscriptum). Newsletters on Stratigraphy, 53 (1): 19-39.

Hinnov L A. 2013. Cyclostratigraphy and its revolutionizing applications in the earth and planetary sciences. Geological Society of American Bulletin, 125 (11-12): 1703-1734.

Huang N E, Wu Z. 2008. A review on Hilbert-Huang transform: method and its applications. Reviews of Geophysics, 46 (2007): 1-23.

Huang N E, Shen Z, Long S R, et al. 1998. The empirical mode decomposition and the Hubert spectrum for nonlinear and non-stationary time series analysis. Proceedings of the Royal Society A: Mathematical, Physical and Engineering Sciences, 454 (1971): 903-995.

Huang N E, Chern C C, Huang K, et al. 2001. A new spectral representation of earthquake data: Hilbert spectral analysis of station TCU129, Chi-Chi, Taiwan, 21 September 1999. Bulletin of the Seismological Society of America, 91 (5): 1310-1338.

Kodama K P, Hinnov L A. 2014. Time Series Analysis for Cyclostratigraphy, Rock Magnetic Cyclostratigraphy. New Jersey: Wiley Press.

Kooi H, Beaumont C. 1994. Escarpment evolution on high-elevation rifted margins: insights derived from a surface process model that combines diffusion, advection, and reaction. Journal of Geophysics Research, 99 (B6): 12191-12209.

Laskar J, Robutel P, Joutel F, et al. 2004. A long-term numerical solution for the insolation quantities of the Earth. Astronomy and Astrophysics, 428: 261-285.

Li M, Kump L R, Hinnov L A, et al. 2018. Tracking variable sedimentation rates and astronomical forcing in Phanerozoic paleoclimate proxy series with evolutionary correlation coefficients and hypothesis testing. Earth and Planetary Science Letters, 501: 165-179.

Malinverno A, Erba E, Herbert T D. 2010. Orbital tuning as an inverse problem: chronology of the early Aptian oceanic anoxic event 1a (Selli Level) in the Cismon APTICORE. Paleoceanography and Paleoclimatology, 25 (2): PA2203.

Mann M E, Lees J M. 1996. Robust estimation of background noise and signal detection in climatic time series. Climatic Change, 33: 409-445.

McLennan S M, Anonymous. 1993. Weathering and global denudation. The Journal of Geology, 101 (2): 295-303.

Meyers S R. 2015. The evaluation of eccentricity-related amplitude modulation and bundling in paleoclimate data: an inverse approach for astrochronologic testing and time scale optimization: astrochronologic testing and optimization. Paleoceanography, 30 (12): 1625-1640.

Meyers S R. 2019. Cyclostratigraphy and the problem of astrochronologic testing. Earth- Science Reviews, 190: 190-223.

Meyers S R, Sageman B B. 2007. Quantification of deep- time orbital forcing by average spectral misfit. American Journal of Science, 307 (5): 773-792.

Milankovitch M. 1941. Kanon der Erdbestrahlung und seine Anwendung auf das Eiszeitenproblem. Belgrade: Royal Serbian Academy, Section of Mathematical and Natural Sciences.

Mukhopadhyay S, Farley K A, Montanari A. 2001. A short duration of the Cretaceous- Tertiary boundary event: evidence from extraterrestrial Helium-3. Science, 291 (5510): 1952-1955.

Murphy B H, Farley K A, Zachos J C. 2010. An extraterrestrial ^{3}He- based timescale for the Paleocene- Eocene thermal maximum (PETM) from Walvis Ridge, IODP Site 1266. Geochimica et Cosmochimica Acta, 74 (17): 5098-5108.

Rochín-Bañaga H, Davis D W, Schwennicke T. 2021. First U- Pb dating of fossilized soft tissue using a new approach to paleontological chronometry. Geology, 49 (9): 1027-1031.

Ruddiman W F. 2014. Earth's Climate: Past and Future. Jessica Fiorillo: Oxford University Press.

Selby D, Creaser R A. 2005. Direct radiometric dating of the Devonian-Mississippian time-scale boundary using the Re-Os black shale geochronometer. Geology, 33 (7): 545.

Slepian S. 1978. Prolate spheroidal wave functions, Fourier analysis and uncertainty- V: the discrete case. Bell Systems Technical Journal, 57 (5): 1371-1430.

Thomson D J. 1982. Spectrum estimation and harmonic analysis. Proceedings of the IEEE, 70 (9): 1055-1096.

Torres M E, Colominas M A, Schlotthauer G, et al. 2011. A complete ensemble empirical mode decomposition with adaptive noise. ICASSP, IEEE International Conference on Acoustics, Speech and Signal Processing, 4144-4147.

Vail P R, Mitchum R M, Todd J R G, et al. 1977. Seismic stratigraphy and global changes of sea level. In: Payton C E (ed). Seismic Stratigraphy-Applications to Hydrocarbon Exploration. AAPG Memoir, 26: 49-212.

Wilkin R T, Barnes H L, Brantley S L. 1996. The size distribution of framboidal pyrite in modern sediments: an indicator of redox conditions. Geochimica et Cosmochimica Acta, 60 (20): 3897-3912.

Wu B, Jin Z. 2023. Application of Milankovitch cycles in the restoration of high- resolution deposition velocity of Neogene strata in Kutei Basin, Indonesia. Energy Geoscience, 4 (2): 100089.

Wu Z, Huang N E. 2009. Ensemble empirical mode decomposition: a noise-assisted data analysis method. Advances in Adaptive Data Analysis, 01 (01): 1-41.

Wyllie M R J, Gregory A R, Gardner L W. 1956. Elastic wave velocities in heterogeneous and porous media. Geophysics, v21: 41-70.

Zhu R, Cui J, Deng S, et al. 2019. High-precision dating and geological significance of Chang 7 tuff zircon of the Triassic Yanchang Formation, Ordos Basin in Central China. Acta Geologica Sinica- English Edition, 93 (6): 1823-1834.

第三章　沉积盆地波动过程与油气成藏

沉积盆地油气成藏是沉积、构造和盆地物理化学综合作用的结果。油气藏的形成主要决定于是否具备生油层、储集层、盖层、运移、圈闭和保存等六个条件，而充足的油气来源和有效的圈闭是两个最重要的因素。沉积盆地的波动演化过程与这些油气成藏的要素和作用具有紧密联系。

第一节　盆地升降运动与成烃要素

盆地的升降运动表现为隆起或拗陷的周期性转变，决定着"生储盖"发育以及烃源岩热演化。

一、盆地升降运动

（一）波动埋藏史

埋藏史是盆地"三史"之一，除此之外，"三史"还包括热史和生烃史。埋藏史是指盆地的某一沉积单元或一系列单元自沉积开始至现今或某一地质时期的埋藏深度变化情况，其中包括沉积间断、剥蚀等地质事件。沉积盆地的埋藏史对油气生成和运移具有重要影响。

多旋回叠合盆地的发展过程决定了盆地埋藏过程的波动性，也就是说有时埋藏速度快、有时埋藏速度慢，有时甚至成为隆起的剥蚀区，这种波动埋藏过程也决定了沉积物岩性和物性的变化，对于烃源岩来说，还影响着烃源岩的热演化。通过波动分析，可以得到各地层的原始沉积厚度，从而编制埋藏史图。例如，塔里木盆地英买7井区埋藏史图显示出波动埋藏的特点（图3-1），图中显示出三个高速沉积埋藏阶段和两个抬升阶段，组成三个振荡旋回。第一个旋回为裂陷-拗陷旋回，时间从震旦纪至志留纪；第二个旋回为隆起形成及改造阶段，时限为泥盆纪—侏罗纪；第三个旋回为缓慢振荡-快速沉降旋回，时限为白垩纪至今。

这种波动埋藏过程可以使早期深埋进入生烃期的烃源岩，由于抬升作用而停止生烃，再次埋藏过程中，重新进入生烃期。塔北地区的英买7井区，志留纪晚期的抬升事件使奥陶系烃源岩几近抬出地表，使生烃过程停止，三叠纪快速大幅度的埋藏使下奥陶统顶面埋深重新超过剥蚀前原埋深，进入二次生烃阶段。

（二）波动沉降史

基底（地壳表层）的沉降形成了沉积盆地，给沉积物的充填提供了可容空间，同时，

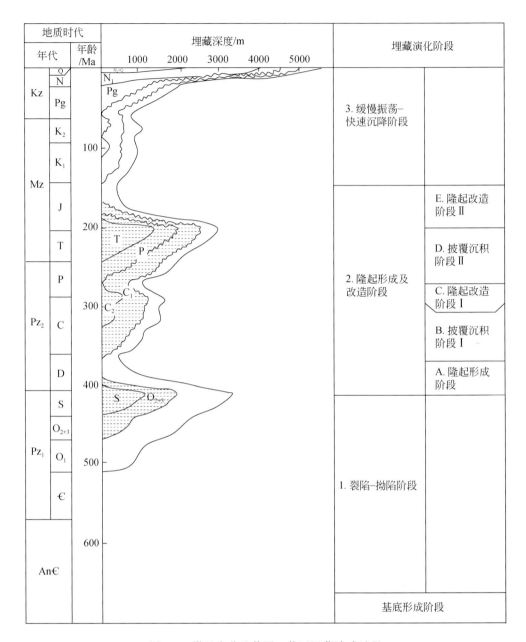

图 3-1　塔里木盆地英买 7 井区埋藏波动过程

沉积物的充填引起基底的进一步沉降。盆地沉降的过程可以反映该区特定的构造演化历史，沉降幅度是控制沉积物热演化史和有机质成熟度的重要因素。

盆地基底沉降包括两部分，一部分为构造沉降，另一部分为负荷沉降，具体计算方法在前面已有叙述。在此仅根据塔里木盆地波动沉降的特点做进一步的说明。

1. 单井沉降波动过程

单井沉降波动分析反映一个点上的沉降过程，可以分离出波动沉降的主周期和目标层的沉降过程。

　　塔里木盆地中央构造带的巴楚凸起的沉降波动过程可以分离出五个波动过程（图3-2），周期分别为740～760 Myr、220～230 Myr、100～110 Myr、60～80 Myr和29～31 Myr。740～760 Myr的曲线代表该区总体沉降水平。220～230 Myr周期控制沉积盆地的发育旋回，从巴楚地区看，Є–D_3中期、D_3晚期–J_3末、K_1–Q的持续时间分别为203 Myr、221.4

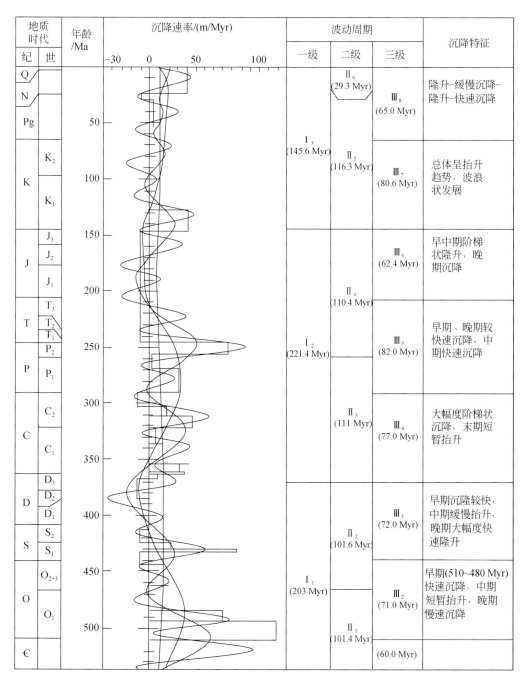

图3-2　塔里木盆地巴楚凸起沉降波动过程模式图

Myr 和 145.6 Myr，其中 K_1–Q 的周期还未结束。100~110 Myr 周期与盆地演化阶段有较好的对应关系。60~80 Myr 周期曲线反映了巴楚凸起的形成和振荡过程。

塔中 12 井的沉降波动曲线（图 3-3）显示，寒武纪至早奥陶世为一期抬升过程；中晚奥陶世为快速沉降过程；奥陶纪末期至早志留世早期为短暂的抬升过程；早志留世中晚期为快速沉降阶段；晚志留世为抬升过程；早泥盆世以抬升过程为主，抬升速率快、幅度大，是塔里木盆地主要构造运动之一；晚泥盆世晚期至晚石炭世晚期以沉降过程为主；晚石炭世末期至早二叠世早期有一次较明显的抬升；早二叠世晚期至三叠纪末期为快速沉降过程；早侏罗世末至晚侏罗世末为抬升过程；早白垩世以沉降为主，早期沉降速率大于晚期；晚白垩世至古近纪早期有一小幅度抬升过程；古近纪中期开始至第四纪迅速沉降。

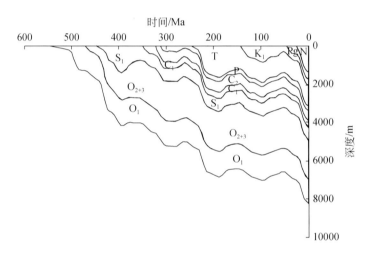

图 3-3　塔里木盆地塔中 12 井区各构造层沉降史图

2. 构造带沉降特征

不同井区沉降波动特征可以进行对比，从而反映某构造带在平面上的沉降特征，也是波动在平面上的表现。

巴楚凸起早奥陶世沉降较慢、沉降幅度小；中-晚奥陶世时，巴楚凸起呈现为东北低西南高的斜坡（图 3-4）。塔东 1 井区的沉降明显大于和 3 井区，塔中低凸起在奥陶纪总体沉降较快，塔中 1 井区在早奥陶世发生快速沉降，而塔中 12 井区的快速沉降在中晚奥陶世和志留纪，塔东凸起在此阶段的快速沉降期为中晚奥陶世。泥盆纪时，中央构造带有一定幅度的隆起。石炭纪—二叠纪，中央隆起带总的特征是缓慢的递进沉降，沉降幅度不大，中间有短暂的抬升过程。三叠纪中央隆起带各次级构造单元均以较大的速率沉降，侏罗纪时开始隆升，其中以塔东地区（塔东 1）隆升幅度最大，巴楚凸起的和 3 井区次之。白垩纪开始，各构造单元均表现了一定幅度的沉降，尤以塔东 1 井区、塔中 1 井区、巴东 2 井区沉降幅度大。早白垩世末巴东 2 井区有大幅度抬升，可达 800 m，其他井区抬升幅度较小。古近纪以来，各井区以快速沉降为主，仅和 3 井区沉降幅度较小。

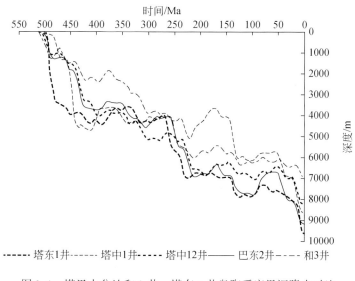

图3-4　塔里木盆地和3井—塔东1井奥陶系底界沉降史对比

在30 Myr沉降波动曲线上（图3-5），塔里木盆地寒武纪以来各构造部位可以划分出五个可对比的沉降高峰期（塔中地区受局部影响有六个沉降高峰，渐新世以来的沉降高峰又可分为两个短周期高峰），但不同地区沉降高峰出现的时间不一样，它们在东西向和南北向上有规律地变化。东西方向上，塔北隆起沉降中心的迁移表现如下［图3-5（a）］。

（1）自西而东：英买8井（540 Ma）到东河1井（500 Ma）到轮南14井（480 Ma）到草1井（440 Ma）；

（2）自东而西：草1井（370 Ma）到轮南1井和东河1井（350 Ma）到英买8井（320 Ma）；

（3）自西而东：英买8井和东河1井（260 Ma）到轮南14井（240 Ma）到草1井（220 Ma）；

（4）自东而西：草1井（160 Ma）到轮南14井（140 Ma）到东河1井（130 Ma）到英买8井（110 Ma）；

（5）盆地整体快速沉降：自50 Ma以来。

塔中凸起沉降中心的迁移情况与塔北隆起相似，只是时间上有所差异［图3-5（b）］。

南北方向上，环满加尔地区沉降中心的迁移表现为［图3-5（c）］：

（1）自南而北：塔中12井（520 Ma）到满参1井（490 Ma）到草1井（440 Ma）；

（2）自北而南：草1井（370 Ma）到满参1井（240 Ma）到塔中12井（320 Ma）；

（3）整体沉降：220 Ma；

（4）自北而南：草1井（160 Ma）到满参1井到塔中12井（130 Ma）；

（5）盆地整体快速沉降：自50 Ma以来。

如图3-5（a）、（b）所示，线1和3指示的时间分别为寒武纪—志留纪和二叠纪—三叠纪，线2和4指示的时间分别为志留纪—石炭纪和侏罗纪—古近纪。新近纪为全盆地沉降速率高峰期，无明显的沉降中心。

从寒武纪到第四纪，塔里木盆地完成了两个完整周期的沉降中心迁移和最近一个不完整周期的沉降中心迁移。在东西方向上，前两个周期的沉降中心分别由第一阶段的自西向东［线 1 和线 3，如图 3-5（a）、（b）］和后一阶段的自东向西迁移［线 2 和线 4，如图 3-5（a）、（b）］过程组成。在南北方向上，前两个周期的沉降中心分别由第一阶段的自南向北［线 1 和线 3，如图 3-5（c）］和后一阶段的自北向南迁移［线 2 和线 4，如图 3-5（c）］过程组成。沉降中心自南向北的两个迁移时间分别为寒武纪—志留纪和二叠纪—三叠纪，自北向南的两个迁移时间为泥盆纪—石炭纪和侏罗纪—古近纪。最后一个周期的迁移性不明显［线 5_1 和线 5_2，如图 3-5（a）、（b）、（c）］。新近纪也表现为沉降速率高峰期，沉降中心无明显迁移。

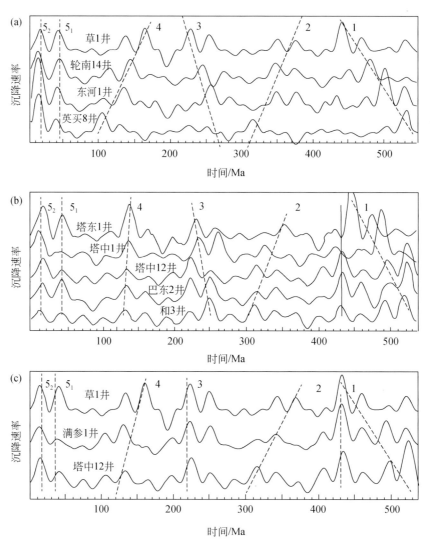

图 3-5　塔里木盆地 30 Myr 周期波动沉降曲线对比

曲线上凸表示沉降，曲线下凹表示上升。（a）塔北隆起；（b）塔中隆起；（c）环满加尔南北向

二、沉积速率与"生储盖"发育

波动分析过程中所得到的原始沉积速率可以用来推断"生储盖"的发育情况。当然，由于"生储盖"组合的发育可能受低频波动过程的影响，因此在利用原始沉积速率推断岩性时，应该综合考虑高频波和低频波的影响（金之钧等，2003）。现以塔里木盆地塔中10井为例做进一步说明（图3-6）。

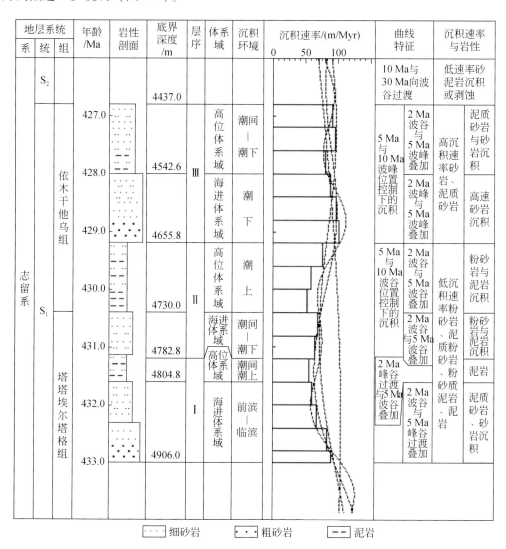

图3-6　塔中10井不同尺度的波动过程综合分析图（金之钧等，2003）

在塔中10井区，5 Myr的周期过程在10 Myr周期波的调制下，控制了沉积过程中沉积速率的变化。沉积速率高—低—高的变化与海平面的海进—海退—海进具有非常好的对应关系，从而先后沉积了临滨、前滨砂岩—潮间、潮上砂泥岩互层—潮间、潮下砂岩。波峰与高沉积速率对应，波谷与低沉积速率对应。

2 Myr 的周期波动过程与体系域具有良好的对应关系，如沉积速率高时，对应海进体系域，沉积速率低时，对应高位体系域。2 Myr 周期波，是在 5 Myr 和 10 Myr 周期波动过程控制下的，引起海平面变化规模较小，未引起沉积速率的大幅变化。在塔塔埃尔塔格组和依木干他乌组沉积时，塔中地区总体表现为海退，水体是变浅的，受 30 Myr 周期波控制。

沉积速率的变化是复杂的，受多种因素的影响，如碎屑物的供应量等，因此在利用波动过程分析沉积环境时，要结合不同地区的具体情况及其他研究成果。

沉积加速度指的是原始沉积速率的变化率。低频波动分析和高频波动分析研究证明，沉积加速度的变化与古水深的变化控制着"生储盖"组合的分布。在沉积速率较大但加速度为零，即沉积由快变慢的过程中，在大陆斜坡或深水区往往发育有较好的烃源岩；当沉积加速度为正值时，沉积速率加快，有利于储层的形成；当沉积速率为负值时，有利于盖层发育（图 3-7）。塔里木盆地塔中 10 井塔塔埃尔塔格组和依木干他乌组岩性及沉积波动过程的关系充分说明了这一点。因此，高频波动过程的研究使准确预测"生储盖"成为可能。

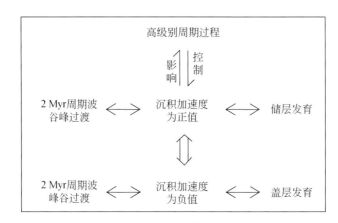

图 3-7　沉积加速度与生储盖层发育的关系

三、沉积盆地波动生烃史

沉积盆地中沉积的有机质随着埋藏深度的增大，温度和压力都会增加，有机质会进入生油气阶段。如果在此过程中，盆地经历了抬升作用，就会阻断烃源岩生烃过程。再次埋藏时，又可进入生烃门限。盆地的波动埋藏决定了有机质的波动生烃过程。

（一）二次生烃作用

盆地埋藏过程中的抬升运动具有重要的意义，它可以使烃源岩的生烃过程终止。为了考察烃源岩被抬升后又被埋藏过程中的生烃过程，在塔里木盆地做了烃源岩二次生烃模拟实验。所谓二次生烃是指，当烃源岩热演化进入"生油窗"而不进入高、过成熟阶段前，因构造因素等使其抬升，地温下降，生烃过程便停止，当再次下沉达到一定温度时，未耗尽的有机质再次生烃的过程（金之钧等，2003）。

本书在塔里木盆地开展了二次生烃模拟实验（图3-8）。实验样品来自满参1井石炭系灰岩（采样深度4254～4254.30 m，TOC为0.2%）和满西1井三叠系深灰色泥岩（采样深度3590 m，TOC为0.6%）。前者刚进入生油门限，样品干酪根类型为Ⅱ～Ⅲ型；后者未成熟，干酪根类型为Ⅱ～Ⅲ型。实验用 LCT-1 型热天平进行热模拟，升温速率为5 ℃/min，热解终温600 ℃，载气流量（高纯度 N_2）50 mL/min。图3-8（a）是热解终温为600℃的两个样品连续升温热模拟实验曲线。图3-8（b）是设定升温到360℃时停止加热，冷却到室温后再重新加热至600℃的结果，模拟地质条件下的二次生烃。根据模拟实验结果可以得到如下结论：

在实际地质条件下，对于某一沉积层位的干酪根，一旦发生地层抬升或剥蚀等现象，干酪根的热解生烃过程会受到抑制。后来再次下降接受沉积时，该层位的埋深增加，古地温升高，在未达到剥蚀前的地温时，干酪根不会发生热解生烃反应，只有达到并超过原来的地温时，干酪根才能再次热解生成油气。一次生烃（连续生烃）的量与二次生烃总量很接近，二次生烃不影响生烃总量。

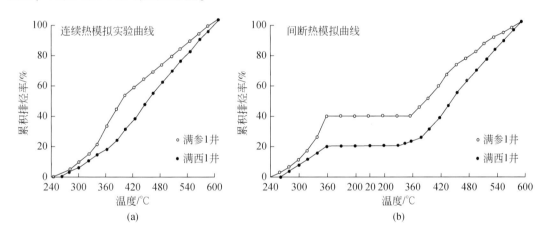

图3-8 塔里木盆地二次生烃模拟实验（金之钧等，2003）

（a）连续热模拟实验曲线；（b）间断热模拟实验曲线（满参1井样品为灰岩，满西1井样品为泥岩）

（二）波动生烃史

盆地的波动埋藏史和波动沉降史决定了烃源岩演化的波动特征，也就是说烃源岩的生烃过程可能会被盆地的隆升过程打断，生烃过程和生烃抑制过程交替进行。

塔里木盆地塔中地区塔中1井区在寒武—志留纪处于快速埋深阶段（图3-9）。志留纪中晚期寒武系和下奥陶统烃源岩进入大量生烃阶段。下奥陶统上部及中上奥陶统的烃源岩热演化指数（TTI）未超过15，说明它们仍有再次生烃的潜力。泥盆纪，塔中地区进入一个长时间的隆升剥蚀阶段，使下奥陶统顶面古地温下降到50 ℃以下。石炭纪至二叠纪时期，塔中地区进入一个缓慢的沉积埋深阶段，到二叠纪末期，塔中1井区的下古生界各层位埋深均未超过剥蚀前的埋藏深度，地温增加缓慢，TTI 指标处于慢的增大过程。三叠纪，塔中地区再次进入快速沉积埋深过程，此间，下奥陶统上部地层开始进入二次生烃阶段，下奥陶统下部及寒武系逐渐进入过成熟阶段。三叠纪末期，塔中地区抬升明显，上三叠统被大部分剥蚀。这次抬升剥蚀使下奥陶统烃源岩古地温再次下降，生烃速度减慢。新生代，特别是新近纪，沉积埋深持续快速地增加，石炭系进入生烃门限，奥陶系残留地层发生大量生烃，是塔中地区的重要成藏期。可以看出，塔中地区早古生代末的抬升剥蚀对二次生烃有重要的控制作用，早期抬升剥蚀量人的地区是二次生烃聚集成藏的有利地区。

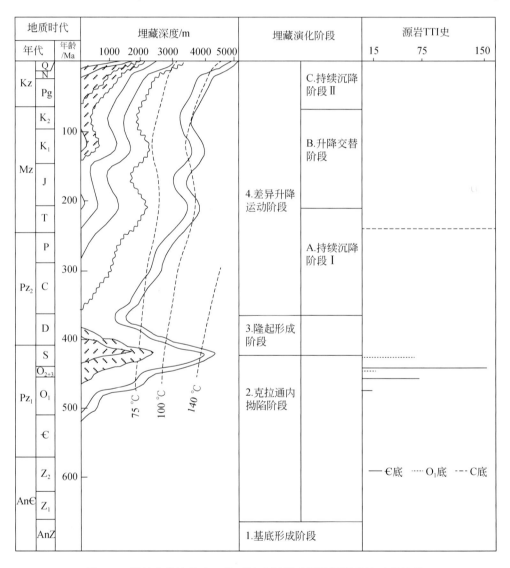

图 3-9　塔里木盆地塔中 1 井区波动埋藏过程及烃源岩波动热演化

到目前为止 O_1 大部分仍在液态窗内；C 现今正处在生油高峰

柴达木盆地的波动埋藏过程同样影响了烃源岩的演化（金之钧等，2006）。以风 2 井为代表（图 3-10），在 42.8~40.5 Ma 广泛接受沉积，在狮子沟组沉积期以后又普遍抬升隆起。由于下干柴沟组上段具有较大的沉积速率与埋藏速率，该段烃源岩层具有初期生烃早的特点，缩短了祁北构造带以北地区的烃源岩进入成熟窗的时间。同时又由于后期的快速抬升，缩短了生油时间，并有利于先期生成的溶解气的脱气作用。埋藏量的差异也影响着不同地区的初始生油时间。典型井研究证明，初始生油时间由早及晚依次为：油 6 井→跃参 2 井，南参 2 井→狮 23 井；红深 4 井由于埋藏浅，几乎不生油。大量生油的时间也有早晚之别，由早及晚依次为油 6 井→跃参 2 井，狮 23 井→南参 2 井。

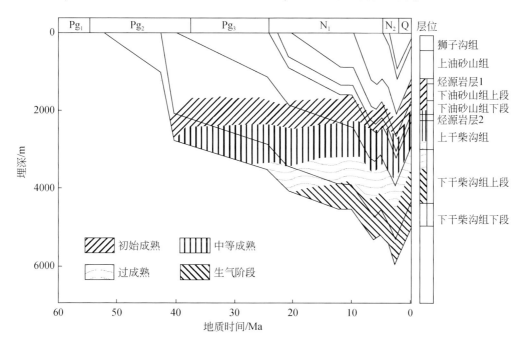

图 3-10　柴达木盆地西部地区风 2 井埋藏史曲线（金之钧等，2006）

第二节　盆地的隆拗迁移

盆地中存在着隆起和拗陷，它们决定了盆地沉积相的变化，影响着不同类型沉积物的分布，从而控制着盆地"生储盖"的分布。盆地中的隆起和拗陷不是固定不变的，隆起可以变为拗陷，拗陷可以变为隆起。隆起或拗陷的位置在平面上也可以是迁移的，其直接标志就是不整合的存在及不整合的迁移。

一、不整合类型

不整合是指上、下两套层序间为明显的沉积间断，造成地层缺失。不整合分析在波动分析中占有重要地位，通过不整合研究可以确定地壳运动的性质（水平运动或垂直运动）和地壳运动的时间。不整合时间的确定可以反映隆拗的迁移情况，不整合也是层序划分的边界。

(一) 角度不整合和平行不整合

依上下两套地层间的产状关系，可将不整合分为角度不整合和平行不整合。平行不整合又称假整合或平合，其特点是上下两套地层的产状表现为彼此平行或一致，但有明显沉积间断。角度不整合也称斜交不整合或截合，其特点是上下两套地层间构造形式不同，产状呈明显的角度接触，它们可以表现为走向的不一致，倾向的不一致，或者两者全不一致。

(二) 超覆和退覆

不整合的下伏地层在受剥蚀的过程中或剥蚀后，常形成不平坦的地形，除了准平原化的情况之外，在许多情况下，上覆新地层常是逐渐覆于其上的。当水侵时期，新地层依次超越下面较老地面的覆盖范围，而直覆于盆地周缘或隆起区的剥蚀面上，这种情况称为超覆，在超覆区形成不整合。退覆情况则相反，新地层覆盖范围比老地层覆盖范围小。

超覆又可分为底部超覆（底超）和顶部超覆（顶超）（图 3-11）。底超指在层序底界面上的超覆，其中向着原始倾斜面向上的超覆叫上超，顺原始水平面或原始倾斜面向下的超覆叫下超。顶超指在层序上界面处的超覆尖灭现象，原来倾斜的地层向着层序顶、底面突然消失，它大都是无沉积作用的沉积间断，但也可能发生大的侵蚀作用。

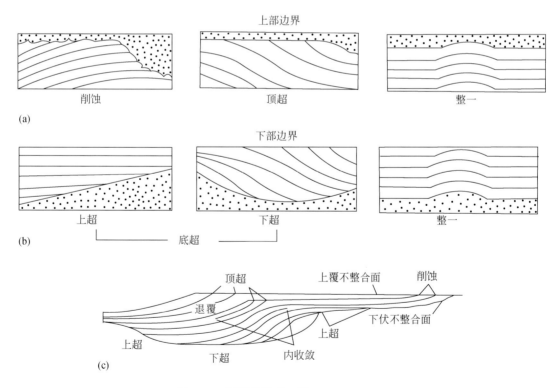

图 3-11　超覆的类型（据 Payton，1977）

（三）渐进不整合和同构造角度不整合

渐进不整合和同构造角度不整合（Riba，1976）往往与隆起伴生（图3-12），这种不整合没有明显的沉积缺失和地层间断，但地层厚度有变化，呈楔形。这是前陆盆地中典型的地层接触关系。

单一渐进不整合为一同构造复合楔形体，可以直接由隆升过程形成，也可由旋转退覆或旋转上超形成。旋转退覆表示隆升加速［图3-12（a）］，旋转上超表示隆升减慢［图3-12（b）］。通常，旋转退覆所形成的复合楔形体被旋转上超所形成的楔形体上超，下部楔形体的顶部往往部分被剥蚀，形成明显的角度不整合关系，称为同构造角度不整合［图3-12（c）］。有时快速活动块体与不活动块体相邻，楔形体可以某角度超覆在不活动的隆起表面，形成渐进的下超–上超关系，称为同构造上攀角度不整合。

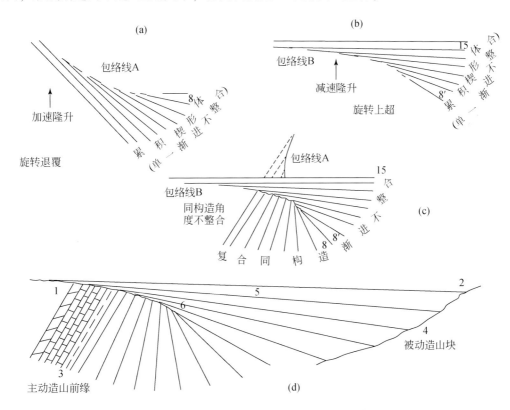

图3-12　渐进不整合和同构造角度不整合成因模式（据 Riba，1976）

（a）在与盆地相邻块体加速隆升期间形成的旋转退覆包络线；（b）旋转上超记录了隆升速度减慢；（c）为（a）和（b）的组合：盆地内部形成一复合同构造渐进不整合，靠近隆起块体处形成同构造角度不整合；（d）同构造不整合综合模式：1. 活动造山前缘的同构造角度不整合；2. 同构造抬升不整合（被动造山块体的渐进超覆）；3. 前造山层序；4. 具有埋藏地貌的被动造山块；5. 同构造层序；6. 包络面的铰接轴

二、不整合剥蚀量计算

不整合形成过程分析是盆地分析中的一项重要内容，包括不整合形成过程研究和不整合剥蚀量计算。传统的不整合研究方法很多，如钻井地质分层对比法、参考层厚度变化率法、临近厚度比值法、沉积速率法、测井曲线法、构造趋势分析法、镜质组反射率差值法、地层物质平衡法、地震地层学方法、天然气平衡浓度法、最优化方法和磷灰石裂变镜迹分析法等（王毅和金之钧，1999）。这些方法只能给出不整合剥蚀量的大小，但不能给出不整合面的形成过程。现今存在的不整合面可能是一次构造运动形成的，其间没有沉积或仅有一次沉积，后期被剥蚀，也可能其间存在多次沉积剥蚀过程。而根据地质滤波方法得到的波动曲线，可以计算不同时期的不整合的剥蚀量（金之钧等，1996）。实践证明，波动分析法计算的剥蚀量精度并不比其他方法差（表3-1，表3-2）。

表 3-1　波动分析法与镜质组反射率（R_o）法获得的上泥盆统下伏不整合剥蚀量对比

方法	塔中 1 井	塔中 4 井	塔中 12 井	塔中 32 井
波动法	1150 m	833 m	825 m	702 m
R_o 法	1900 m	750 m	610 m	591 m

表 3-2　波动分析法与泥岩声波时差法获得的侏罗系与前侏罗系不整合面剥蚀量对比

方法	哈 1 井	塔中 1 井	塔中 12 井	塔中 32 井
波动法	391 m	293 m	220 m	475 m
声波时差法	673 m	249 m	285 m	250 m

三、隆（起）拗（陷）迁移

隆起和拗陷是盆地的基本构造单元，隆起是相对高地形，其上往往地层不全，存在不整合，作为物源区；有时则表现为沉积地层较薄，沉积物粒度粗。拗陷是相对低地形，沉积地层齐全，沉积物粒度细。隆起和拗陷显著影响着沉积相和沉积物的粒度和储集物性。研究沉积盆地的隆起和拗陷的波状迁移运动，对油气勘探具有重要意义（张一伟等，1997）。

渤海湾盆地黄骅拗陷各研究小区周期波动曲线对比发现（图3-13），不同小区进入沉降高峰的时间不同，存在着时间差。新生代以来，大约在53 Ma，南南西端的5、8和北北东端的16小区率先进入沉积高峰，然后沉积高峰区分别向北北东和南南西方向传递，在42 Ma前后，9、12和13小区进入沉积高峰，其中，第9小区靠近拗陷西边的沧县隆起，12和13小区则位于拗陷的中部。在16 Ma前后，黄骅拗陷各构造单元几乎同时进入了新生代以来的第二个沉积高峰期，但沉积速率要比前期小得多。

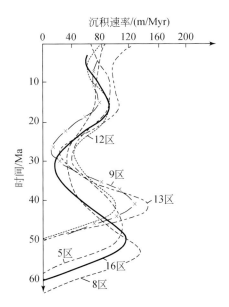

图 3-13　黄骅拗陷各研究小区周期波动曲线对比

每一条波动曲线都由周期分别为 200~220 Myr、60~70 Myr 和 27~35 Myr 的波动曲线叠加而成。

曲线编号表示研究小区，其大小的顺序为南南西–北北东

　　三水盆地约 30 Myr 周期波（L 波）较准确地反映了沉积–剥蚀情况（李京昌等，1996）。各小区对比发现，白垩纪时期各区的差异十分突出，具有强烈不协调运动特征（图 3-14）。新生代以来，各小区沉降的协调性增加，近于同时进入新的沉积、沉降时期，但在该协调背景下，可以看到鹭洲、盐步凹陷的沉积速率较低，反映这两个地区的沉降速率较为缓慢。古新世莘庄组沉积期，各小区沉积速率差别较小，地壳沉降相对均一，为中新生代构造运动相对最宁静的时期，但仍存在隆拗差异（图 3-14）。宝月及石湾两个地区为凹陷中心，大榄地区继承了白垩纪时期的隆起，处于剥蚀状态（L 波为负值）。始新世早期的布心组沉积期，三水盆地的断块活动比莘庄期大为增强，率先进入沉积高峰期的是宝月、小塘、石湾。始新世晚期的西布组沉积期，沉积中心转移到大沥地区。

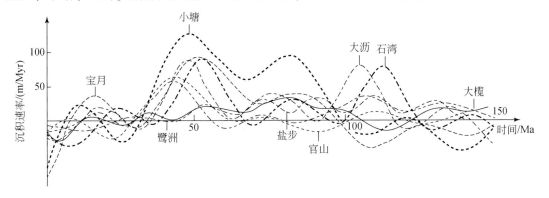

图 3-14　三水盆地各研究小区 30 Myr 周期波动曲线对比（李京昌等，1996）

隆起和拗陷的波动迁移影响着沉积环境和沉积相的变化，这在塔里木盆地沉积相和展布上有很好的体现（金之钧等，2005）。塔里木盆地寒武纪以来，盆地完成了三个周期的沉积中心的迁移，分别为从寒武纪到中泥盆世、晚泥盆世到侏罗纪（或白垩纪）和白垩纪（或古近纪）以来。前两个周期的迁移表现为从盆地西南开始，然后逆时针旋转一周，最后一个周期表现为沉积中心从盆地内部向盆地边缘迁移。沉积相带的展布和沉积/沉降中心迁移在时间上的周期性变化与控制盆地演化的波动要素的周期性变化有很好的对应关系（表3-3，图3-15）。沉积相带的变化周期、沉积/沉降中心的迁移周期与盆地演化的一级周期（约200 Myr）对应；沉积相带的单向趋向时间或沉积/沉降中心的单向迁移时间大致与控制盆地演化的二级周期（约100 Myr）相当。

表 3-3　塔里木盆地隆起和拗陷的波动迁移特征

时间间隔/Myr		地质年代	相带展布方向	沉积中心迁移		沉降中心迁移	
				东西向	南北向	东西向	南北向
145.6	35.4	Pg$_3$–Q	东西	盆地边缘 ↑ 盆地中心		整体沉降	
	110.2	K–Pg$_2$				东 ↑ 西	南 ↑ 北
221.4	99.4	T–J	东西	西 ↑ 东 ↑ 西	南 ↑ 北 ↑ 南	西 ↑ 东 ↑ 西	南 ↑ 北 ↑ 南
	122.0	D$_3$–P	南北				
203.0	101.6	O$_2$–D$_2$	东西	西 ↑ 东 ↑ 西	南 ↑ 北 ↑ 南	西 ↑ 东 ↑ 西	南 ↑ 北 ↑ 南
	101.4	Є–O$_1$	南北				

四、平面波动与构造应力传播

波在传播过程中，受传播介质（地质体）的影响，波的周期和频率在空间上发生有规律的变化，这种变化可以反映应力的起源和传播方向。

柴达木盆地中新生代波动分析分离出约10 Myr和约20 Myr周期波波动过程（表3-4）。约20 Myr的周期波系列，不同井的周期值在14～24 Myr之间变化；约10 Myr的周期波系列不同井的周期值在6～12 Myr之间变化。两个系列周期波的周期在平面上的变化是有规律的。

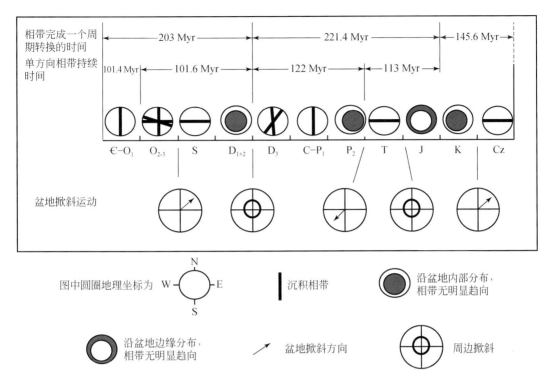

图 3-15 塔里木盆地显生宙沉积相带趋向及盆地掀斜运动（金之钧等，2005）

表 3-4 柴达木盆地古近系—新近系不同井（区）两个周期系列对比

井名	第一周期系列/Myr	第二周期系列/Myr	井名	第一周期系列/Myr	第二周期系列/Myr
柴 3 井	20	10	月 1 井	14	6
红深 4 井	16	10	油 6 井	14	6
阿参 1 井	19.2	9.6	湾西 1 井	16	8.4
狮 23 井	10	5	尖 5 井	26	8.2
建参 1 井	22	9.6	尖 6 井	23.2	10
跃 123 井	18	9.5	风 2 井	20.4	12
绿参 1 井	20	9.6	碱 2 井	24	12
南参 2 井	22	10	旱 2 井	22	7
北参 1 井	16	6	鸭参 3 井	20	8
切 2 井	19.2	9.6	鄂 2 井	18	8
扎 1 井	20	6	牛参 1 井	17.9	10
乌 8 井	20	10	潜参 2 井	20.4	8
东 3 井	18	8	深 83 井	18	6
跃参 2 井	22	9.6			

如果将约 20 Myr 周期波系列的周期值展布于平面上，约 20 Myr 系列的周期在走向 NW320°～SE140°方位上具有一致性（图 3-16），而在与其垂直的 NE50°方位上，该系列的周期具有渐变特征，这种渐变呈周期性，即由小变大，后又变小，即周期从盆地南缘的 20～22 Myr 向 NE50°方向，依次渐变为 A–A′一线的 14 Myr，B–B′一线的 20～22 Myr 和 C–C′一线的 18 Myr（图 3-16）。

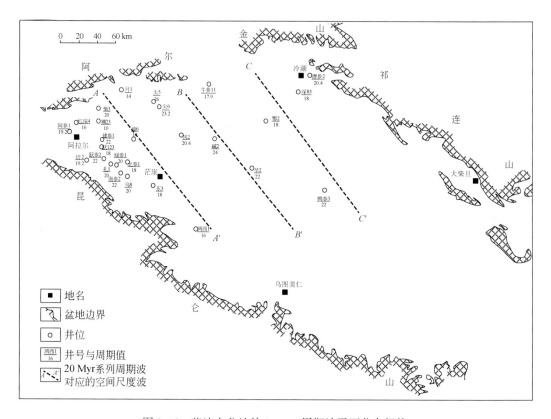

图 3-16　柴达木盆地约 20 Myr 周期波平面分布规律

约 10 Myr 周期在平面上的分布可以划分出两组方位，其一亦为走向 NW320°的一组，其二为走向 NW276°的一组（图 3-17）。

这种周期在平面上有规律的变化反映了波的传播方向和起源。根据波动理论，周期的大小反映质点振动的频率。如果两个井（或多个井）之间存在着相同的沉积周期和初始相位，说明这两个井（或多个井）的基底具有相同的沉降水平；相反，如果两个井（或多个井）之间沉积周期和初始相位不同，则它们具有不同的基底沉降水平。如果将更多的井沉积周期和初始相位进行对比，即可以划分出沉降水平相同的区域和沉降水平不同的区域。沉降水平的差异，无疑是基底挠曲程度不同的反映，因此可以说，不同井沉积波动周期和初始相位存在差异的本质是基底挠曲程度的差异，这正反映了波在平面上的传播。在垂直于波的传播方向上，地质质点在空间波控制下，具有相同相近的垂直运动状态，即处于空间尺度波同相位位置上，盆地具有相同的沉降水平；在波传播

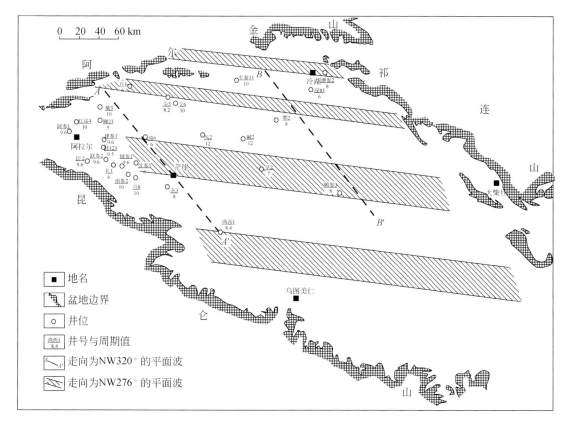

图 3-17 柴达木盆地约 10 Myr 周期波平面分布规律

方向上，地质质点的振动相位不同、运动状态不同，基底沉降水平不同。根据波动周期在平面上的变化，可以推断，在空间序列上，柴达木盆地新生代受三组波的控制，其中两组的传播方向为 NE50°，周期分别约为 20 Myr 和 10 Myr，代表了主应力传播方向，推断与青藏高原的隆升有关；另一组的传播方向为 SW186°，周期约为 10 Myr，推断与阿尔金山的隆升有关。

三水盆地约 30 Myr 周期波的周期在平面上具有一定的变化规律（图 3-18），反映出周期由西北侧 37.2 Myr 向东南侧 18.8 Myr 方向的衰减过程。等值线有向东南方向突出的特性，可能代表波是从北西向南东传播的，也反映应力可能来源于北西侧。从地质成因的角度分析，盆地的北西侧为吴川-四会断裂带发育的位置，该断裂带具有多期活动，是构造应力不断集中和释放的地带，因此该断裂带可能为三水盆地构造应力的发源地。

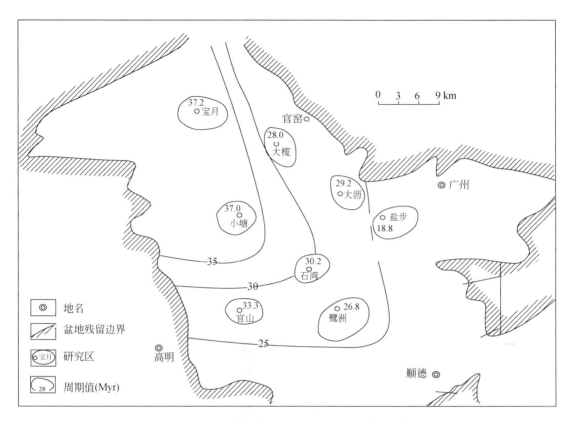

图 3-18　三水盆地约 30 Myr 周期波平面分布规律

第三节　波动过程与油气分布规律

　　盆地的波动过程表现在时间域上盆地演化过程沉降和隆起的交替进行，长周期波动过程叠加着短周期波动过程，它们控制着油气成藏的周期性和旋回性。在平面上，盆地的波动过程表现为隆拗变迁和地块的翘板运动，不整合面在地层层位上的迁移，控制着油气在平面上的分布。

一、成藏旋回控油气分布

　　盆地的波动埋藏过程决定着盆地"生储盖"、烃类生成、圈闭条件等油气成藏条件的旋回性发展，使油气成藏具有旋回性发展的特点，因此提出油气成藏旋回的概念。

　　成藏旋回指的是在盆地构造演化过程中，盆地从下降到上升的一个完整的旋回中油气从源岩排出、运移到聚集成藏的全过程。其中包括在盆地随后演化过程中的各种地质作用的影响下，使已形成的油气藏重新调整或被破坏，但并不强调一个成藏旋回必须有油气藏的破坏过程存在。根据我国典型叠合盆地的演化过程和油气成藏特点，一个完整的成藏旋回历时约 2 亿年，每一旋回对应于盆地持续下沉生排烃开始至隆升剥蚀结束的整个过程。

　　一个成藏旋回包括了油气藏形成所必需的各种要素和各种作用，如"生储盖"的形成、烃源岩生排烃、运移通道的形成、圈闭的形成等。原则上讲，成藏旋回在时间上是连续的，但在少数情况下，后一旋回的破坏作用的影响，可能波及上一旋回保存下来的油气藏，对这类情况通过分析油气藏的形成期和破坏期是不难鉴别出来的。

　　我国一些典型多旋回叠合盆地的油气成藏表现出旋回性的特点。如塔里木盆地可以划分为三个成藏旋回，成藏旋回 I 为从寒武纪到中泥盆世末，成藏旋回 II 为从晚泥盆世到侏罗纪末，成藏旋回 III 为从白垩纪到第四纪，成藏旋回与盆地演化的约 200 Myr 周期对应，前两个旋回为完整旋回，后一个为不完整旋回。柴达木盆地自震旦纪以来共经历了 4 个约 180 Myr 周期演化过程，其中后三个周期演化过程相应控制着三个成藏旋回，即寒武纪—中泥盆世成藏旋回、晚泥盆世—三叠纪成藏旋回和侏罗纪—新生代成藏旋回（图 3-19）。

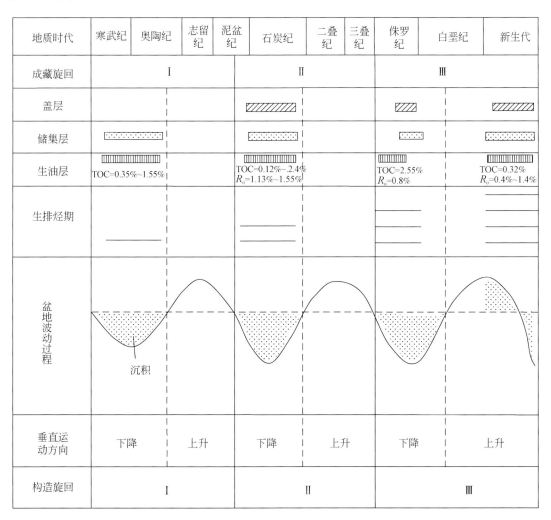

图 3-19　柴达木盆地寒武纪以来成藏旋回划分方案

二、不整合控油气分布

不整合的存在与油气的生成、运移及聚集有着密切的关系，不整合面的控油作用主要表现在：不整合是油气侧向运移的重要通道，油气可以沿不整合面做长距离运移；不整合类型的差异性控制着油气的分布，其继承性发展控制着油气演化，其迁移性则控制着油气的再分配；不整合可以改善岩体的储集物性，形成良好的储集岩，特别是对于碳酸盐岩，由于地下水的溶蚀作用，会使碳酸盐岩的孔隙度和渗透率有很大的提高；不整合可形成多种不整合遮挡的圈闭，不整合面下伏被削蚀的地层可以形成良好的地层型圈闭，而不整合面上覆地层，可以形成地层尖灭圈闭或岩性圈闭。

塔里木盆地已发现的油气田大多与不整合面有关。不整合面形成了油气侧向运移的主要通道，与不整合有关形成了多种类型的油气圈闭，如潜山型圈闭、地层剥蚀型圈闭及地层超覆型圈闭等（图3-20）。发生在不整合面附近的地下水溶蚀作用控制着碳酸盐岩储层的厚度，对于碎屑岩储层，不整合面的形成作用，对其储集性能也有重要的改善。

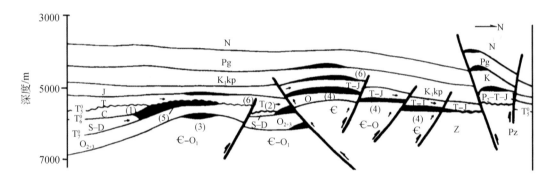

图 3-20　塔北地区不整合油气藏组合模式及运移通道模式（张守安等，1999）
（1）削截不整合油气藏；（2）单断削截不整合潜丘油气藏；（3）内幕褶皱不整合油气藏；
（4）断褶削截不整合潜丘油气藏；（5）超覆不整合油气藏；（6）披覆油气藏

三、枢纽带控油气分布

枢纽带可以理解成跷跷板的支点及其邻近区域，在盆地中可以理解成做翘板运动的块体的中间部位，与斜坡带的中部或隆起带对应，称为平面波状运动的枢纽部位。首先，枢纽带长期处在油气运移的指向上，具有捕获油气的得天独厚的条件；其次，枢纽带始终没有成为隆起剥蚀的主体，相对来说，保存条件是比较好的。塔里木盆地的塔中地区东西两端在盆地演化过程中长期处于差异升降运动的过程中，塔中4油藏就位于该部位。

柴达木盆地枢纽带控藏作用显著（金之钧等，2006）。在柴达木北缘地区，冷湖3号、4号、5号油田和南八仙油气田及鱼卡油田都分布在昆特依三级波谷、鱼卡三级波谷与赛什腾三级波峰的交接部位，这些部位也是波谷与波峰过渡的枢纽部位，并邻近生油凹陷，构造圈闭也较发育，因此成为油气运移和聚集成藏的有利地区。在柴达木盆地西部地区，古近纪的沉降中心位于英雄岭—茫崖二级波谷带，沉积了深湖相的下干柴沟组上段烃源岩层，并在上油砂山组沉积时开始生排烃，向大风山和祁北构造带两个二级波峰带发生油气初次运移。因此，这两个二级波峰带与英雄岭—茫崖二级波谷带相交接的枢纽部位成为油气聚集成藏的有利部位。盆地在新近纪的沉降中心已转移到一里坪二级波谷带，与大风山和柴北缘两个二级波峰带发生转换的枢纽部位（如碱山和鄂博梁Ⅱ号地区）在油源条件好的情况下，也可成为油气运移聚集的有利地区。

参 考 文 献

金之钧，张一伟，刘国臣，等 . 1996. 沉积盆地物理分析——波动分析 . 地质论评，42（S1）：170-179.

金之钧，吕修祥，王毅，等 . 2003. 塔里木盆地波动过程及其控油规律 . 北京：石油工业出版社 .

金之钧，张一伟，陈书平 . 2005. 塔里木盆地构造–沉积波动过程 . 中国科学 D 辑：地球科学，35（6）：530-539.

金之钧，李京昌，汤良杰，等 . 2006. 柴达木盆地新生代波动过程及与油气关系 . 地质学报，80（03）：359-365.

李京昌，金之钧，孙镇城，等 . 1996. 波动分析方法在三水盆地沉降史研究中的应用 . 见：油气成藏研究系列丛书编委会（主编）. 油气成藏机理及油气资源评价国际研讨会论文集 . 北京：石油工业出版社 . 98-315.

王毅，金之钧 . 1999. 沉积盆地中恢复地层剥蚀量的新方法 . 地球科学进展，14（05）：482-486.

张守安，吴亚军，佘晓宇，等 . 1999. 塔里木盆地不整合油气藏的成藏条件及分布规律 . 新疆石油地质，（01）：15-17+72.

张一伟，李京昌，金之钧，等 . 1997. 中国含油气盆地波状运动特征研究 . 地学前缘，4（3-4）：305-310.

Payton C E. 1977. Seismic stratigraphy：application to hydrocarbon exploration. AAPG Memoir，26：516.

Riba O. 1976. Syntectonic unconformities of the Alto Cardener, Spanish Pyrenees：a genetic interpretation. Sedimentary Geology，15（3）：213-233.

第四章　塔里木盆地波动特征分析

第一节　盆地概况

塔里木盆地位于新疆维吾尔自治区南部，面积达 $56\times10^4\ km^2$，四周被山系环绕（图4-1）。盆地中心是著名的塔克拉玛干沙漠，面积达 $33\times10^4\ km^2$，周缘是一系列大型山前冲（洪）积扇和洪积平原。

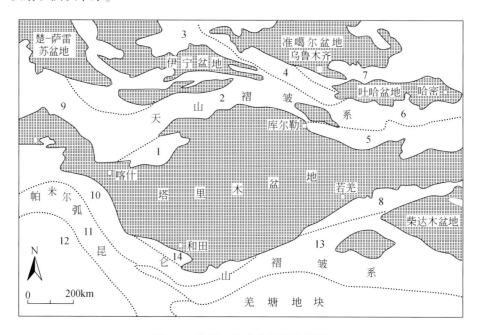

图4-1　塔里木盆地大地构造位置

1. 柯坪断隆；2. 哈里克套褶皱带；3. 博罗科努褶皱带；4. 伊连哈比尔尕褶皱带；5. 库鲁克塔格断隆；6. 觉罗塔格褶皱带；7. 博格达褶皱带；8. 阿尔金断隆；9. 卡拉套山褶皱带；10. 西昆仑褶皱带；11. 喀喇昆仑褶皱带；12. 冈底斯褶皱带；13. 东昆仑褶皱带；14. 铁克里克断隆

一、大地构造位置

从槽台观点看，塔里木地台北边是天山地槽，南边是昆仑山地槽，向东与华北地台相连，北界为塔里木地台北缘深断裂，西南边是西昆仑北缘深断裂，东南边是阿尔金断裂；该地台范围大致相当于塔里木盆地、阿尔金断隆、库鲁克塔格断隆、柯坪断隆和铁克里克断隆所占据的区域。从板块构造观点看，塔里木（中朝）板块北边为哈萨克斯坦板块和西伯利亚板块，南边是华南板块、羌塘板块、冈底斯（拉萨）板块和印度板块（图4-2）。早古生代，塔里木板块是一个独立的大陆板块，晚古生代，它拼贴在欧亚大陆南缘，在此期间的构造演化受古天山造山带影响和控制；在晚古生代末期到中生代，塔里木板块受特提斯构造带构造作用的控制，新生代主要受喜马拉雅构造带控制（贾承造等，1995；汤良杰，1996）。

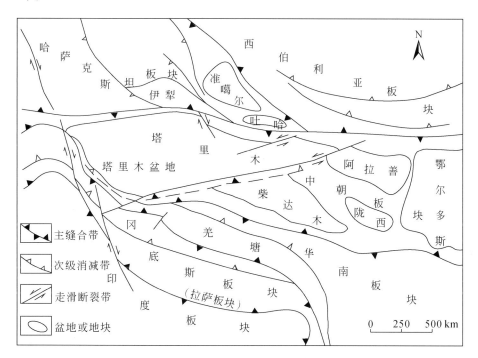

图4-2　塔里木盆地板块构造环境（汤良杰，1996）

二、盆地构造演化

塔里木盆地经历了长期的演化历史，使不同性质、不同类型的盆地叠合在一起（表4-1）。总的来说，其构造演化在古生代主要受其北边古亚洲构造域的控制，中-新生代受南边的特提斯构造域的控制，又可细划为四个旋回，即前南华纪构造旋回、震旦纪—泥盆纪开合旋回、石炭纪—二叠纪开合旋回、中-新生代构造旋回，各旋回又可划分出多个亚旋回。各演化阶段的大地构造背景、原型盆地性质都不同。平面上，盆地可划分出包括库车拗陷等七个二级构造单元和多个三级构造单元（图4-3），盆地南北向表现出"三隆四拗"的构造格局（图4-4）。

太古宙时形成了塔里木盆地的陆核，盆地基底由太古宇、古元古界、中元古界结晶岩和变质岩组成，新元古界形成其第一套盖层。

表 4-1　塔里木盆地构造演化简表（据贾承造等，1995；汤良杰，1996 修编）

界	系	统	代号	年龄/Ma	构造运动	构造旋回	板块构造
新生界	第四系	更新统、全新统	Q	1.64	喜马拉雅晚期运动（Ⅱ幕）	中-新生代构造旋回	印度板块与欧亚板块碰撞
	新近系	上新统	N_2	5.2	喜马拉雅晚期运动（Ⅰ幕）		
		中新统	N_1				
	古近系	古新统、始新统、渐新统	Pg	35.4	喜马拉雅早期运动		
中生界	白垩系	上统	K_2	65	燕山末期运动		拉萨地块拼贴到南羌塘
		下统	K_1	97	燕山晚期运动		
	侏罗系	上统	J_3	135	燕山中期运动		侏罗纪末，南羌塘地块拼贴到北羌塘地块
		中统	J_2				
		下统	J_1		印支运动		
	三叠系	上统	T_3	208			晚期羌塘地块与塔里木板块碰撞
		中统	T_2				
		下统	T_1				
上古生界	二叠系	上统	P_2	250	海西晚期Ⅱ幕运动	石炭（含晚泥盆世）—二叠纪开合旋回	南部古特提斯洋向北俯冲到昆仑-柴达木-塔里木板块之下，北部伊犁和中天山岛弧与塔里木陆块碰撞，天山洋关闭
		下统	P_1	260	海西晚期Ⅰ幕运动		
	石炭系	上统	C_2	290	海西中期Ⅱ幕运动		
		下统	C_1	303	海西中期Ⅰ幕运动		
	泥盆系	上统	D_3	362			
		中-下统	D_{1+2}	375	海西早期运动	震旦—泥盆纪开合旋回	昆仑洋俯冲消减闭合、天山洋俯冲消减、南阿尔金洋关闭
下古生界	志留系	中-上统	S_{2+3}	409	加里东晚期运动		昆仑洋、天山洋俯冲消减，阿尔金洋俯冲消减闭合
		下统	S_1	439	加里东中期Ⅲ幕运动		
	奥陶系	上统	O_3	470	加里东中期Ⅱ幕运动		南昆仑地体开始与塔里木板块拼贴
		中统	O_2	468.6	加里东中期Ⅰ幕运动		
		下统	O_1	485	加里东早期运动		被动大陆边缘阶段，克拉通内裂陷
	寒武系	上统	$\in_3$				
		中统	$\in_2$				
		下统	$\in_1$	570	柯坪运动		
新元古界	震旦系*	上统、下统	Z		库鲁克塔格运动		大陆裂解，塔里木板块形成
				800	塔里木运动		
	前震旦系	基底				前震旦纪构造旋回	

　　*本项研究成果是20世纪90年代完成的，现今认为当时的震旦系下部为南华系，当时的震旦系上部为震旦系。为了保持叙述的一致性，本书不分南华系和震旦系，而统称为震旦系，必要的时候，分震旦系下部和震旦系上部。

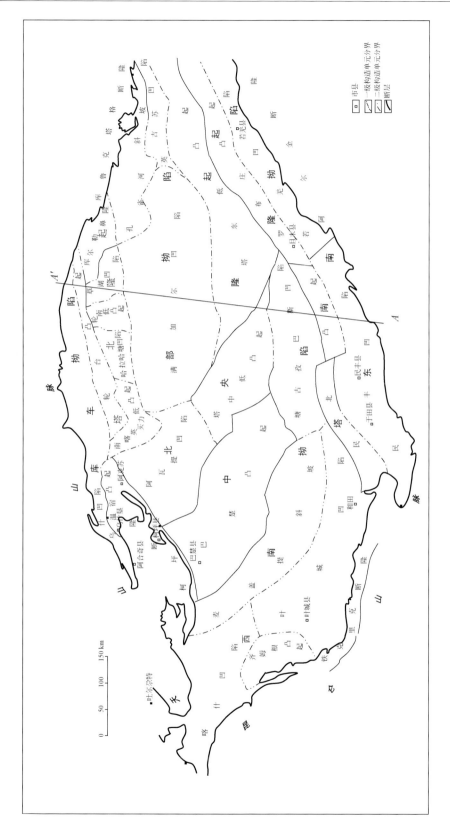

图4-3 塔里木盆地构造单元划分

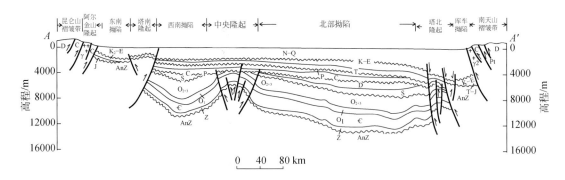

图 4-4　塔里木盆地南北向盆地结构（位置见图 4-3 中 AA'）

　　震旦纪早期开始，罗迪尼亚超大陆裂解，形成大陆裂谷，塔里木板块与澳大利亚等板块分开，成为独立板块。塔里木板块也开始裂解，形成大陆断陷裂谷。南华纪末，北昆仑洋（库地洋）和南天山洋开始张开。震旦纪晚期，塔里木盆地进入陆内拗陷阶段。震旦纪末，北昆仑洋和南天山洋进一步张开，阿尔金洋开始张开。

　　寒武纪，随着裂谷作用的持续进行，逐渐形成新生洋壳。全球气候转暖，海平面上升，生物进入茂盛期，塔里木盆地进入碳酸盐台地期。此时，塔里木板块周边被大洋围限，表现为被动大陆边缘。中奥陶世末期，南昆仑地体开始与塔里木板块拼贴。晚奥陶世，塔里木板块周缘开始转变为活动大陆边缘。东、西昆仑洋开始俯冲消减，南天山洋开始向北、向南俯冲，塔里木盆地北缘由被动大陆边缘转换为活动大陆边缘。阿尔金洋向北西俯冲乃至闭合，阿尔金-祁连地体与塔里木板块完全拼贴。盆地东西向台背斜、台向斜开始形成。

　　志留纪至泥盆纪，为克拉通内拗陷阶段，盆地发展受古天山构造带控制。晚志留世，北昆仑洋闭合，中昆仑岛弧与塔里木板块发生弧陆碰撞；东昆仑洋俯冲消减闭合。南天山洋向北俯冲到伊犁板块之下，南天山洋也由扩张转变为收缩。北东天山-准噶尔洋向南俯冲到塔里木板块之下。南昆仑洋开始向北俯冲，甜水海地体向北移动。在盆地东南缘，柴达木地体与塔里木板块拼贴，南阿尔金洋此时关闭。该构造环境延续到泥盆纪。

　　石炭纪—二叠纪，塔里木盆地进入克拉通内裂谷和克拉通内拗陷阶段。南部古特提斯洋向北俯冲到昆仑-柴达木-塔里木板块之下，北部伊犁和中天山岛弧与塔里木陆块碰撞，天山洋关闭。其中，南天山造山带东段在早二叠世就完成了陆陆碰撞，西段是在二叠纪末完成碰撞造山，标志着古亚洲洋完全关闭。古生代末，塔里木板块成为亚欧板块的一部分，此次闭合可称为"塔里木闭合"。至此，新疆北部进入大陆地壳及陆内山链发展的新阶段。塔里木板块南部，甜水海地体完成了向塔里木板块南部的拼贴，帕米尔地体、羌塘地块向塔里木板块靠近。对于塔里木盆地构造来说，二叠纪末的构造作用是继奥陶纪末的第二次重要改造期，主要表现在盆地北部。

　　自三叠纪以来，塔里木盆地的构造演化受特提斯域影响。三叠纪时，塔里木盆地进入前陆盆地发展阶段。藏北羌塘地块与塔里木板块碰撞挤压，帕米尔地体、南羌塘地块、拉萨地块向塔里木板块靠近，它们共同影响了塔里木盆地陆内变形。侏罗纪—白垩纪，塔里木盆地进入陆内拗陷阶段，曾经表现出弱伸展作用，但其间曾发生的南羌塘地块向北羌塘地块的拼贴（侏罗纪末）、拉萨地块向羌塘地块的拼贴（白垩纪末）都产生了强烈的南北向构造挤压作用，形成块断隆升及多个不整合面。

新近纪以来，受印度板块与欧亚板块碰撞影响，塔里木盆地在挤压背景下，在其周边的天山造山系、昆仑造山系和阿尔金造山系影响下，形成巨型盆山体系，盆地性质属于大陆内部大型复合前陆盆地。

三、岩石地层特征

塔里木盆地是一大型叠合型盆地，盆地基底为前震旦系浅–深变质岩系，沉积体系包括震旦系下部陆相和冰川相沉积、震旦系上部—下二叠统海相—海陆交互相沉积和上二叠统—第四系陆相沉积（王毅等，1999）。盆地沉积层的最大残余厚度15000余米，累积最大沉积厚度25000余米，残余沉积岩体积 3.96×10^6 km^3。

盆地基底由前南华系变质岩系组成，包括太古界、古元古界深变质岩系和中–新元古界浅变质岩系组成。

震旦系是塔里木盆地基底形成以来第一套沉积盖层，该层系下部在盆地东北库鲁克塔格地区，以火山岩、冰川沉积和陆源碎屑沉积为主。盆地西北阿克苏—乌什以南地区，为滨岸—陆棚环境沉积和冰川沉积。塔西南地区为硅质岩、泥岩和砂岩及冰川沉积。盆地内部为一套沉积岩，可与周缘地层进行对比。

震旦系上部是早期塔里木板块初期裂陷后进入拗陷阶段的沉积盖层，在盆地边缘库鲁克塔格、柯坪及铁克力克等地区均有出露。盆地内部，震旦系分布广泛，厚度一般在400～1000 m，主要为一套滨浅海相碎屑岩、硅质白云岩、白云岩或白云质灰岩。

寒武系为一套海相碳酸盐岩沉积，底部发育硅质岩、页岩，中部发育膏盐岩，厚度为400～3400 m。奥陶系为一套海相碎屑岩、碳酸盐岩沉积体系，厚度为200～3500 m。志留系，主要为下志留统，为一套滨浅海—半深海相或滨浅海—潮坪潟湖相的碎屑岩沉积，厚度为100～1200 m。

中–下泥盆统，发育了一套滨浅海、潮坪至陆相杂色碎屑岩沉积，属一套磨拉石沉积，其残余厚度一般在200～1300 m。上泥盆统，东河塘组砂岩沉积期开始，并与石炭系组成了一套浅海陆棚、台地至潮坪相的碎屑岩和碳酸盐岩，盆地边缘发育一些河流相、三角洲相或河口湾相等陆相。二叠系下二叠统为台地—局限台地相碳酸盐岩，潮坪、潟湖至河流相灰岩、泥灰岩、泥岩和砂岩。下二叠统上部，为一套厚层火山岩。上二叠统，为河流相砂泥岩沉积，分布局限。

三叠系分布范围小，仅局限在塔中低凸起、满加尔凹陷中部和塔北隆起南部及库车拗陷北部，厚为400～1000 m，主要为河流—三角洲—湖泊相沉积。侏罗系分布局限，主要分布于天山山前和西昆仑山前地带，为一套河流—三角洲—沼泽—湖泊相灰色块状砾岩、砂岩、灰黑色泥页岩夹煤线。白垩系分布范围明显比侏罗系大，主要分布在阿克苏—民丰一线以东和喀什—和田一线的西昆仑山前地带，岩性和沉积相与侏罗系相似。

新生界沉积广泛，仅在盆地周边局部地区有缺失。古近系在塔西南地区为一套潟湖—

海湾相的灰色、灰绿色石膏、泥灰岩、鲕粒灰岩、生物灰岩、介壳灰岩夹杂色褐红色的泥质岩和砂岩，在库车和塔东地区主要为一套冲积、潟湖相的褐红色、灰绿色泥岩、砂泥岩为主，夹砾岩和石膏层的沉积层。新近系至第四系厚度巨大，西南拗陷最厚，一般为2000~10000 m，阿瓦提凹陷、库车拗陷最大厚度达6000~7000 m。民丰凹陷厚2000~6000 m，若羌凹陷厚2000~3500 m。而巴楚断隆、塔中低凸起和塔东隆起厚度较薄，一般为1000~2500 m。明显表现出沿周围山系厚，向盆地中央减薄的特征。其中新近系为一套冲积扇—洪泛平原—河湖相砾岩、砂岩、泥岩互层夹膏盐岩、膏泥岩。第四系为一套冲积、洪积和风积砾石层、黏土层和塔克拉玛干沙漠松散砂层。

四、古气候和古水深

根据古生物化石、地球化学指标和沉积相分析，可获得塔里木盆地古生代和中生代的古气候和古水深演化过程（金之钧等，2003）（图4-5）。

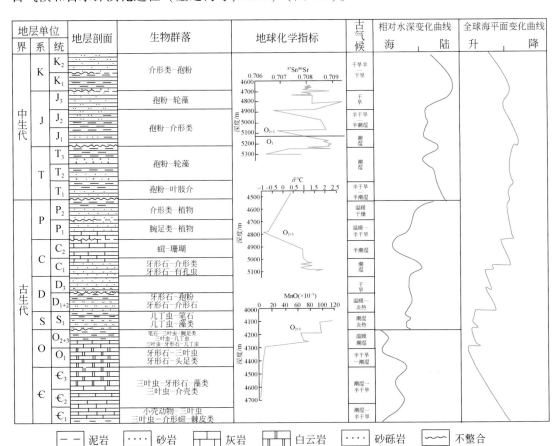

图4-5　塔里木盆地各层系古水深与古气候演化（金之钧等，2003）

塔里木盆地古气候、古水深的变化表现出波动性，影响着盆地沉积的波动性。从寒武纪到二叠纪，沉积水体逐渐变浅，其中早奥陶世晚期—中晚奥陶世沉积水体最深，晚石炭世—早二叠世及早志留世水深次之。将塔里木盆地地质历史中古水深演化曲线与全球海平面变化曲线对比发现，塔里木盆地水深变化响应于全球海平面波动，但不同时期响应程度有差异：

（1）古生代奥陶纪和石炭纪、中生代侏罗纪和白垩纪的古水深变化曲线与全球海平面波动曲线拟合最好，这些时期的古水深变化基本上反映了海平面的波动。

（2）寒武纪、早志留世和三叠纪的古水深变化曲线与全球海平面波动曲线拟合较好，但存在一定的差异，反映了区域构造作用对古水深的控制，导致古水深变化与全球海平面波动样式不尽一致。寒武纪的古水深变化曲线与全球海平面变化曲线的差异，主要是由于碳酸盐沉积作用的正向性造成的，碳酸盐在海域中主要沉积在正向地貌单元（水下隆起区），并趋向于追及海平面。

第二节　盆地波动演化周期

一、年代地层格架

塔里木盆地地层年代的确定是分两个级别进行的，对于低频波动过程，地层地质年代的确定主要是利用了古生物资料，并参照国际地质年代表，它可以揭示显生宙以来的低频波动过程（周期大于 30 Myr）（Шпильман，1982；金之钧等，2000）。该精度足以满足沉积盆地一般地质过程，如构造-沉积波动过程分析的精度要求。而高频波动过程（周期小于 10 Myr）的获得需要结合旋回地层学等更精细的地层定年方法（金之钧等，1999）。

（一）古生物年代地层格架

通过对典型井生物组合分析，并与国际地质年代表对照，对塔里木盆地各层系进行了划分及地质年代标定（金之钧等，2003）（图 4-6）。

1. 寒武系

盆地覆盖区钻井主要揭示了寒武系第二统的粉细晶白云岩等。

2. 奥陶系

上丘里塔格群在盆地覆盖区分布广泛，塔北隆起以灰岩为主，层位最为齐全，顶界保存层位的时代为芙蓉世晚期至早奥陶世早期，其上覆早奥陶世—中奥陶世的吐木休克组。塔中低凸起的上丘里塔格群上部以灰岩为主，向下白云岩逐渐增多，缺失层位较多，塔中401 井和塔中 12 井，钻井揭示的上丘里塔格群顶界含牙形石 *Serratognathus diversus*、*Scolopodus bicostatus*、*Scolopodus asperus* 等，时代为芙蓉世早期。塔中地区钻井，除少数如塔中 29 井外，其他钻井尚未发现芙蓉世晚期至晚奥陶世早期地层，由此认为该区普遍缺失上丘里塔格群上部和吐木休克组，在下、中奥陶统之间存在一个不整合面，缺失地层的年代间隔约为 22.2 Myr。

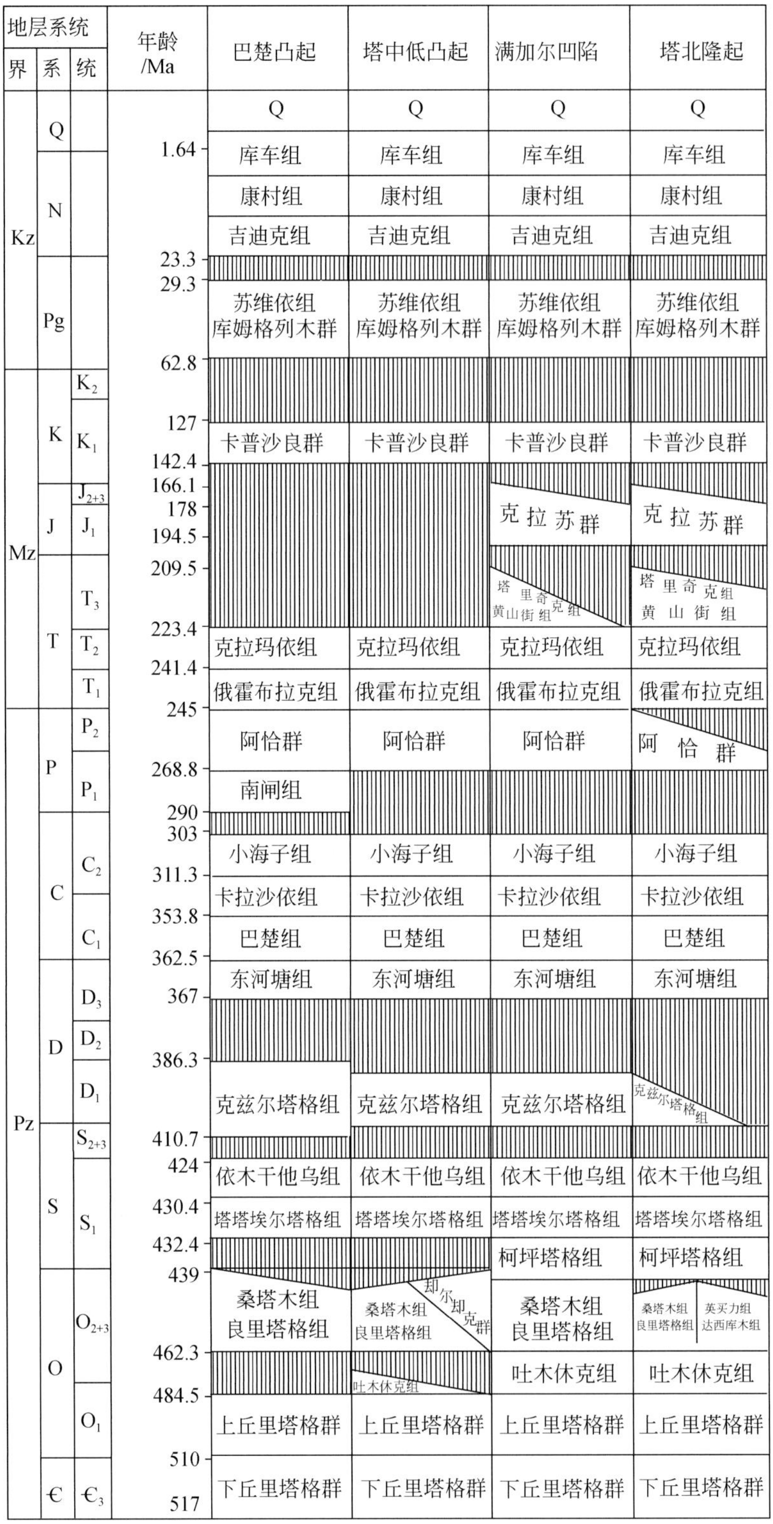

地层系统			年龄/Ma	巴楚凸起	塔中低凸起	满加尔凹陷	塔北隆起
界	系	统		Q	Q	Q	Q
Kz	Q	Q	1.64	库车组	库车组	库车组	库车组
	N	N		康村组	康村组	康村组	康村组
			23.3	吉迪克组	吉迪克组	吉迪克组	吉迪克组
	Pg	Pg	29.3	苏维依组 库姆格列木群	苏维依组 库姆格列木群	苏维依组 库姆格列木群	苏维依组 库姆格列木群
Mz	K	K₂	62.8				
		K₁	127	卡普沙良群	卡普沙良群	卡普沙良群	卡普沙良群
	J	J₂₊₃	142.4 / 166.1 / 178			克拉苏群	克拉苏群
		J₁	194.5 / 209.5				
	T	T₃	223.4	克拉玛依组	克拉玛依组	塔里奇组 黄山街组 克拉苏群	塔里奇组 黄山街组 克拉苏群
		T₂	241.4			克拉玛依组	克拉玛依组
		T₁	245	俄霍布拉克组	俄霍布拉克组	俄霍布拉克组	俄霍布拉克组
Pz	P	P₂		阿恰群	阿恰群	阿恰群	阿恰群
		P₁	268.8	南闸组			
	C	C₂	290 / 303	小海子组	小海子组	小海子组	小海子组
			311.3	卡拉沙依组	卡拉沙依组	卡拉沙依组	卡拉沙依组
		C₁	353.8	巴楚组	巴楚组	巴楚组	巴楚组
			362.5	东河塘组	东河塘组	东河塘组	东河塘组
	D	D₃	367				
		D₂	386.3				
		D₁		克兹尔塔格组	克兹尔塔格组	克兹尔塔格组	克兹尔塔格组
	S	S₂₊₃	410.7				
			424	依木干他乌组	依木干他乌组	依木干他乌组	依木干他乌组
		S₁	430.4	塔塔埃尔塔格组	塔塔埃尔塔格组	塔塔埃尔塔格组	塔塔埃尔塔格组
			432.4			柯坪塔格组	柯坪塔格组
	O	O₂₊₃	439	桑塔木组 良里塔格组	桑塔木组 良里塔格组 却尔却克群	桑塔木组 良里塔格组	桑塔木组 良里塔格组 英买力组 达西库木组
		O	462.3		吐木休克组	吐木休克组	吐木休克组
		O₁	484.5	上丘里塔格群	上丘里塔格群	上丘里塔格群	上丘里塔格群
			510				
	Є	Є₃	517	下丘里塔格群	下丘里塔格群	下丘里塔格群	下丘里塔格群

图 4-6　塔里木盆地覆盖区地层划分

中-上奥陶统，在塔北隆起层位较全，根据微体化石，将各岩性组时代限定如下：良里塔格组地质时代为晚奥陶世，达西库木组为晚奥陶世中、晚期；桑塔木组和英买力组均为晚奥陶世凯迪期到兰多维列世，柯坪塔格组下段为晚奥陶世凯迪期到兰多维列世晚期。塔中低凸起上奥陶统层位不全，根据微体化石及沉积相分析，桑塔木组时代为晚奥陶世凯迪期到兰多维列世，良里塔格组为一穿时地质体，自东向西层位逐渐抬高，在塔中 16 井—塔中 30 井—塔中 12 井一带，其时代为晚奥陶世，而向东至塔中 37 井则为晚奥陶世到兰多维列世，却尔却克群主要发育在塔中 28、29、31、33 井一带，地质时代为晚奥陶世到中奥陶世。

3. 志留系

包括柯坪塔格组中段和上段、塔塔埃尔塔格组、依木干他乌组。柯坪塔格组井下划分为上、中、下三段，中段为暗色泥岩，产笔石、微古植物和胞石，根据这些化石，将志留系—奥陶系界线划在下段顶部，其该下段志留系部分的时代相当于兰多维列世—温洛克世早中期。柯坪塔格组在塔北隆起和满加尔凹陷发育齐全，在塔中低凸起和巴楚凸起则基本缺失。

塔塔埃尔塔格组井下未见化石，但其整合于柯坪塔格组之上，而柯坪塔格组中段笔石、微古植物、胞石所指示时代只相当于兰多维列世早中期，上段暂归兰多维列世晚期，故塔塔埃尔塔格组时代定为兰多维列世。依木干他乌组依据塔中 10 井的胞石 *Conochitina* cf. *tuba* 和巴楚小海子剖面所产的牙形石 *Ozarkodina* cf. *edithae*，将其限定为兰多维列世到温洛克世。中、上志留统在塔里木盆地覆盖区缺失。

4. 泥盆系

在盆地覆盖区包括下、中泥盆统克兹尔塔格组和上泥盆统上部东河塘组，上泥盆统下部缺失。关于克兹尔塔格组的时代归属存在较大分歧。在柯坪露头区，克兹尔塔格组下段产胞石 *Cingulochitina wronai* 和疑源类、孢子化石，时代为晚志留世；而其上段产节甲鱼类，时代为早、中泥盆世。在盆地大部分覆盖区，克兹尔塔格组与下伏依木干他乌组之间存在明显的不整合，地震剖面上表现十分清楚，其沉积厚度远小于柯坪露头区，因此本书将覆盖区的克兹尔塔格组时代限定为早泥盆世。

东河塘组与上覆的下石炭统巴楚组为整合接触。近年来，随着地层古生物研究的不断深入，将东河塘组划归为上泥盆统，主要依据有：草 2 井东河塘组砂岩段含晚泥盆世孢粉化石，这些化石与国内众多地区及塔西南晚泥盆世孢粉组合相同；草 2 井东河塘组砂岩段含盾皮鱼类化石，此类鱼始于早志留世，绝灭于晚泥盆世；塔中 401 井底泥岩段（东河塘组砂岩段之上）和塔中 4 井生物碎屑灰岩段含泥盆纪—石炭纪过渡型的孢粉组合和牙形石化石；巴东 2 井和塔中 401 井生物碎屑灰岩段均发现早石炭世杜内期的孢子化石组合，确认其时代为早石炭世早期；和 4 井和巴参 1 井下泥岩段发现晚泥盆世孢子化石 *Retispora lepidophyta*；塔中 403 井据 33 种微量元素分析，结合牙形石带，其泥盆系—石炭系界线应划在生物碎屑灰岩底之上 4.8 m 处，即东河塘组砂岩段顶部之上 63 m 处，因此东河塘组砂岩应归为晚泥盆世。根据上述依据将东河塘组限定为晚泥盆世法门期晚期。

5. 石炭系

包括巴楚组、卡拉沙依组和小海子组，上石炭统上部缺失。巴楚组包括生物碎屑灰岩段、下泥岩段和砂砾岩段，含牙形石 *Siphonodella isosticha*、*S. osoleta*、*Polygnathus inornatu*、*Clydagnathus cavusformis* 等，时代为杜内期早期。卡拉沙依组在盆地内分布广泛，包括五个岩性段，其中含灰岩段和砂泥岩段发育䗴 *Profusulinella* 和 *Pseudostaffella* 以及牙形石 *Idiognathodus delicatus*、*Neognathodus bassler*、*Idiognathoides corrugata* 和 *Idiognathoides sulcatus* 以及孢粉组合，时代为晚石炭世早期巴什基尔期；上泥岩段、标准灰岩段和中泥岩段含大量孢粉化石，时代限定为密西西比亚纪。小海子组主要见于塔中、满加尔及和田河以西地区，含䗴 *Fusulinella* 和牙形石 *Streptognathodus parvus*、*S. suberectus* 和 *Gondolella bella* 等，时代为宾夕法尼亚亚纪。

6. 二叠系

盆地覆盖区地层为阿恰群，自下而上可划分为三个岩性段：下碎屑岩段、火山岩段和上碎屑岩段。下碎屑岩段属早二叠世栖霞期，火山岩段经 K-Ar 法绝对年龄测定，属早二叠世茅口期。上碎屑岩段属晚二叠世沉积，在塔北隆起和满加尔凹陷大部分地区缺失，在塔中低凸起层位齐全，与下三叠统多为整合接触。在巴楚—和田河地区，阿恰群之下还发育了南闸组，相当于萨克马尔到阿瑟尔期，而和田河以东缺失该套地层。

7. 三叠系

下三叠统俄霍布拉克组和中-上三叠统克拉玛依组层位稳定，分布广泛，易于对比。三叠系上部塔里奇克组在覆盖区普遍缺失，黄山街组在巴楚凸起、塔中低凸起和满加尔凹陷缺失，仅发育于塔北隆起及库车凹陷，时代为卡尼期到诺利期。

8. 侏罗系

侏罗系仅在塔北隆起及塔东地区存在，在满加尔中西部及塔中低凸起和巴楚凸起缺失。化石资料表明，这套侏罗系为克拉苏群，包括下侏罗统阳霞组和中侏罗统克孜努尔组，相当于早侏罗世到中侏罗世。

9. 白垩系

覆盖区白垩系经钻井揭露，均缺失上白垩统和下白垩统上部，保存地层为卡普沙良群，可与库车凹陷的舒善河组和巴西盖组对比，但塔北隆起常缺失其底部层位，这可能与侏罗纪晚期的抬升运动有关。根据化石资料，卡普沙良群时代为贝里阿斯期到巴雷姆期。

10. 新生界

库姆格列木群（$Pg_{1+2}km$）：为一套棕红色砂岩、粉砂岩夹薄层泥岩，沉积厚度向南东方向变薄，并在塔中低凸起南部逐渐尖灭。根据微体化石资料，库姆格列木群时代为古新世晚期至始新世，与下伏白垩系呈假整合接触，古新世早期地层缺失。

苏维依组（Pg_3s）：该组为棕色泥岩、粉砂岩，底部有一层砂砾岩，沉积厚度由北西向南东减薄。综合轮藻及介形类资料，将苏维依组限定为渐新世，与下伏库姆格列木群为整合接触。

吉迪克组（N_1j）：该组上部在塔北及满加尔凹陷以蓝灰色细碎屑岩为标志，下部为棕色粉砂岩、泥岩，厚度自北西向南东变薄。综合微体化石资料，吉迪克组时代限定为中新世早期，与下伏苏维依组为假整合接触，部分为角度不整合接触。

塔中地区的吉迪克组缺乏标志性的蓝灰色细碎屑岩，化石资料亦较少。依据地震资料追踪可与塔北隆起吉迪克组对比。

康村组（N_1k）：该组由棕褐色泥岩和灰色粉细砂岩组成，沉积厚度亦有自北西向南东变薄趋势。依据轮藻、介形类资料，康村组地质年代为中新世中晚期，与下伏吉迪克组整合接触。

库车组—第四系（N_2k–Q）：该组在盆地覆盖区为灰黄色、灰褐色砂泥岩，北部及西北部沉积厚度大，向南及南东方向逐渐减薄。依据轮藻、介形类及孢粉化石，库车组上段时代为第四纪，中段为上新世，下段为中新世晚期，与下伏康村组整合接触。

（二）下志留统精细年代地层格架

为了获得短周期波动过程，对塔中10井下志留统进行了精细年代地层标定。基础年代地层是根据古生物资料确定的，塔中10井依木干他乌组下段鲕状灰岩中的几丁虫 *Conochitina* cf. *tuba* 及巴楚小海子剖面鲕状灰岩中的牙形刺 *Ozarkodina* cf. *edithae* 说明依木干他乌组下段地质年代为早志留世，依木干他乌组与塔塔埃尔塔格组界限的年龄定为430.4 Ma。

精细定年是基于小波分析进行的，从精细定年结果看（表4-2），塔塔埃尔塔格组的持续时间为1.4 Myr（巴东2井）、2.6 Myr（塔中10井）、2.4 Myr（塔中35井、塔中31井）、2.2 Myr（塔中12井）、2.7 Myr（塔中33井），依木干他乌组的持续时间为3.6 Myr（巴东2井、塔中10井、塔中35井）、2.2 Myr（塔中12井）、2.8 Myr（塔中31井）、3.0 Myr（塔中33井）；而在基础年代地层框架中确定的塔塔埃尔塔格组的持续时间为2 Myr，依木干他乌组的持续时间为6.4 Myr。通过比较，对于塔塔埃尔塔格组持续时间，两个年代框架的定年结果具有很好的可对比性，说明了利用小波分析定年的可行性和准确性。对于依木干他乌组的持续时间，两个年代框架的结果相差较大，分析认为可能是两个方面的原因引起的，一方面是基础年代地层框架中对依木干他乌组上段的剥蚀面的定年结果有较大偏差引起的，另一方面是精细定年过程中，对依木干他乌组中存在的少量灰岩夹层未予以考虑，而引起所定年代值偏小。

表4-2　塔里木盆地塔中地区小波分析所获得的下志留统高精度年代地层框架

巴东2井		塔中10井		塔中35井		塔中12井		塔中31井		塔中33井	
深度/m	年代/Ma	深度/m	年代/Ma	深度/m	年代/Ma	深度/m	年代/Ma	深度/m	年代/Ma	深度/m	年代/Ma
3775.0	426.8	4437.0	426.8	4544.0	426.8						
3808.6	427.2	4473.0	427.2	4581.6	427.2					4261.0	427.4
3842.2	427.6	4510.6	427.6	4612.4	427.6			4260.0	427.6	4277.0	427.6
3868.2	428.0	4542.6	428.0	4634.8	428.0	4073.5	428.2	4290.0	428.0	4308.2	428.0
3891.8	428.4	4577.4	428.4	4660.0	428.4	4091.5	428.4	4330.4	428.4	4344.6	428.4
3911.2	428.8	4615.8	428.8	4693.6	428.8	4131.9	428.8	4362.4	428.8	4377.4	428.8
3931.8	429.2	4655.8	429.2	4726.0	429.2	4165.9	429.2	4388.8	429.2	4407.0	429.2

续表

巴东 2 井		塔中 10 井		塔中 35 井		塔中 12 井		塔中 31 井		塔中 33 井	
深度/m	年代/Ma	深度/m	年代/Ma	深度/m	年代/Ma	深度/m	年代/Ma	深度/m	年代/Ma	深度/m	年代/Ma
3952.4	429.6	4685.8	429.6	4752.8	429.6	4191.9	429.6	4413.2	429.6	4435.8	429.6
3975.4	430.0	4709.2	430.0	4778.0	430.0	4216.7	430.0	4432.8	430.0	4464.0	430.0
4000.0	430.4	4730.0	430.4	4800.4	430.4	4245.0	430.4	4450.5	430.4	4486.0	430.4
4021.6	430.8	4757.2	430.8	4836.4	430.8	4265.2	430.6	4490.8	430.8	4518.8	430.8
4045.6	431.2	4782.8	431.2	4874.0	431.2	4300.0	431.0	4526.8	431.2	4547.6	431.2
4074.6	431.6	4804.8	431.6	4898.4	431.6	4333.6	431.4	4560.4	431.6	4578.4	431.6
4091.5	431.8	4828.8	432.0	4927.2	432.0	4358.0	431.8	4587.8	432.0	4601.2	432.0
		4855.4	432.4	4963.6	432.4	4390.8	432.2	4610.4	432.4	4620.0	432.4
		4888.4	432.8	5004.4	432.8	4423.2	432.6	4639.4	432.8	4659.6	432.8
		4906.0	433.0							4692.6	433.1

二、典型井区沉积波动周期

在塔里木盆地，对 30 口井开展了沉积波动分析。在选井过程中，既考虑到各井所揭示的地层的完整性，也考虑到了分布的合理性，即所选的井应尽量做到在研究区均匀分布。

（一）塔中 30 井区波动周期

1. 建立年代地层格架

塔中 30 井位于塔中低凸起之上。根据岩性特征、古生物化石，以及与其他地区的地层对比，建立了塔中 30 井的年代地层格架（表4-3）。

表 4-3　塔中 30 井年代地层格架及地层厚度数据表

地层系统			井深/m	观测厚度*/m	恢复厚度/m	顶、底界年龄/Ma	沉积速率/(m/Myr)
系	统	群（组）					
Q			300	300	325.68	0 ~ 1.64	198.59
N			1548	1248	1779.40	1.64 ~ 23.3	82.15
Pg			1843	295	484.35	29.3 ~ 62.8	14.46
K	K_1	卡普沙良群	2247	404	691.65	127 ~ 142.4	44.91
T	T_{1+2}	克拉玛依组 俄霍布拉克组	2857	610	1092.75	223.4 ~ 245	50.59

续表

地层系统			井深/m	观测厚度* /m	恢复厚度 /m	顶、底界年龄 /Ma	沉积速率 /（m/Myr）
系	统	群（组）					
P	P_{1+2}	阿恰群	3441	584	1067.53	245～268.8	44.85
	C_2	小海子组	3483.5	42.5	58.49	303～311.3	7.05
C	C_{1+2}	卡拉沙依组	3909	425.5	783	311.3～353.8	18.42（平均）
	C_1	巴楚组	3973	64	91.15	353.8～362.5	10.48（平均）
D	D_1	克兹尔塔格组	4027.5	54.5	92.1	408.2～410.7	41.86
S	S_1	依木干他乌组	4117	89.5	157.75	424～430.4	24.65
		塔塔埃尔塔格组	4283	166	289.07	430.4～432.6	131.4
O	O_{2+3}	桑塔木组 良里塔格组	5130	847	1388.33	439～449.7	129.75

*地层倾角不大时观测厚度近似于铅直地层厚度

2. 恢复原始地层厚度

根据全区六口探井（草1、赛克1、学参1、轮南15、满参1、塔中4）的声波时差测井资料，利用式（2-19）求出地层孔隙度，然后与深度拟合得到泥岩的孔隙度–深度关系为式（2-23）、式（2-24）。

利用式（2-30）可以恢复得到塔中30井各层段埋深100 m时的厚度（表4-3）。

3. 建立波动方程

在获得了各层段埋深、各地层顶底面地质时代基础上，计算得到沉积速率值（表4-3），并制作沉积速率直方图（图4-7）。利用"滑动窗"进行地质滤波，可分离出周期为740 Myr、220 Myr、105 Myr、31 Myr和10 Myr的五组波，其波动方程分别为

$$F(t) = 13.68 + 0.05t\sin\frac{2\pi}{740}(t-340) \tag{4-1}$$

$$G(t) = F(t) + |F(t)|\sin\frac{2\pi}{220}(t-210) \tag{4-2}$$

$$L(t) = G(t) + [|0.4G(t)|+5]\sin\frac{2\pi}{105}(t-200) \tag{4-3}$$

$$M(t) = L(t) + [|0.7L(t)|+6]\sin\frac{2\pi}{31}(t-18) \tag{4-4}$$

$$N(t) = M(t) + |0.8M(t)|\sin\frac{2\pi}{10}(t-3) \tag{4-5}$$

4. 波动过程分析

根据上述波动过程可知，塔中30井区自寒武纪至二叠纪，经历了三期沉积高峰期和两期强烈剥蚀期。三个沉积高峰期分别为中–晚奥陶世、石炭纪和晚二叠世，两个强烈剥蚀期分别为志留纪末—泥盆纪和早二叠世。但从高频波反映的波动过程来看，在上述的沉积高峰期内也有短暂的剥蚀期，同样，在剥蚀期内也有短暂的沉积期。

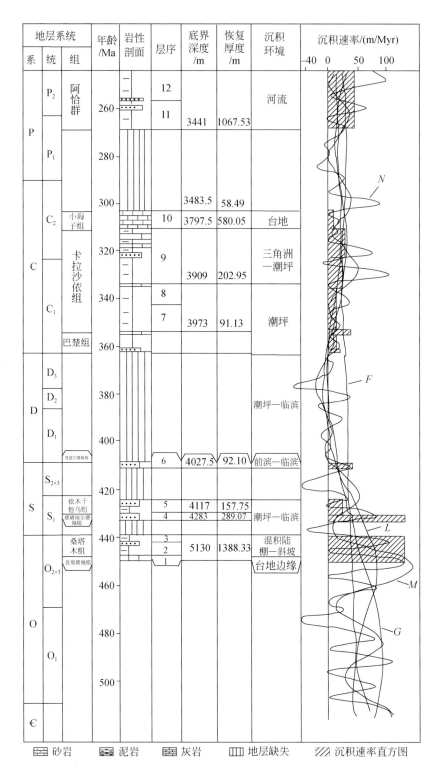

图 4-7　塔中 30 井区古生界沉积波动过程

（二）和 4 井区波动周期

1. 建立年代地层格架并恢复原始地层厚度

和 4 井位于巴楚凸起上。根据和 4 井岩性特征、古生物化石资料、地层对比资料，厘定了年代地层格架。根据孔隙度资料，进行了原始厚度恢复。在此基础上，计算了沉积速率（表4-4）。

表 4-4 和 4 井年代地层格架及地层厚度数据表

统	地层名称	井深/m	观测厚度*/m	恢复厚度/m	顶底界年龄/Ma	沉积速率/(m/Myr)
		50	50	50.74	0 ~ 1.64	30.94
		150	100	105.79	1.64 ~ 23.3	4.88
		289	139	156.07	29.3 ~ 62.8	4.66
K_1	卡普沙良群	400	111	131.65	127 ~ 142.4	8.55
T_2	克拉玛依组	600	200	251.67	223.4 ~ 241.1	14.22
T_1	俄霍布拉克组	852	252	340.91	241.1 ~ 245	87.41
P_{1+2}	阿恰群	1040	188	269.48	245 ~ 268.8	11.32
P_1	南闸组	1180.5	140.5	208.95	268.8 ~ 290	9.86
C_2	小海子组	1215	34.5	52.23	303 ~ 311.3	6.29
C_{1+2}	卡拉沙依组	1605	390	613.13	311.3 ~ 353.8	14.43（平均）
C_1	巴楚组	1751	146	239.13	353.8 ~ 361.5	31.06
D_3	东河塘组	1779	28	46.4	362.5 ~ 367	10.31
D_1	克兹尔塔格组	2108	329	556.9	398 ~ 410.7	43.85
S_1	依木干他乌组	2574	466	820.71	424 ~ 430.4	128.24
S_1	塔塔埃尔塔格组	2851	277	501.93	430.4 ~ 432.6	228.15
O_{2+3}	良里塔格组	3183	332	499.21	440.6 ~ 462.3	20.70
O_1	上丘里塔格群	5877.5	2694.5	2569.5	484.5 ~ 530	56.47（平均）

*地层倾角不大时观测厚度近似于铅直地层厚度

2. 建立波动方程

从沉积速率资料上，可分离出周期分别为 740 Myr、220 Myr、90 Myr、31 Myr 和 11 Myr 周期波（图4-8），波动方程分别为

$$F(t) = 8.1 + (7 + 0.046t)\sin\frac{2\pi}{740}(t - 300) \tag{4-6}$$

$$G(t) = F(t) + [\,|\,0.7F(t)\,| + 5\,]\sin\frac{2\pi}{220}(t - 0) \tag{4-7}$$

$$L(t) = G(t) + \left[\, |0.8F(t)| + 9 \right] \sin \frac{2\pi}{90}(t-40) \tag{4-8}$$

$$M(t) = L(t) + \left[\, |0.7L(t) + 6| \right] \sin \frac{2\pi}{31}(t-17) \tag{4-9}$$

$$N(t) = M(t) + |0.8M(t)| \sin \frac{2\pi}{11}(t-3) \tag{4-10}$$

从图 4-8 中可以看出，寒武纪至二叠纪期间，出现三个沉积高峰期，分别在寒武世—早奥陶世、早志留世和早石炭世，当然其间也出现沉积快与慢的交替。至少有五次比较大的沉积剥蚀期，分别在早奥陶世晚期、晚奥陶世晚期、中志留世、中泥盆世和晚石炭世。值得注意的是，如果仅从现今沉积速率上看不出早石炭世曾是沉积高峰期，但波动曲线很清楚地显示出早石炭世曾出现过沉积速率高峰。

（三）满参 1 井区波动周期

1. 建立年代地层格架及恢复原始地层厚度

满参 1 井位于满加尔凹陷。根据满参 1 井岩性组合、古生物化石等建立了年代地层格架（表 4-5），且根据孔隙度资料和现今厚度资料对地层原始厚度进行了恢复，并计算了沉积速率。

表 4-5 满参 1 井年代地层框架及地层界面深度

地层名称	深度/m	顶界年龄/Ma	底界年龄/Ma
西域组	265	0	1.64 *
新近系	1360	5.2	16.3
吉迪克组	1890	16.3	23.3
苏维依组	2126	23.3	35.4 *
库姆格列木群	2356	38.6	62.8 *
卡普沙良群	2773	127	142.4 *
克拉玛依组	3158	235	241.1
俄霍布拉克组	3588	241.1	245.0 *
阿恰群	3112	256.1	259.7 *
小海子组	4238	311.3	321.5
卡拉沙依组	4479.5	321.5	356
巴楚组	4753.0	356	362.5
东河塘组	4770	362.5	367.0 *
克兹尔塔格组	5000	408.5	424.0
依木干他乌组	5390	424.0	430.4

* 为不整合发育的位置。

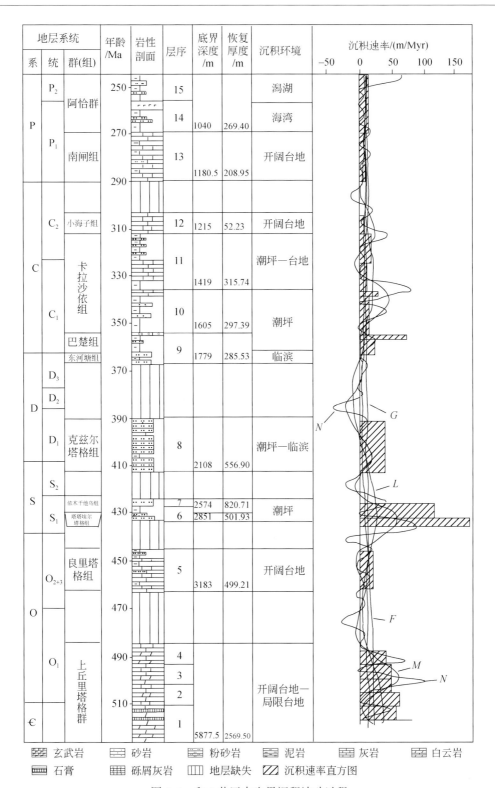

图4-8 和4井区古生界沉积波动过程

在年代地层格架数据中，上覆地层底界与下伏地层顶界的数据不相等的位置即是不整合发育的位置，共有七个不整合。

2. 建立波动方程

从满参 1 井的沉积速率资料中，可分离出周期为 760 Myr、220 Myr、100 Myr 和 30 Myr 周期波，波动方程分别为

$$F(t) = 26 + (15 + 0.021t) \sin \frac{2\pi}{760}(t - 350) \tag{4-11}$$

$$G(t) = F(t) + [400 \mathrm{e}^{-0.25t} + F(t)] \sin \frac{2\pi}{220}(t - 410) \tag{4-12}$$

$$L(t) = G(t) + \left[15 + 100 \mathrm{e}^{\frac{-(t-251)^2}{452}} + 30 \mathrm{e}^{\frac{-(t-135)^2}{200}}\right] \sin \frac{2\pi}{100}(t - 216) \tag{4-13}$$

$$M(t) = L(t) + \left[\mathrm{e}^{0.0018t} + |L(t)|\right] \sin \frac{2\pi}{30}(t - 110) \tag{4-14}$$

寒武纪以来，满参 1 井区出现四个沉积高峰期，分别是奥陶纪、晚二叠世—早三叠世、早白垩世早期和新生代（图 4-9）。在每个沉积高峰期，由于高频波的叠加，也表现出被短期的沉积缓慢期所间隔。在该井区，没有长期强烈的剥蚀期，只是在早白垩世末期表现出短暂的抬升剥蚀，因此可以说，该井区自寒武纪以来，发生的是连续沉积，只是有时沉积速率大，有时沉积速率小。

三个井区波动分析结果证明，它们的波动特点既有共同之处，又存在明显的差异。共同之处在于，从沉积速率资料上分离出的周期波类似，都由 4 ~ 5 个周期波，周期分别为 740 ~ 760 Myr、200 ~ 230 Myr、100 ~ 110 Myr、30 ~ 31 Myr 和 10 ~ 11 Myr，说明这些波是控制盆地演化的周期波动过程。不同之处在于，各井区相同时间段出现的沉积、剥蚀高峰的次数和时间不同，这可能反映了波在平面上传播到达不同地区的时间不同。

（四）塔中 10 井高频波动周期

本书在对塔中地区高精度年代地层框架建立基础上，进行了高频波动分析。滑动时窗大小以 10 Myr 为起点，依次减小滑动窗口大小，直到 0.8 Myr，找到了 5 Myr 和 2 Myr 周期（图 3-6）。

从高频波动曲线上可以看出，5 Myr 的周期过程在 10 Myr 周期波的调制下，控制了沉积过程中沉积速率的变化。波动曲线反映出的沉积速率高→低→高的变化趋势与海平面的海进→海退→海进的变化具有非常好的对应关系，从而先后沉积了临滨、前滨砂岩→潮间、潮上砂泥岩互层→潮间、潮下砂岩。5 Myr 与 10 Myr 周期波的峰峰值叠加导致高速率沉积的砂岩，谷谷值的叠加导致低速率沉积的泥岩，峰谷值的叠加和非峰非谷值的叠加将出现粉砂岩或砂泥岩。

从 2 Myr 的波动过程看，塔塔埃尔塔格组经历了沉积速率高→低→高的变化，与层序分析得到的海进体系域→高位体系域→海进体系域对应；依木干他乌组经历了沉积速率低→高→低→高的变化，对应于高位体系域→海进体系域→高位体系域→海进体系域的早期。总体而言，在 5 Myr 与 10 Myr 周期过程调制下的 2 Myr 波动过程所引起的海平面变化规模较小，未引起沉积速率的大幅度变化，但在塔中 10 井仍然有较好的反映。

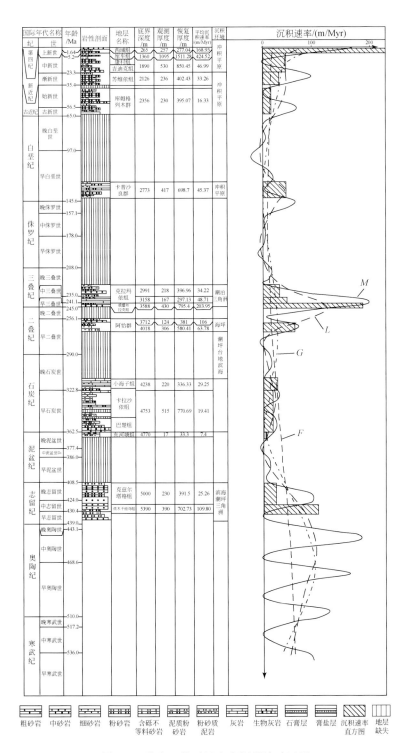

图 4-9 满参 1 井区显生宙沉积波动过程

塔中 10 井，在 4542.36～4549.16 m 井段，虽然在 5 Myr 与 10 Myr 周期过程的作用下，该段沉积速率较高，但在 2 Myr 周期过程的作用下，在其波谷（左偏）位置沉积了一套以泥岩和粉砂岩为主的盖层。在 4732.80～4739.09 m 井段为 2 Myr 周期过程波峰对应的沉积速率较高的粉砂岩–细砂岩沉积，虽然在高级别周期过程调制下，沉积速率显得有些低，但仍然沉积了一套砂岩储层。4814.70～4825.68 m 井段与 2 Myr 周期过程的波谷向波峰过渡段对应，沉积了一套中差的储层。在该段下部 2 Myr 周期过程的波谷位置由于受其他周期过程的影响，并没有发育盖层沉积，但该段上部与 5 Myr 周期过程波谷对应的层段则应该发育了一套盖层沉积，对应较低的沉积速率。根据这些关系，建立的高频波与储层及盖层的关系为沉积加速度为正值时对应储层发育，沉积加速度为负值时对应盖层发育。

需要注意的是，沉积速率的变化受多种因素的影响，在利用波动过程分析沉积环境乃至"生储盖"组合时，要结合不同地区的具体地质情况，综合考虑各种因素才能得到正确的认识。

三、典型构造带沉降波动周期

沉积盆地基底沉降是由构造因素（如热和负荷）和非构造因素（如沉积物和水）联合作用引起的，基底沉降（Δsub）、海平面升降变化（ΔE）、水深变化（ΔD）和沉积作用量（Δsed）之间存在一定的代数关系［见式（2-31）］。

各时期沉积层总厚度（Δsed）的恢复利用去压实校正的原始厚度分析方法，恢复到埋深 100 m 时的原始状态时的厚度。古水深变化（ΔD）主要根据古生物组合及沉积环境标志确定，海平面升降变化主要参考全球海平面变化曲线得到（金之钧等，2003）。

（一）中央隆起带沉降波动特征

中央隆起带位于塔里木盆地中部，呈近东西向延伸。根据地层和构造特征，可进一步将其划分为三个次级单元，从西向东分别为巴楚凸起、塔中低凸起和塔东低凸起。

1. 塔中低凸起沉降波动过程分析——以塔中 12 井区为例

对塔中 12 井盆地沉降曲线进行地质滤波分析，分离出了周期分别为 740～760 Myr、220～240 Myr、100～110 Myr、60～70 Myr 和 29～31 Myr 周期波，与沉积波动过程分析的结果基本一致，说明了构造对沉积的控制作用，沉积对构造的响应。

从塔中 12 井的沉降波动曲线（图 3-3）可以看出，寒武纪至早奥陶世为一期抬升过程，中–晚奥陶世为快速沉降过程，奥陶纪末期至早志留世早期为短暂的抬升过程，早志留世中晚期为快速沉降阶段，晚志留世为抬升过程，早泥盆世以抬升过程为主，抬升速率快、幅度大，是塔里木盆地主要构造运动之一。晚泥盆世晚期至晚石炭世晚期以沉降过程为主，晚石炭世末期至早二叠世早期有一次较明显的抬升，早二叠世晚期至三叠纪末期为快速沉降过程，早侏罗世末至晚侏罗世末为抬升过程。早白垩世以沉降为主，早期沉降速率大于晚期。晚白垩世至古近纪，早期有一小幅度抬升过程，古近纪中期开始至第四纪迅速沉降。

对于下奥陶统底的沉降曲线（O_1），可以分为九段，早奥陶世—中奥陶世早期（510～

460 Ma）为早期快速沉降阶段，中晚奥陶世中期至晚泥盆世早中期（460~373 Ma）为阶梯状快速抬升阶段，晚泥盆世中晚期至晚石炭世早期（373~310 Ma）为缓慢沉降阶段，晚石炭世中期至早二叠世晚期至三叠纪末（270~208 Ma）为较快速沉降阶段，侏罗纪早期短时间快速抬升、而后缓慢抬升，早白垩世初至晚白垩世早期（147~90 Ma）沉降速率较快，晚白垩世中期至古近纪末（90~23.3 Ma）早期抬升、晚期沉降，初始深度与结束深度基本持平，新近纪至今为快速沉降阶段。

2. 巴楚凸起沉降演化史分析

从巴楚凸起的沉降波动曲线可以看出（图4-10），740~760 Myr、220~230 Myr、100~110 Myr、60~80 Myr和29~31 Myr是控制巴楚地区沉降波动过程的主要周期。

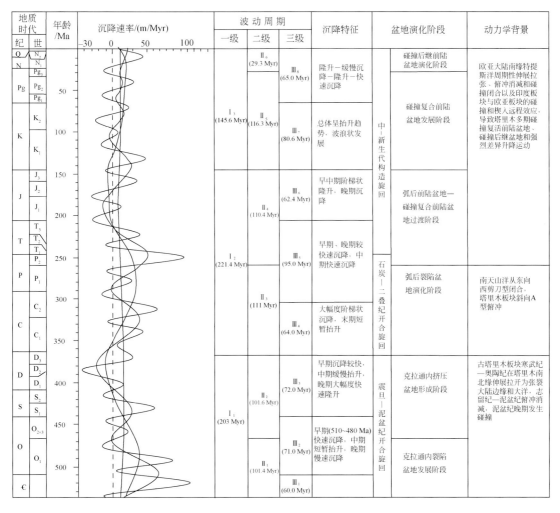

图4-10　巴楚凸起沉降波动过程模式图

740~760 Myr的曲线代表该区总体沉降水平。220~230 Myr的周期控制沉积盆地从生成到消亡的全过程，从巴楚地区看，∈-D₃中晚期、D₃末期–J₃末、K₁-Q持续的时间分别为 203 Myr、221.4 Myr 和 145.6 Myr，其中 K_1–Q 的周期还未结束，这三个阶段与塔里木盆地演化的大阶段有一定的对应关系。100~110 Myr 的周期与盆地演化阶段有较好的对应关系，II_1（€–O_1）与克拉通内裂陷盆地发展阶段相对应，II_2（O_2–D_3 中晚期）与克拉通内挤压盆地形成阶段对应，II_3（D_3 末–P_1 末）与弧后裂陷盆地演化阶段对应，II_4（P_2–J）对应于弧后前陆盆地–碰撞复合前陆盆地过渡阶段，II_5（K–E_3 早期）对应于碰撞复合前陆盆地发展阶段，II_6（29.3 Ma 至今）为碰撞后继前陆盆地演化阶段。

从 60~80 Myr 周期曲线上可以看出，III_2（O）早期（510~480 Ma）快速沉降，中期短暂抬升，晚期慢速沉降；III_3（S_1–D_3 中晚期）早期沉降较快，中期缓慢抬升，晚期大幅度隆升，是巴楚凸起的雏形形成期；III_4（D_3 末–C）大幅度阶梯状沉降，末期有短暂抬升；III_5（P–T）早期、晚期有较快速沉降、中期快速沉降，中间虽有短暂抬升，但幅度不大；III_6（J），早中期阶梯状隆升，晚期沉降，对应于碰撞复合前陆盆地形成初期；III_7（K）总体呈抬升趋势，波浪状发展；III_8（E-Q）隆升—缓慢沉降—隆升—快速沉降变化。

3. 塔东凸起

从塔东 1 井基底埋藏曲线上（图 3-4），可以分离出周期分别为 740 Myr、240 Myr、105 Myr 和 31 Myr 的周期波，周期的分布范围与塔中低凸起和巴楚凸起相当一致。但在各组波的相位、振幅变化及它们的叠加干涉关系上存在不同。

4. 中央隆起带各次级构造单元沉降特征比较

本书从巴楚凸起的和 3 井和巴东 2 井、塔中低凸起的塔中 12 井和塔中 1 井以及塔东凸起的塔东 1 井，提取 30 Myr 周期的沉降波动曲线和下奥陶统底界（代表盆地基底面）沉降曲线（图 3-4）。其中 30 Myr 周期的沉降波动曲线对比图上，波动曲线向上弯曲的波峰代表沉降，向下弯曲的波谷代表抬升（图 4-11）。可以看出，巴楚凸起早奥陶世沉降较慢，沉降幅度小。中–晚奥陶世时，巴楚凸起由于区域应力场的作用呈现为东北低西南高的斜坡，塔东低凸起的塔东 1 井区的沉降明显大于和 3 井区。塔中低凸起在奥陶纪总体沉降较快，塔中 1 井区在早奥陶世发生快速沉降，而塔中 12 井区的快速沉降在中–晚奥陶世和志留纪，塔东凸起此阶段的快速沉降期则在中–晚奥陶世。

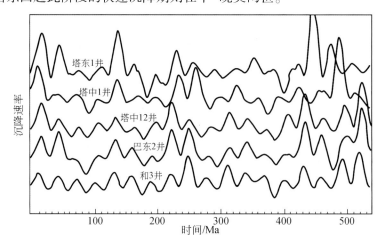

图 4-11　塔里木盆地和 3 井—塔东 1 井 30 Myr 沉降波动周期对比

发生在泥盆纪的早海西运动对中央隆起带的构造演化影响较大。巴楚地区均表现一定幅度的隆升，其中和 3 井区原来的沉降幅度小，此时累积沉降幅度最小，巴东 2 井的累积沉降幅度次之。塔中地区的塔中 12 井区和塔中 1 井区也有一定幅度的隆升。塔东 1 井区隆升幅度较大，可达 900 m。

石炭纪—二叠纪，中央隆起带总的特征是缓慢的递进沉降，沉降幅度不大，中间有短暂的抬升过程。三叠纪中央隆起带各次级构造单元均以较大的速率沉降，侏罗纪时开始隆升，其中以塔东地区（塔东 1 井）隆升幅度最大，巴楚凸起的和 3 井区次之。白垩纪开始，各构造单元均表现了一定幅度的沉降，尤以塔东 1 井区、塔中 1 井区、巴东 2 井区沉降幅度大。早白垩世末，巴东 2 井区有大幅度抬升，可达 800 m，其他井区抬升幅度较小。新生代，各井区以快速沉降为主，仅和 3 井区沉降幅度较小。

（二）塔北隆起带沉降波动特征

塔北隆起是塔里木盆地北部的一个前侏罗纪隆起，构造发展经历了前震旦纪基底形成、加里东—海西早期古凸起形成、海西晚期印支期断裂与断隆发育、燕山—喜马拉雅早期稳定沉降和喜马拉雅晚期整体快速沉降五个发展阶段（贾承造等，1995）。

1. 塔北隆起带沉降波动特点

通过对塔北隆起带的英买 8 井区、东河 1 井区、轮南 14 井区和草湖 1 井区的沉降波动分析，得到控制盆地沉降的周期分别为 740 ~ 760 Myr、210 ~ 240 Myr、90 ~ 120 Myr、60 ~ 80 Myr 和 30 ~ 33 Myr 的周期波（图 4-12）。

根据控制盆地演化的不同级别的周期波，可将控制塔北地区沉降波动过程的不同级别的周期波划分为几个完整的周期或半周期（图 4-12），并将它们和盆地整体演化阶段及其周缘板块活动的动力学背景进行对比。据此不但可以看出长周期（低频）波动过程对盆地整体演化的动力学背景的影响和控制，而且可以分析短周期（高频）波动过程对盆地局部构造演化的控制作用。进一步根据不同地区沉降波动特征对比研究，可以从板块碰撞后的板内应力波状传递的角度探讨地壳波状运动的动力学机制与效应，从而能够在平面上研究波动的叠加和迁移。

从 210 ~ 240 Myr 周期看，从寒武纪至今，本区沉降波动过程可划分为两个完整周期和一个半周期：I_1 从寒武纪到泥盆纪，持续时间约 208 Myr，本区处于古凸起形成阶段，对应于寒武泥盆纪开合旋回，此时古塔里木板块在南北缘伸展拉张为张裂大陆边缘和大洋，志留纪—泥盆纪俯冲消减，泥盆纪晚期发生碰撞；I_2 从石炭纪到侏罗纪，持续时间约 220 Myr，对应于本区断裂和断隆发育阶段，并在早侏罗世进入稳定沉降发展阶段，此时南天山洋从东向西剪刀型闭合，塔里木板块斜向 A 型俯冲；I_3 从白垩纪到第四纪，持续时间约 145.6 Myr，大约历经了一个完整周期的 3/4，对应于本区稳定沉降阶段和新近纪—第四纪的整体快速沉降阶段。从三叠纪开始，欧亚大陆南缘特提斯洋伸展拉张、俯冲消减和碰撞闭合，以及印度板块与欧亚板块的碰撞和楔入的远程效应，导致塔里木多期碰撞复活前陆盆地、碰撞后继盆地和强烈差异升降运动。

从 90 ~ 120 Myr 周期看，塔北隆起基底沉降波动过程可分为六个阶段：II_1（寒武纪—早奥陶世）与克拉通内裂陷盆地发展阶段相对应；II_2（中奥陶世—晚泥盆世）与克拉通

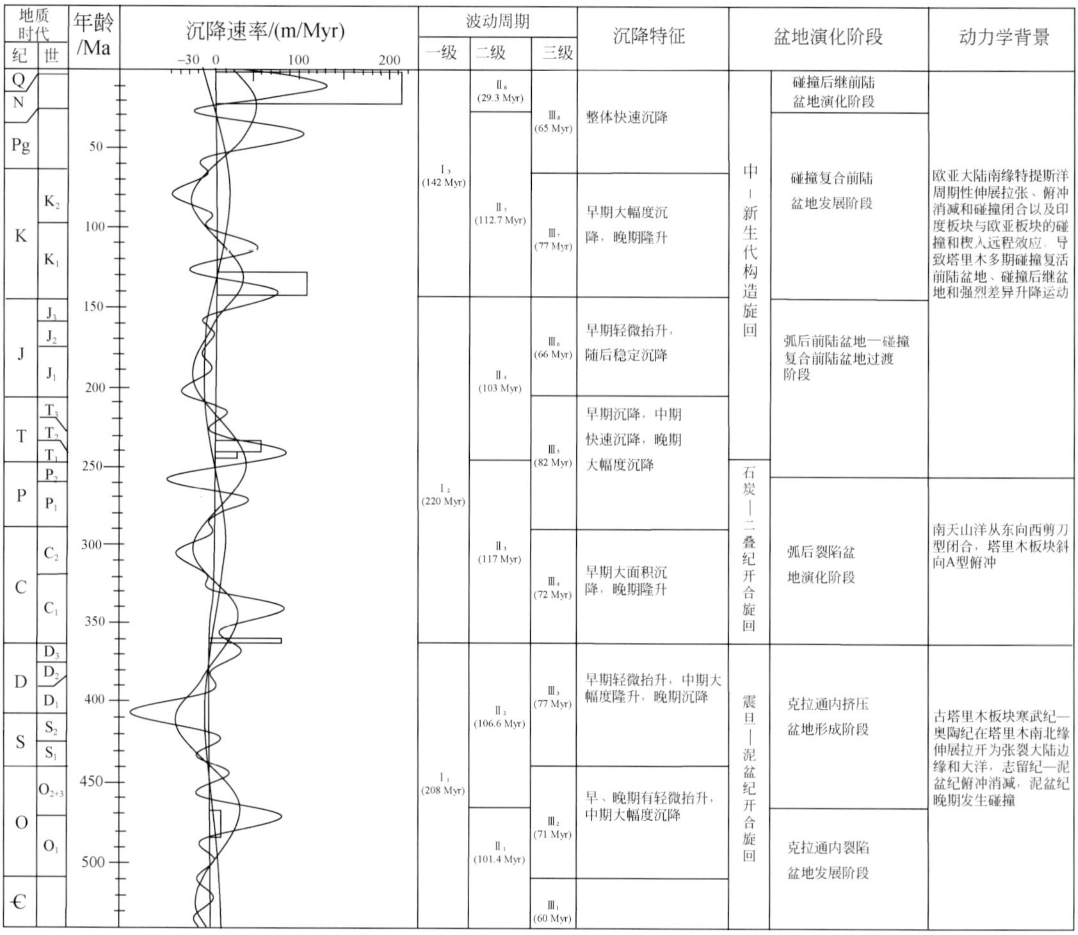

地质时代 纪	世	年龄/Ma	沉降速率/(m/Myr)	波动周期 一级	二级	三级	沉降特征	盆地演化阶段	动力学背景
Q					II_6 (29.3 Myr)			碰撞后继前陆盆地演化阶段	
N						III_8 (65 Myr)	整体快速沉降		
Pg		50		I_3 (142 Myr)				碰撞复合前陆盆地发展阶段	欧亚大陆南缘特提斯洋周期性伸展拉张、俯冲消减和碰撞闭合以及印度板块与欧亚板块的碰撞和楔入远程效应，导致塔里木多期碰撞复活前陆盆地、碰撞后继盆地和强烈差异升降运动
K	K_2	100			II_5 (112.7 Myr)	III_7 (77 Myr)	早期大幅度沉降，晚期隆升		
	K_1								
J	J_3	150				III_6 (66 Myr)	早期轻微抬升，随后稳定沉降	弧后前陆盆地—碰撞复合前陆盆地过渡阶段	
	J_2				II_4 (103 Myr)				
	J_1	200							
T	T_3					III_5 (82 Myr)	早期沉降，中期快速沉降，晚期大幅度沉降		
	T_2								
	T_1	250							
P	P_2				II_3 (117 Myr)			弧后裂陷盆地演化阶段	南天山洋从东向西剪刀型闭合，塔里木板块斜向A型俯冲
	P_1	300		I_2 (220 Myr)					
C	C_2					III_4 (72 Myr)	早期大面积沉降，晚期隆升		
	C_1	350							
D	D_3								
	D_2	400			II_2 (106.6 Myr)	III_3 (77 Myr)	早期轻微抬升，中期大幅度隆升，晚期沉降	克拉通内挤压盆地形成阶段	古塔里木板块寒武纪—奥陶纪在塔里木南北缘伸展拉开为张裂大陆边缘和大洋，志留纪—泥盆纪俯冲消减，泥盆纪晚期发生碰撞
	D_1								
S	S_2			I_1 (208 Myr)					
	S_1	450					早、晚期有轻微抬升，中期大幅度沉降		
O	O_{2+3}				II_1 (101.4 Myr)	III_2 (71 Myr)		克拉通内裂陷盆地发展阶段	
	O_1	500							
€						III_1 (60 Myr)			

说明：盆地演化阶段栏自上而下归属于"中—新生代构造旋回""石炭—二叠纪开合旋回""震旦—泥盆纪开合旋回"。

图 4-12　塔北隆起带沉降波动过程模式图

内挤压盆地形成阶段相对应；II_3（石炭纪—二叠纪）对应于弧后裂陷盆地演化阶段；II_4（三叠纪—侏罗纪）对应于前陆盆地—碰撞复合前陆盆地过渡阶段；II_5（白垩纪—古近纪）对应于碰撞复合前陆盆地发展阶段；II_6（新近纪—第四纪）对应于碰撞后继前陆盆地演化阶段。

从 60~80 Myr 周期看，III_1 和 III_2 主要为沉降期，并有小幅度的抬升，III_2 中期沉降幅度较大，在前震旦纪基底上沉积了新的盖层；III_3 时由于受塔里木板块北部活动大陆边缘复杂的岛弧火山活动和弧后扩张影响，塔北隆起构造进一步发展；III_4 早期本区大面积沉降，晚期由于塔里木板块与北方的哈萨克斯坦—准噶尔板块碰撞拼合，塔北隆起区演变为塔北前陆隆起带，隆起构造活动加强，并开始出现断裂与断块活动；III_5 阶段二叠纪早期为沉降期，早二叠世末由于古天山褶皱隆起的形成，在剪切应力作用下，塔北隆起带进一步隆起，III_5 晚期本区沉降；III_6 除早期有隆升外，随后进入稳定沉降时期；III_7 早期有较大幅度的沉降，晚期又有所抬升；III_8 随着印度板块与欧亚大陆板块碰撞造成天山山系迅速抬升，塔里木北部地区天山山前急剧沉降，形成山前前陆凹陷，本区整体快速沉降。

从轮南14井各构造层沉降史图（图4-13）可以看出，基底沉降曲线可分为七段：奥陶纪（510～448 Ma）对应Ⅲ$_2$周期、志留纪—泥盆纪（448～362 Ma）对应Ⅲ$_3$周期、石炭纪（362～290 Ma）对应Ⅲ$_4$周期、二叠纪—三叠纪（290～207 Ma）对应Ⅲ$_5$周期、侏罗纪（207～142Ma）对应Ⅲ$_6$周期、白垩纪（142～64 Ma）对应Ⅲ$_7$周期；古近纪—第四纪（64～0 Ma）对应Ⅲ$_8$周期。

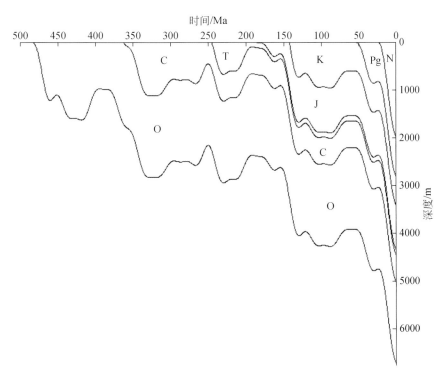

图4-13　塔北隆起带轮南14井区各构造层沉降史图

2. 塔北隆起带各次级构造单元沉降特征对比

本书将塔北隆起带自西而东分布的英买8井（英买力背斜）、东河1井（东河塘背斜）、轮南14井（轮南潜山隆起）和大草1井（草湖凹陷）获取的30 Myr周期沉降波动曲线进行了对比分析（图4-14）。同时绘制了各井区基底沉降史对比曲线（图4-15）。

根据两幅曲线的对比可知，从寒武纪芙蓉世开始，英买力和东河塘地区首先开始大幅度沉降，沉降高峰期从西向东延迟，东河塘地区在早-中奥陶世，轮南地区在中-晚奥陶世，草湖地区在晚奥陶世—志留纪大规模沉降，沉降幅度以东河塘和草湖地区为最大。

志留纪、泥盆纪受塔里木板块北部活动大陆边缘的岛弧火山活动和弧后扩张影响普遍抬升，以轮南地区和东河塘地区抬升幅度最大，草湖地区抬升幅度较小。泥盆纪末石炭纪初，本区同期进入沉降期，随后由于塔里木板块与北方的哈萨克斯坦—准噶尔板块碰撞拼合，使塔北隆起带演变成位于南天山—萨哈尔明弧后盆地之南的弧后的塔北前陆隆起带，本区普遍隆升。早二叠世，本区有一小幅度的沉降。早二叠世末，由于剪切应力场作用，本区从英买力到草湖地区渐次隆升。三叠纪，本区从西到东依次沉降；晚白垩世—古近

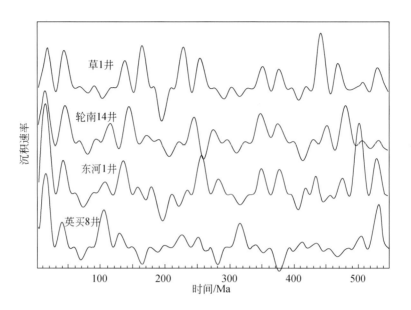

图 4-14　草 1 井—英买 8 井区 30 Myr 周期沉降波动曲线对比

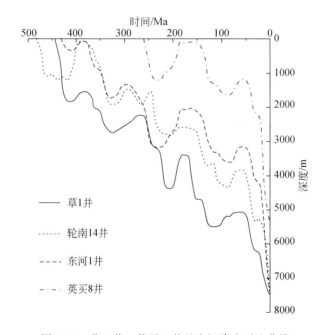

图 4-15　草 1 井—英买 8 井基底沉降史对比曲线

纪，有一定的抬升。新近纪—第四纪，由于印度板块与欧亚大陆板块的碰撞造成天山山系迅速抬升，塔里木盆地北部地区天山山前急剧沉降，形成山前凹陷，本区处于整体快速沉降阶段。

（三）环满加尔地区沉降波动特征

为了对环满加尔地区的沉降波动特征进行对比，利用沉降波动过程分析原理和方法，对满参1井区进行了沉降波动分析，对草1井—满参1井—塔中12井获取的30 Myr周期沉降波动曲线进行了对比分析（图4-16）。同时绘制了各井区基底沉降史对比曲线（图4-17）。现结合塔里木板块和其周边板块活动历史，以及塔里木盆地构造演化背景，来讨论环满加尔地区沉降波动特征。

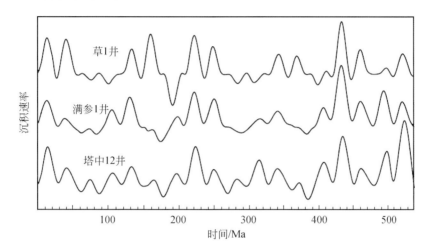

图4-16　草1井区—塔中12井区30 Myr周期沉降波动曲线对比

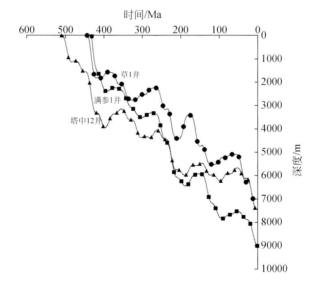

图4-17　草1井—塔中12井基底沉降史对比曲线

寒武纪—奥陶纪，塔里木板块东北边缘为被动大陆边缘，陆缘扩张形成库鲁克塔格—满加尔拗拉槽，环满加尔地区普遍沉降。志留纪，南天山洋向北俯冲于中天山地块之下，塔中低凸起带至满加尔、草湖凹陷稳定沉降，东河塘、英买力地区有小幅度的抬升。泥盆纪，塔里木板块南缘为被动大陆边缘，北缘为活动大陆边缘，塔里木盆地仍位于板内稳定区，塔北隆起带普遍沉降，满加尔凹陷有小幅度抬升，中央隆起带抬升幅度较大。石炭纪，塔里木盆地处于张裂状态，盆地再次整体沉降，塔北隆起带早、晚期有一定的抬升，中期沉降幅度较大，中央隆起带沉降幅度较小，满加尔凹陷和草湖凹陷间有小幅度的隆升。二叠纪，中天山岛弧与塔里木板块碰撞在一起，中央隆起带在早二叠世抬升，塔北隆起带在二叠纪早期沉降，中期抬升，后期快速沉降。三叠纪，塔里木盆地处于挤压构造环境，古特提斯洋俯冲，羌塘地块与塔里木板块在三叠纪末碰撞，中央隆起带和满加尔凹陷有较大幅度的沉降，塔北隆起带则大面积隆升。侏罗纪—白垩纪，塔里木板块成为欧亚大陆的一部分，中央隆起带、塔北隆起带和满加尔地区普遍沉降。晚白垩世—古近纪，全盆地有小幅度的隆升，塔北隆起带西部和中央隆起带西部隆升幅度较大，满加尔和草湖地区较小。新近纪—第四纪，印度板块与欧亚大陆碰撞，造成天山、昆仑山、喀喇昆仑山迅速隆升，塔里木盆地成为山间盆地，全盆地整体快速沉降，在塔东、塔中和英买力、东河塘地区沉降最为剧烈，满加尔、草湖、巴楚地区沉降幅度较小。

四、盆地波动周期

塔里木盆地单井沉积波动分析和构造带沉降波动分析证明，控制盆地演化的周期有 740~760 Myr、200~230 Myr、100~110 Myr、30 Myr、10 Myr、5 Myr 和 2 Myr（金之钧等，1998，2003；Chen et al.，2015）。

740~760 Myr 周期波代表塔里木盆地在地质历史时期的总体沉降水平，对其他高频的周期波均有一定的控制作用，也称为能量函数。200~230 Ma 的周期与盆地从生成到消亡的全过程相对应，可称为盆地演化的一级周期（金之钧等，1998）。对于塔里木盆地而言，震旦纪、寒武纪—泥盆纪、石炭纪—侏罗纪和白垩纪—现今为盆地沉积波动过程的四个一级周期，它们持续的时间分别为 230 Myr、203 Myr、221.4 Myr 和 145.6 Myr，其中白垩纪至现今的盆地演化过程大致经历了一个完整周期的 3/4（图 4-18）。这四个一级周期对应盆地的四个一级演化阶段：震旦纪对应于大陆裂谷发育阶段，寒武纪—泥盆纪对应于克拉通内裂陷盆地发育阶段和克拉通内挤压盆地发育阶段，石炭纪—侏罗纪对应于弧后裂陷盆地发育阶段和弧后前陆盆地—碰撞复合前陆盆地过渡阶段，白垩纪至今对应于碰撞复合前陆盆地发育阶段及碰撞后继前陆盆地发育阶段。

100~110 Myr 的周期与板块构造的演化有较好的对应关系，反映了板间（或板缘）的相对运动（水平运动）往往是板内（垂直）运动的原因（李京昌等，1997）。震旦纪以来，大致可以划分为八个二级周期，包括：①早震旦世的大陆裂谷早期阶段，延续约 100 Myr；②晚震旦世的大陆裂谷晚期期阶段，延续约 130 Myr；③寒武纪—早奥陶世的克拉通内裂陷盆地和被动大陆边缘阶段，延续约 101.4 Myr；④中奥陶世—晚泥盆世早期的克拉通内挤压盆地阶段，延续约 101.6 Myr；⑤晚泥盆世晚期—早二叠世的弧后裂陷盆地阶段，

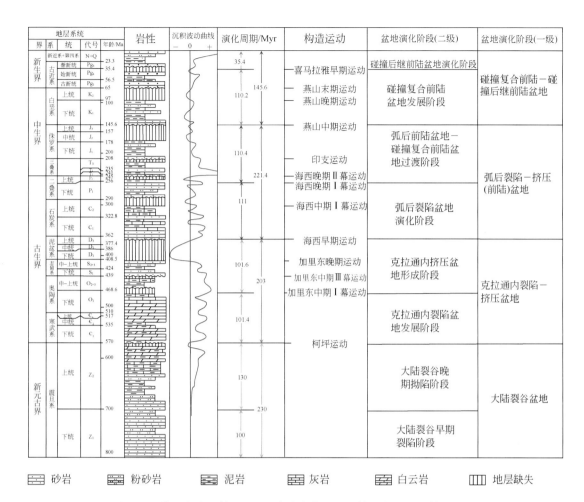

图 4-18　塔里木盆地构造-沉积波动演化过程（修改自金之钧等，2003）

延续约 111 Myr；⑥晚二叠世—侏罗纪的弧后前陆盆地—碰撞复合前陆盆地过渡阶段，延续约 110.4 Myr；⑦白垩纪—始新世的碰撞复合前陆盆地阶段，延续约 110.2 Myr；⑧渐新世—现今的碰撞后继前陆盆地阶段。

　　30 Myr 和 10 Myr 的周期波动曲线代表不同井区沉积-剥蚀的具体过程，各井区不尽一致，但总体特征是可以对比的。寒武纪—早奥陶世早、中期，沉积较快；早奥陶世末期有一次沉积速率减小的过程，在塔中低凸起和巴楚凸起上有些地区出现了剥蚀；中-晚奥陶世沉积较快；奥陶纪末至志留纪初有一次普遍的剥蚀，其中塔中地区剥蚀较大；早志留世期间，沉积速率大，可达 100 m/Myr 以上，晚志留世又有一次普遍的剥蚀；早泥盆世早期接受克兹尔塔格组的沉积，而后至晚泥盆世晚期东河砂岩沉积前，有一次全区普遍存在的剥蚀期；石炭纪总体以沉积为主，其中中期沉积速率较大；石炭纪晚期—早二叠世中期，出现多次沉积、多次剥蚀，沉积和剥蚀平衡；早二叠世晚期—晚二叠世早期，沉积速率较大，到晚二叠世晚期沉积速率达到最大。

　　需要说明的是，波的周期的长短不代表沉积或剥蚀的强弱，剥蚀量的大小取决于不同级别的波互相干涉的情况。如果波为异相干涉，振幅互相削弱；如果为同相叠加，则振幅加大。有时高频波的振幅受低频波振幅的调制，产生类似于物理学中电磁波的"谐振现象"，高频波的振幅可以很大。

第三节　盆地隆拗波动迁移

一、不整合波动演化过程

不整合反映了盆地演化阶段及性质，是层序划分的重要依据。塔里木盆地发育多个不整合，其中重要的有中奥陶统与下伏地层之间（O_2/AnO_2）、志留系与下伏地层之间（S/AnS）、泥盆系与下伏地层之间（D_1/AnD_1）、上泥盆统与下伏地层之间（D_3/AnD_3）、二叠系与下伏地层之间（P/AnP）、三叠系与下伏地层之间（T/AnT）、侏罗系与下伏地层之间（J/AnJ）和古近系与下伏地层之间（E/AnE）的不整合。本节主要介绍这些不整合形成的地质条件、波动过程以及剥蚀量（表4-6）在平面上的变化。

表4-6　塔里木盆地各期构造事件地层剥蚀量统计　　　　　（单位：m）

井号	O_2/AnO_2 剥蚀量	S/AnS 剥蚀量	D_1/AnD_1 剥蚀量	D_3/AnD_3 剥蚀量	P/AnP 剥蚀量	T/AnT 剥蚀量	J/AnJ 剥蚀量	E/AnE 剥蚀量
塔中 1	170	1000	370	1150	228	0	293	328
塔中 3	120	1050	350	1300	241	0	248	340
塔中 4	210	960	290	833	141	0	230	350
塔中 5	150	1100	410	1250	201	0	253	285
塔中 6	134	600	292	940	181	0	204	325
塔中 10	280	390	224	638	147	0	236	370
塔中 12	240	422	260	825	180	0	220	325
塔中 16	174	595	270	857	174	0	220	330
塔中 18	360	810	175	815	181	0	180	390
塔中 22	228	330	240	834	181	0	141	345
塔中 28	40	420	367	1230	214	45	375	205
塔中 29	60	350	381	1200	234	30	302	215
塔中 30	120	360	168	810	188	0	358	205
塔中 31	168	330	159	680	168	0	365	225
塔中 32	183	227	167	702	218	108	475	185
塔东 1	—	205	145	890	288	680	>2500	—

续表

井号	O_2/AnO_2 剥蚀量	S/AnS 剥蚀量	D_1/AnD_1 剥蚀量	D_3/AnD_3 剥蚀量	P/AnP 剥蚀量	T/AnT 剥蚀量	J/AnJ 剥蚀量	E/AnE 剥蚀量
塔北 2	—	385	351	860	145	342	168	451
巴东 2	410	330	175	615	161	—	262	485
和 2	271	327	340	482	74	160	114	195
和 3	249	347	325	434	79	145	285	178
和 4	260	275	300	460	74	58	290	180
胜和 1	168	325	280	336	59	285	315	195
皮 1	121	225	421	432	135	489	585	285
康 2	171	290	410	478	114	421	505	260
满参 1	—	—	85	144	145	145	288	164
满西 1	—	—	—	96	49	199	195	185
羊屋 1	—	120	185	400	185	325	81	154
英南 1	—	120	240	296	185	385	243	130
群克 1	—	85	—	725	290	2340	>2500	104
草 1	—	230	—	690	181	1813	340	80
库南 1	—	234	—	1000	182	1820	894	136
提 1	—	285	—	1050	290	>2000	183	66
轮南 1	—	130	—	940	217	1176	605	90
轮南 14	—	125	—	850	198	985	1302	115
轮南 15	—	115	—	840	197	970	1152	127
哈 1	—	85	215	514	124	448	391	136
东河 1	—	225	—	810	161	663	1197	126
东河 4	—	205	—	800	141	458	600	109
英买 7	—	190	—	670	132	327	1500	150
英买 8	—	175	—	645	165	240	975	100
南喀 1	—	—	—	625	145	345	998	124

注：地层剥蚀量恢复到地下埋深 100 m 的原始厚度。

（一）　中–上奥陶统与下伏地层的不整合

发生在早奥陶世末的这期构造运动造成的不整合主要分布塔中及巴楚地区，剥蚀量变化呈近东西向条带状展布，巴东 2 井区剥蚀量较大，达 410 m，塔中 18 井区达 360 m，向周围逐渐减小，东部的剥蚀边界在塔中 28 井附近，西部在皮 1 井区和康 2 井区仍有 100 ~ 200 m 的剥蚀，西部剥蚀边界暂时无法确定。据区域资料分析，在柯坪隆起，中、下奥陶统之间呈连续过渡的整合接触关系，但沉积环境和岩性岩相特征有较大差异。满加尔地区，地震资料揭示中–上奥陶统与下奥陶统反射层之间存在明显的不协调现象，下奥陶统由台地边缘往深拗陷部位迅速减薄，中–上奥陶统则往沉降中心急剧增厚，二者之间存在很大的厚度差。整体看来，这次运动波及范围不大，可能与海平面变化及强烈的差异沉降作用有关。

总之，发生在早奥陶世末期的加里东中期 I 幕运动，是在塔里木盆地由张性环境向压性环境转化过程中产生的，由此引起的不整合分布较为局限，主要分布在塔中及巴楚地区，此时塔中低凸起的雏形刚开始产生。

（二）志留系与下伏地层的不整合

发生在奥陶纪末期的这次构造运动造成隆起剥蚀主要分布在塔中—巴楚及塔北地区，塔中地区剥蚀量较大，塔中 18 井至塔中 5 井一带剥蚀量达 800 ~ 1200 m ［图 4-19 (a)］，向北剥蚀变化较快，到塔中 35 井和塔中 45 井区之间减小为 200 m 左右。巴楚地区的剥蚀量在 200 ~ 300 m 之间。塔北隆起的剥蚀量由南向北变大，200 m 等值线沿英买 8 井、东河 4 井、草 1 井一线分布，最高剥蚀量可达 600 m 以上。据区域资料，在柯坪地区，志留系柯坪塔格组以微角度不整合于奥陶系之上。

上述特征表明，加里东中期 III 幕运动比较强烈，影响范围较大，使得塔里木运动造成的隆—拗格局变得更加明显。这期构造运动可能是塔里木板块南、北边缘由被动转化为主动边缘的反映，使塔里木由寒武—奥陶纪克拉通内拉张盆地转化为志留—泥盆纪克拉通内挤压盆地或称克拉通内挠曲盆地。

（三）下泥盆统与下伏地层的不整合

发生在志留纪末期的加里东晚期运动影响范围及造成的剥蚀量较小。剥蚀区主要分布在塔中、巴楚及满加尔地区，剥蚀量等值线近东西向展布，总的变化趋势是由塔中及巴楚地区向满加尔内部变小，塔中地区的最大剥蚀量 400 m 左右（在塔中 1 井，塔中 29 井，塔中 5 井区），巴楚西段达 400 ~ 500 m，满加尔凹陷内部有从北向南（凹陷中心）减小的趋势，羊屋 1 井区的剥蚀量为 185 m。据区域资料研究，在库鲁克塔格隆起，可见中–下泥盆统平行不整合于下志留统土什布拉克组碎屑岩夹灰岩之上。

（四）上泥盆统与下伏地层的不整合

塔里木盆地上泥盆统与下伏地层的不整合代表了海西早期运动，本次运动波及面积大，导致不整合区在大部分地区均有分布，剥蚀量最大可达 1200 m 以上，剥蚀量等值线沿满加尔地区呈马蹄形分布 ［图 4-19 (b)］。在塔中地区从南向北逐渐减小，从塔中 3、塔中 5 井区的 1200 ~ 1300 m 减至塔中 45 井区的 400 m。在塔北从北向南由大变小，由草 1、提 1 井区的 1000 m 左右减至英买 2 井区的 400 m 左右。满加尔地区的剥蚀量一般在 200 ~ 400 m，满加尔凹陷的中心地带剥蚀量较小。巴楚地区剥蚀量等值线的变化趋势与塔

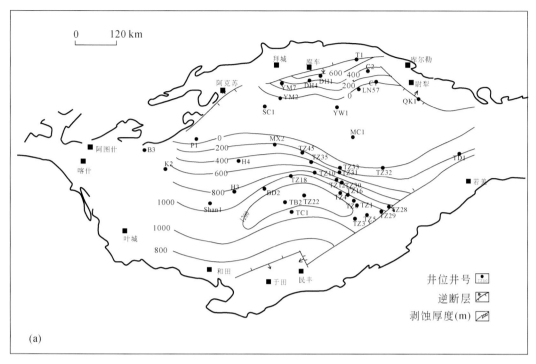

(a)

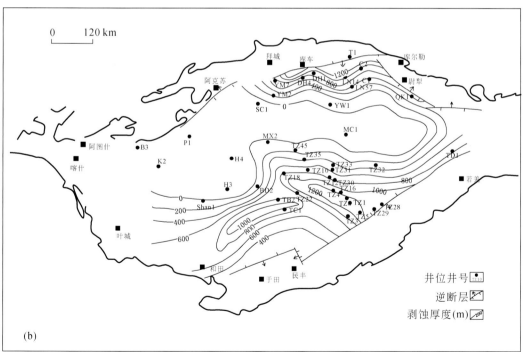

(b)

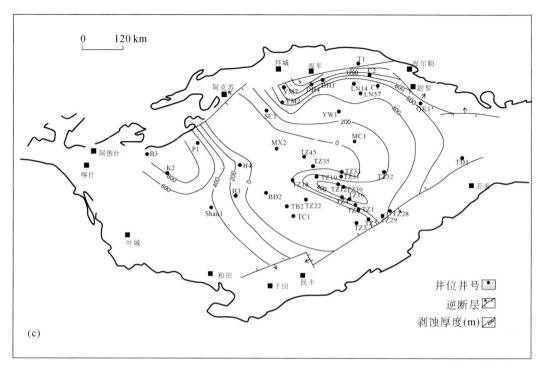

(c)

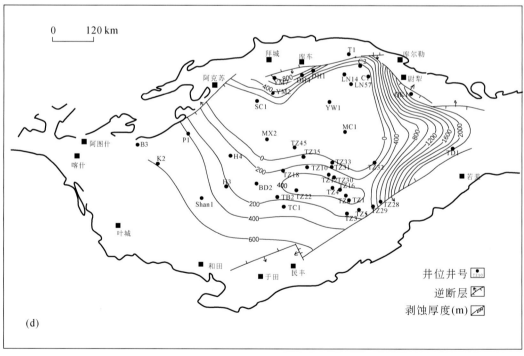

(d)

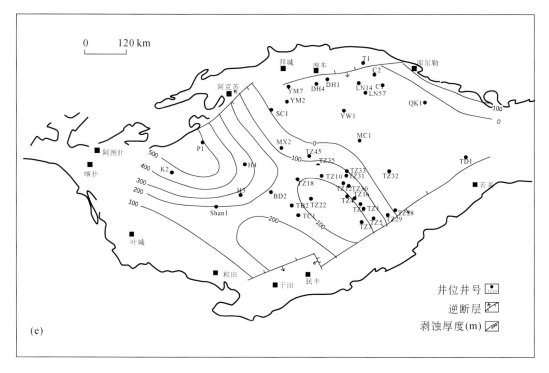

图 4-19 塔里木盆地主要不整合面剥蚀量

（a）志留系及下伏地层间不整合；（b）上泥盆统与下伏地层间不整合；（c）三叠系及下伏地层间不整合；

（d）侏罗系及下伏地层间不整合；（e）古近系及下伏地层间不整合。

TZ. 塔中；TD. 塔东；TB. 塔北；BD. 巴东；LN. 轮南；Shan. 山；H. 和；K. 康；P. 皮；C. 草；T. 提；

MC. 满参；YW. 羊屋；YN. 英南；YM. 英买；QK. 群克；KN. 库南；DH. 东河

中地区不协调，一般在 400 ~ 600 m，由和 3、和 4 向柯坪断隆呈一小的马蹄形变化。从波动方程分析来看，这期不整合由于 100 Myr、30 Myr 和 10 Myr 为周期的三条波动曲线均在此时期波谷与波谷同向叠加，所以剥蚀区较大。从区域构造分析来看，海西早期运动可能与南天山洋和北昆仑洋的闭合碰撞有关，是塔里木盆地地史上最重要的构造运动之一。

（五）下二叠统与下伏地层的不整合

本期不整合由发生于石炭纪末期的海西中期运动引起，这期构造运动在天山和准噶尔地区广泛存在，并伴有岩浆活动。在塔里木盆地及其周缘隆起区，地层缺失的层位少，但全区大部分地区均有一定程度的缺失。从全区主要探井的地层古生物报告上看，普遍缺失晚石炭世晚期的䗴类标准化石带，下二叠统下部的南闸组在和田河以东地区普遍缺失，因此确定下二叠统与上石炭统之间存在一个不整合，但不整合剥蚀量不大，在塔中地区剥蚀量为 140 ~ 250 m，在塔北地区为 130 ~ 290 m，塔东 1 井区为 288 m，满参 1 井区为 145 m，巴楚地区为 100 m 左右。

（六）三叠系与下伏地层的不整合

发生在早二叠世末期的海西晚期Ⅰ幕运动，在天山地区称新源运动。在哈尔克套南坡和南天山山前地带，广泛可见上二叠统角度不整合于下二叠统之上，柯坪隆起上、下二叠统之间为整合接触。在塔里木西南部和铁克里克隆起，上二叠统与下二叠统之间为整合接触（康玉柱，1996）。这次构造运动在塔里木盆地北部表现明显，地壳强烈抬升遭受剥蚀，并伴有强烈的断裂、褶皱作用和岩浆活动。但在盆地内部大部分地区，该期不整合不明显。

海西晚期Ⅱ幕运动发生在二叠纪末期，在南天山山前，可见下三叠统平行或微角度不整合在上二叠统之上。在塔里木盆地北部三叠系以角度不整合覆盖于古生代不同层位地层之上。由于在塔北及塔东广大地区缺失二叠系，致使海西晚期Ⅰ幕、Ⅱ幕运动造成的不整合叠置在一起，可以把这两期运动视为一个连续的运动过程加以讨论。从所做的单井剖面波动过程分析来看，这期剥蚀主要发生在晚二叠世，形成的不整合剥蚀量在塔北及塔东地区等值线近北西—南东向分布，由北东向南西逐渐减小［图4-19（c）］。由提1、草2井和群克1井区的1200 m削减至学参1至塔中32井区的200 m，而在塔中地区仅几十米，和3和玛参1井以西的巴楚地区为100～600 m，从东南向北西剥蚀量逐渐增大。

（七）侏罗系与下伏地层的不整合

侏罗系与下伏地层的不整合是印支运动的结果，印支运动发生于三叠纪末，由于羌塘地块与塔里木板块的碰撞，引起盆地内强烈的隆升和块断，使沉积区和剥蚀区发生巨大变化，盆地大部分地区遭受剥蚀。在库车拗陷，侏罗系平行不整合于三叠系之上，接触面起伏不平，上三叠统顶面常见剥蚀现象，侏罗系底亦常见不稳定产出的底砾岩，在满加尔凹陷东部和塔北隆起东部，下侏罗统不整合于下伏三叠系及更老地层之上。在塔东地区地震剖面极为明显地表现出侏罗系反射波组削截下伏不同时代地层反射的特征。

由波动分析得出剥蚀量［图4-19（d）］可以看出，塔中向塔东地区剥蚀量逐渐增大，从塘北2井、塔中18井、塔中22井区的近200 m增加到群克1、塔东1井区2500 m以上。在巴楚凸起上，由南东向北西方向增大，巴东2和3井区近300 m，康1井和皮1井区500～600 m。在塔北隆起上，剥蚀量等值线近东西向展布，大部分地区剥蚀量在500～1000 m，1000 m等值线沿草2井、轮南14井、东河1井、英买1井区分布，向南北迅速减小。

结合区域地质资料分析，这期构造运动可能主要与三叠纪末期发生的羌塘地块同塔里木板块的碰撞作用有关。这次构造运动使盆地大部分隆起遭受剥蚀，使侏罗系退缩到塔西南和塔东北等局部地区，并使塔里木盆地出现了准平原化的构造面貌，同时结束了前陆盆地演化阶段，从以挤压体制下的盆地转化为基本为伸展体制下的盆地。

（八）古近系与下伏地层的不整合

燕山晚期和末期运动分别发生在早白垩世末期和晚白垩世末期，相当于朱夏（1983）提出的第二期变革运动。燕山晚期运动在区域上表现为上、下白垩统之间可见平行不整合接触关系，在局部地区可见微角度不整合接触关系。由于在盆地内大部分地区缺失上白垩统的地层，燕山晚期和末期运动造成的影响叠合在一起，表现为盆地西南地区抬升、缺失，盆地东部白垩系与上覆古近系基本呈假整合接触。

从沉积波动过程分析的结果可见［图4-19（e）］，本期剥蚀范围较广，但剥蚀量不大，在塔中和巴楚地区一般在200~500 m之间，塔北地区剥蚀量变化在60~150 m之间。据区域资料分析，这次构造运动可能主要与拉萨地块南缘的科希斯坦地块向北同欧亚大陆拼合事件有关。这次构造运动对塔里木盆地的演化未能产生重要的作用，只是短暂地使盆地一度伸展的构造环境出现了一次反转，随后进入统一坳陷下沉的阶段，主要造成中西部地区平缓抬升和隆起剥蚀。

二、波动周期与层序

塔里木盆地波动演化周期与不整合周期具有很好的对应关系（图4-20），这些不整合也限定了塔里木盆地的主要构造层。

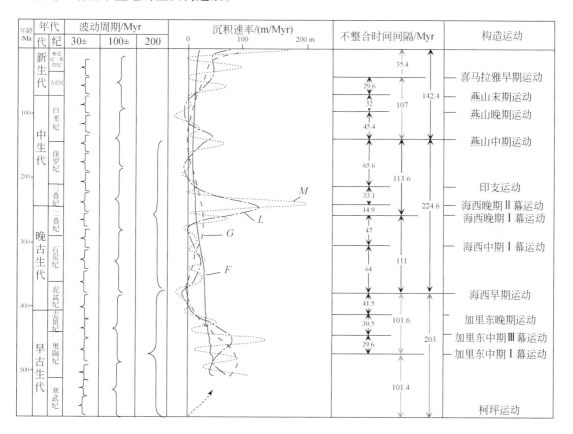

图4-20 塔里木盆地波动演化周期与不整合周期

波动曲线为满参I井波动曲线，曲线 F、G、L 和 M 指示的周期分别为760 Myr、220 Myr、100 Myr 和 30 Myr

　　震旦系构造层是塔里木盆地基底形成以来的第一套沉积盖层，由于受资料所限，沉积速率曲线对该套构造层的沉积波动过程没有给出详细的刻画。

　　寒武系—下奥陶统构造层，除库车拗陷、塔南拗陷以及铁克力克断隆局部缺失外，盆地内均有分布，厚度变化表现为中部厚，东西两侧较薄，沉积厚度最大的地方位于塘古孜巴斯地区和阿瓦提地区。根据沉积波动曲线分析，寒武系—下奥陶统以沉积作用为主，沉积速率普遍较高，一般为 40 ~ 80 m/Myr，且为连续沉积沉降。盆地内部普遍沉积了一套 2000 ~ 3000 m 厚的地层。

　　中–上奥陶统构造层，早奥陶世末期发生的构造事件使得盆地南北缘由早奥陶世被动大陆边缘转换为中–晚奥陶世的活动大陆边缘。这些构造事件使盆地边缘一些地区开始隆起，成为蚀源区，在盆地内形成了中奥陶统与下奥统的不整合接触，沉积面貌也大为改观。中–上奥陶统沉积格局与下奥陶统形成明显的反差，特别是在塔东地区的地震反射剖面上较清楚地表现出中–上奥陶统与下奥陶统反射层之间存在明显的不协调现象，下奥陶统由西部台地边缘往东部的深拗陷部位迅速减薄，中–上奥陶统则往东急剧增厚和往西急剧减薄，二者之间存在很大的厚度差。在沉积速率曲线上，中–上奥陶统由东向西波动幅度急剧变小，沉积速率也发生相应变化，塔东 1 井为 99.2 m/Myr，塔中 28 井为 115.74 m/Myr，塔中 10 井为 40.77 m/Myr，和 4 井则减为 23 m/Myr。

　　志留系构造层，其形成奠基于奥陶纪末期构造事件。在柯坪断隆，可见下志留统柯坪塔格组以微角度不整合于奥陶系之上，在库鲁克塔格断隆可见下志留统土什布拉克组角度不整合在奥陶系之上，塔中低凸起北翼表现最为明显，在该区地震剖面上，中–上奥陶统波组顶部明显被志留系削截，且志留系反射层序由拗陷向隆起区明显具上超尖灭的反射特征。至早志留世，盆地南北缘已隆升为陆地，遭受剥蚀，由盆地内部向南北两侧边缘，剥蚀厚度越来越大，剥蚀层位亦越来越多。在柯坪塔格组沉积期，由于盆地南北两侧，尤其是塔中低凸起隆升较高，沉积范围仅局限在塔北南部至满加尔凹陷一带，呈东西向延展，且以满加尔凹陷东部厚度最大。在盆地内部下志留统向盆地南北缘超覆尖灭。在柯坪塔格组沉积之后，塔东地区大幅度隆升，在柯坪隆起，可见塔塔埃尔塔格组平行不整合于柯坪塔格组之上。至塔塔埃尔塔格组沉积期，塔东地区由东北向南西发育大型潮控三角洲沉积，沉积厚度巨大，塔中低凸起和满加尔凹陷中西部则普遍接受了一套滨浅海—潮坪相砂、泥岩，沉积厚度不大，依木干他乌组沉积特征与塔塔埃尔塔格组相似，只是沉积范围进一步缩小。

　　中–下泥盆统构造层，奠基于志留纪末的加里东晚期构造事件，表现为下泥盆统与下伏地层的不整合。在库鲁克塔格隆起，可见中–下泥盆统树沟子组平行不整合于下志留统土什布拉克组之上，西昆仑山地区可见中泥盆统落石沟组角度不整合在中–上志留统达板沟群之上。在盆地内部，志留纪末的构造事件造成大面积海退，这一海退现象使盆地大部分地区出露地表，地形进一步夷平。泥盆纪初，自南天山边缘海盆方向发生海侵，中–晚泥盆世，整个盆地处于构造隆升剥蚀状态，中–上泥盆统大部分普遍缺失。根据波动分析，该构造层下部以沉积为主，沉积中心位于满加尔凹陷中西部，沉积速率较高，满参 1 井为 177.96 m/Myr，而塔中 10 井则递减为 54.41 m/Myr，和 4 井为 43.85 m/Myr；该构造层上部则以剥蚀为主，尤其是塔中低凸起、塔北隆起和塔东地区，剥蚀厚度大，超过 2000 m，往盆地边缘剥蚀厚度越来越大。

上泥盆统—石炭系构造层，奠基于中泥盆世晚期的海西早期构造事件，表现为上泥盆统（东河砂岩）与下伏地层的不整合接触。在库鲁克塔克断隆，下石炭统努古斯土什布拉克组不整合于下伏地层之上，柯坪隆起缺失下石炭统，上石炭统四石厂组角度不整合于泥盆系红色碎屑岩之上，巴楚凸起可见石炭系平行不整合于志留系之上。在盆地内部地震剖面上，东河砂岩及石炭系反射波组明显削蚀下伏地层。经过此次构造事件及强烈隆升剥蚀后，塔里木盆地内部广大地区地形起伏不大，但在塔北隆起北部、塔东及塔东南地区则高山耸立。自东河砂岩沉积期开始，海水由盆地西部入侵，盆地内发育了碳酸盐岩和碎屑岩沉积。根据波动分析，该构造层厚度不大，一般为 300～600 m，但发育时间长，有 64 Myr 之多，在 10 Myr 周期的波动曲线上发育有 6 个完整周期，这 6 个周期总体波动幅度不大，相互间差值较小，自下而上其沉积速率分别为（塔中 10 井）17.6 m/Myr、11.44 m/Myr、14.96 m/Myr、18.04 m/Myr、20.06 m/Myr 和 5.80 m/Myr。在 30 Myr 和 100 Myr 的周期上，该构造层亦表现为低峰值、低幅度的特点。这种波动周期特征在盆地内部广大地区普遍存在，而且相当一致。这种现象说明，在石炭纪，塔里木盆地地形起伏不大，构造相对稳定，基底长时期缓慢沉降，沉降幅度小，蚀源区远，物源供应较不充足。晚石炭世晚期地层在盆地内普遍缺失，上石炭统小海子组与二叠系阿恰群为平行不整合接触。

二叠系构造层，该构造层是晚石炭世晚期构造事件以来发育起来的。该构造事件使盆地东部普遍隆升，以致下二叠统下部在和田河以东普遍缺失，而在和田河以西则接受了碳酸盐岩沉积。早二叠世晚期，塔东地区基底沉降，盆地内部普遍发育了灰岩、泥灰岩、泥岩和砂岩。早二叠世末，海西晚期构造事件造成盆地内部的强烈断裂、褶皱和岩浆活动，广泛沉积了厚层的火山岩。晚二叠世，盆地东北部强烈隆升，晚二叠世沉积仅局限在塔中低凸起和满加尔凹陷西部，塔北隆起和满加尔凹陷东部则缺失该套地层。晚二叠世末期的构造事件造成塔北和塔东地区进一步隆升剥蚀。从塔中地区波动曲线来看，该构造层发育在 100 Myr 周期波峰的上升初期，发育一个完整的 30 Myr 周期和三个完整的 10 Myr 周期。在三个 10 Myr 周期中，早二叠世两个周期峰值比晚二叠世 10 Myr 周期略低，但它们的沉积速率均较高，一般为 20～60 m/Myr。晚二叠世所发育的一个 10 Myr 周期由塔中地区反映高沉积速率的正向波峰向塔北地区逐渐演变为反映剥蚀状态的负向波谷。这说明在二叠纪沉积期地形起伏大，构造活动强烈，基底沉降幅度大，物源丰富，但在晚二叠世，塔北和塔东地区隆升为陆，遭受强烈剥蚀。

三叠系构造层角度不整合于前中生界不同层位之上。三叠纪沉积时，盆地南缘发生的碰撞拼贴，造成巴楚和盆地南缘大范围隆升剥蚀、三叠系分布范围大为缩小，仅局限在塔中低凸起、满加尔凹陷中部和塔北隆起南部及库车拗陷北部。在盆地内部，三叠系表现为中部厚、周边薄的等轴盆状，沉积中心位于满加尔凹陷中西部，向南向北表现为上超减薄。上三叠统仅集中分布在满加尔凹陷北部和塔北隆起南部，塔中低凸起和满加尔凹陷南部则缺失该套地层，可能与三叠纪末的隆升剥蚀有关。从沉积波动特征来看，三叠系位于 100 Myr 周期和 30 Myr 周期的波峰处，二者的叠加造成 10 Myr 周期的峰值较大。三叠系发育三个 10 Myr 周期，其中下三叠统的 10 Myr 周期峰值极高，表明其沉积速率很高，一般为 80 ~ 150 m/Myr；而中三叠统的 10 Myr 周期峰值较低，沉积速率只有 10 ~ 30 m/Myr；上三叠统的 10 Myr 周期则由塔北隆起的低波峰向南至塔中低凸起演变为反映剥蚀状态的波谷，说明上三叠统由北向南，其层位逐渐减少。总体来看，该构造层下段位于沉积速率高峰期，上段则逐渐变为隆升剥蚀期，其沉积相带已由古生代的东西向差异转变为南北向差异。

　　侏罗系构造层分布局限，主要分布于盆地周边的山前地带，如库车拗陷、塔北隆起、满加尔凹陷东北部和西昆仑山前地带。根据波动分析，侏罗系位于 100 Myr 周期由波峰向波谷的转折期，30 Myr 周期和 10 Myr 周期均处于较低峰值，反映其沉积速率不大，一般只有 5 ~ 20 m/Myr。

　　白垩系构造层的分布范围明显比侏罗系大，分布在阿克苏—民丰一线以东和喀什—和田一线的西昆仑山前地带。从波动过程的演化进程来看，侏罗纪—白垩纪为升降运动交替期。早白垩世早期，早白垩世晚期和晚白垩世虽有过沉积过程，但后期隆升的结果使早白垩世沉积的地层遭到一定程度的剥蚀，保留了现在称之为卡普沙良群这套地层，而巴楚凸起自三叠纪至白垩纪末期处于隆升为主导趋势的升降运动过程。

　　新生界构造层分布广泛，总体特征是盆地中部薄，向盆地边缘增厚。从波动曲线来看，该构造层处于 100 Myr 周期的波峰上升段，30 Myr 及 10 Myr 周期均处于高峰值，反映其沉积速率较高，如塔中 1 井古近系为 10.05 m/Myr，新近系为 82.39 m/Myr，第四系为 180.83 m/Myr；满参 1 井古近系为 8.40 m/Myr，新近系为 64.40 m/Myr，第四系为 173.81 m/Myr；东河 1 井古近系为 7.23 m/Myr，新近系为 327.33 m/Myr，第四系为 115.47 m/Myr。由此可见，自古近纪开始，塔里木盆地进入又一个沉积高峰期，且由老到新，由南向北，沉积速率逐渐增大。

三、沉积波动过程时空迁移规律

　　通过对研究区内 30 余口钻井剖面的波动特征研究，综合分析连井剖面的年代地层格架、沉积波动特征连井对比图以及波动周期对比图（图 4-21 ~ 图 4-24），可以看出塔里木盆地沉积波动特征明显，既表现在不同构造单元在历史演化进程中主要沉积过程和剥蚀过程出现时间的交替变化，又表现在某一时期的沉积或剥蚀过程在空间上的迁移。从历史演化进程来看，盆地大部分地区阶段性明显，即存在三个沉积高峰期、两个剥蚀高峰期和两个升降运动交替期，三个沉积高峰期分别为早古生代、早–中三叠世和新近纪以来。两个剥蚀高峰期分别为早中泥盆世和三叠纪末期，两个升降运动交替期为石炭—二叠纪和侏罗—白垩纪。这是控制塔里木盆地构造演化的 740 ~ 760 Myr、220 ~ 230 Myr、100 ~ 110 Myr、60 ~ 70 Myr、30 ~ 31 Myr 和 10 ~ 11 Myr 等周期波共同作用的结果。

　　对不同构造单元，周期波的具体周期有一定变化，波的初相及振幅变化规律不同，因而决定不同构造单元具有不同的演化进程。如发生在志留纪末期的剥蚀过程，南喀 1 井区和塔中 1 井区最早，次为塔北地区及塔中西段，再次为跃南 1 及罗布庄地区，最后为满加尔地区。

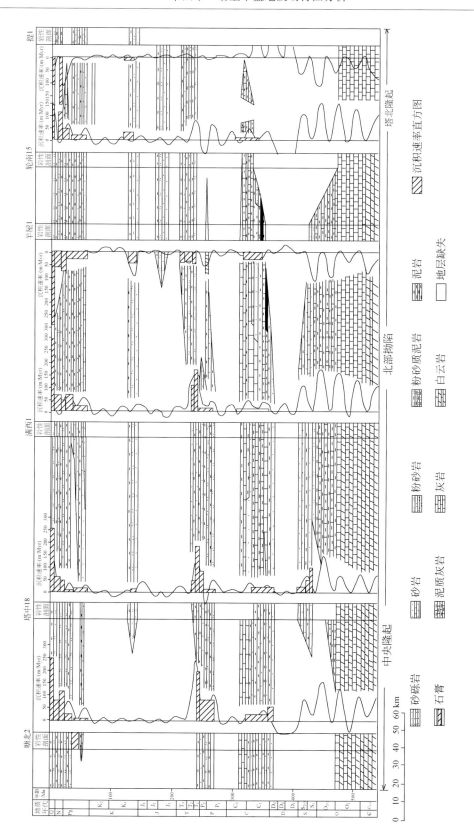

图4-21　塔里木盆地塘北2井—提1井年代地层格架-沉积波动特征连井对比

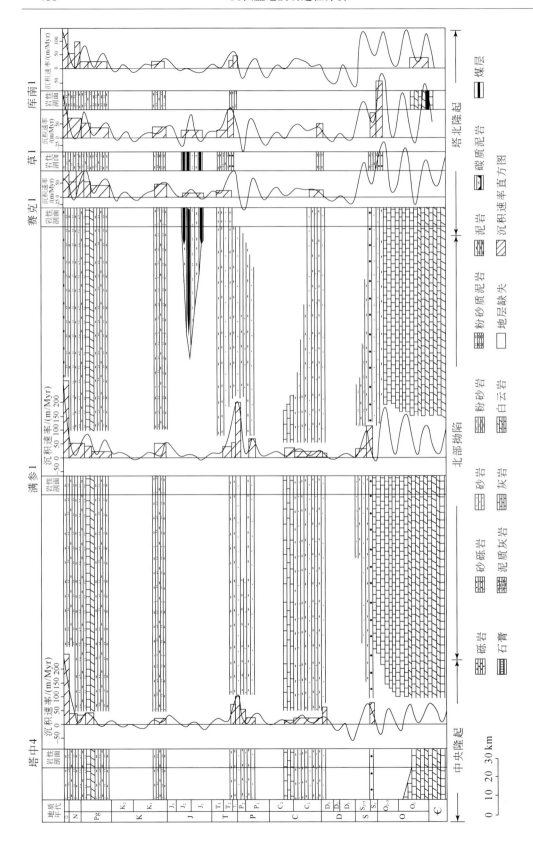

图4-22 塔里木盆地塔中4井—库南1井年代地层格架-沉积波动特征连井对比

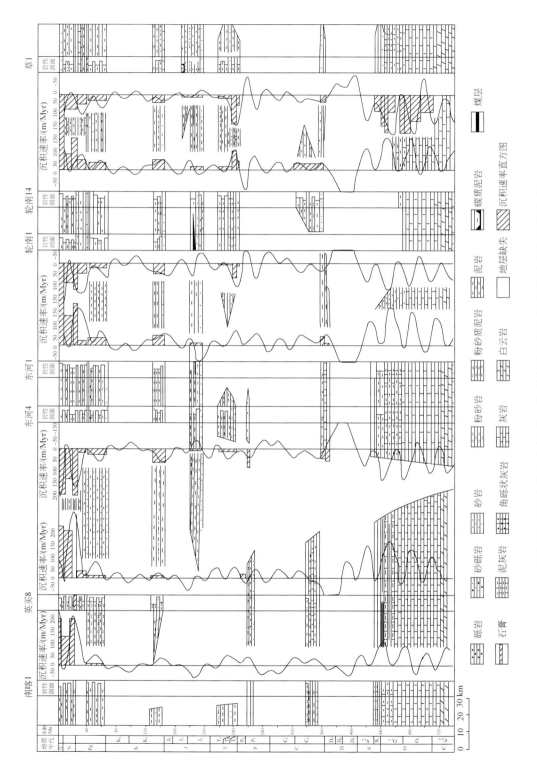

图4-23　塔里木盆地南喀1井—草1井年代地层格架-沉积波动特征连井对比

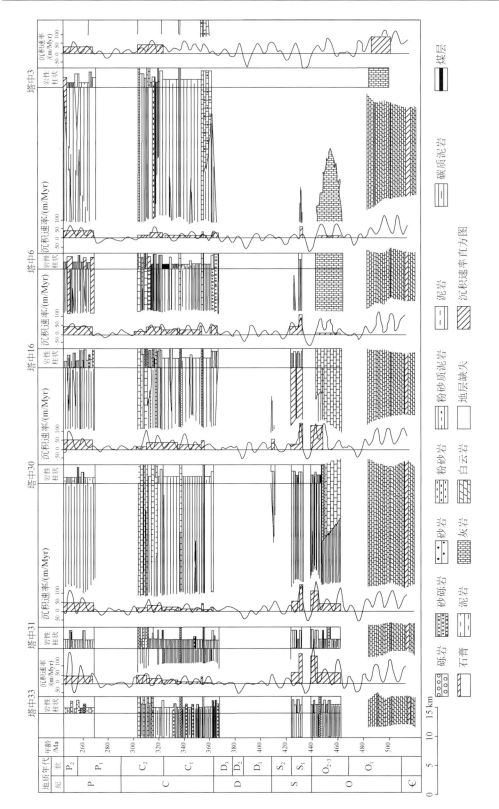

图4-24　塔里木盆地塔中33井—塔中3井古生界年代地层格架-沉积波动特征连井对比

从波动曲线对比可以看出，寒武纪至早奥陶世中央隆起带为持续快速沉积期，各期周期波在此时出现"峰-峰叠加"的"共振"现象，和 4 井—塔中 1 井间尤为突出。向东至塔东 1 井，各周期波动相位不尽一致，"峰-峰叠加"现象出现分化，这说明此时在中央隆起带沉积中心位于中西部，以和 4 井和塔中 1 井一带沉积最厚，一般大于 2000 m，向东逐渐减薄，东西分异现象明显。而在塔中 3 井—满参 1 井—库南 1 井连线上，同周期波"峰-峰叠加"现象在塔中 3 井表现最为明显，向北经满参 1 井至草 1 井和库南 1 井，上述现象逐渐分化减弱，说明在寒武纪至早奥陶世，沉积中心位于塔中低凸起，沉积厚度最大，向北则逐渐减薄。

中-晚奥陶世，各期周期波峰值叠加现象在塔东 1 井区表现尤为突出，向西则逐渐分化，此时南北方向周期波表现形态较为相似，这说明此时沉积中心位于塔东 1 井一带，沉积厚度最大，大于 200 m，向西则逐渐减薄，东西向沉积分异明显，而南北向差异不大。中-晚奥陶世沉积波动特征与寒武纪至早奥陶世差异较大，表现为周期波叠加方式相同但方向相反。

奥陶纪末，出现各期周期波"谷-谷叠加"现象，以塔中 1、塔中 3、塔中 4 和塔中 5 井区表现最为明显，向北各期周期波相位则出现分异。这种现象表明，此时塔里木盆地出现早古生代以来的第一次大规模隆升剥蚀，开始隆升剥蚀的时间以塔中 1、塔中 3 和塔中 5 井区最早，剥蚀量最大，达 1000 m，由此向北，剥蚀量逐渐减少。塔北隆起隆升剥蚀规模及范围远不及塔中低凸起，草 1—提 1 井区剥蚀量较大，为 200～300 m，向南则逐渐减少。

在奥陶纪末的隆升剥蚀之后，至志留纪，塔里木盆地又进入沉积高峰期，周期波波峰叠加现象在学参 1 井表现最明显，向西南方向，周期波相位则逐渐分异。此时，沉积中心位于学参 1 井一带，沉积厚度最大，大于 1000 m，向西及西南方向则逐渐减薄，塔中低凸起一般厚约 0～600 m。塔北隆起以草 1 井区为最厚，厚度大于 1000 m，向西则急剧减薄。

志留纪末，塔里木盆地出现大范围的隆升，但总体剥蚀厚度不大，塔中 1 井区和巴楚凸起西部剥蚀厚度为 300～400 m，其他地区剥蚀较小。

泥盆纪，塔里木盆地进入升降交替、但总体隆升为主的时期，各地沉积厚度不大，以柯坪露头区最大，向东至盆地内部则逐渐减薄，塔中低凸起仅分布在北部斜坡，厚度为 50～100 m。此时，各级周期波波峰相位分异较大，峰值普遍较低，向隆起区则逐渐演变为波谷。

泥盆纪中晚期，塔里木盆地出现大规模隆升剥蚀，在波动曲线上各期周期波"谷-谷叠加"现象极为突出，其初相位在塔中 1—塔中 5 井、塔东 1 井和库南 1—提 1 井区出现最早，由上述各井区向盆地中心依次出现，在满西 1 井、满参 1 井区初相位出现时间最晚。由此可见，在泥盆纪中晚期，塔里木盆地总体隆升剥蚀幅度最大。在塔中低凸起，塔中 1—塔中 5 井间剥蚀厚度大于 1000 m，其他各井区一般为 600～800 m；在塔北隆起，库南 1—提 1 井区剥蚀厚度亦大于 1000 m，其他各井区一般为 600～800 m；塔东地区剥蚀幅度最大，塔东 1 井以东，推测剥蚀厚度为 1000～2500 m，塔东 1 井为 890 m；盆地中部的满西 1 井和满参 1 井区，剥蚀厚度最小，只有 100～200 m。

晚泥盆世晚期至早二叠世，塔里木盆地进入升降交替，总体以持续缓慢沉积为主的时期。根据波动曲线分析，此时，740～760 Myr 和 200～230 Myr 周期波处于波谷向波峰的缓慢上升期，而 100～110 Myr 和 60～70 Myr 周期波则呈现低振幅的"峰-峰叠加"，因此，受上述波动曲线所控制，10 Myr 周期表现为个别振幅较高，而多数呈低平的特点。此时，沉积物在盆内分布广泛，但厚度相当均匀，沉积中心不明显，总体以和 3 井—巴东 2 井一带略厚，向东则缓慢超覆减薄。

晚二叠世，塔里木盆地出现较大范围的隆升，尤以塔东北地区表现明显，造成该地区缺失上二叠统，并在二叠纪末发生强烈剥蚀，提 1 井—群克 1 井区剥蚀量最大，厚度超过 2000 m，向西剥蚀厚度逐渐减小，东河塘—英买力地区只有 200～400 m，塔中低凸起则多数未遭受剥蚀。在波动曲线上，塔东北地区表现为各级周期波"谷-谷叠加"，而向西南方向，各级周期波相位则趋于分异。

早三叠世，塔里木盆地进入自早古生代以来的第二个沉积高峰期，740～760 Myr、200～230 Myr、100～110 Myr、60～70 Myr 和 30 Myr 周期波在此时表现为"峰-峰叠加"，致使 10 Myr 周期波振幅极高，表明早中三叠世为快速沉积期，在较快时间内形成较厚的沉积物。此时，满加尔凹陷中部为沉积中心，如满参 1 井中下三叠统沉积厚度为 812.5 m，塔中低凸起普遍厚约 500～600 m。至晚三叠世，沉积中心有向塔北隆起方向迁移的趋势，而塔中低凸起和北部拗陷南部则逐渐隆升，缺失上三叠统。在塔北隆起，三叠系沉积中心位于草 1 井区，沉积厚度为 712.5 m，向西则逐渐变薄，而轮南 1 井、东河 1 井等凸起部位则缺失三叠系。

三叠纪末，塔里木盆地整体大面积隆升剥蚀，长周期波由波峰向波谷过渡，30 Myr 和 10 Myr 周期波则表现为"谷-谷叠加"，此时，塔东地区剥蚀最强烈，塔东 1 井和群克 1 井剥蚀厚度均大于 2000 m。塔北隆起剥蚀量也较大，轮南 1—东河 1—英买 7 一线剥蚀厚度为 900～1000 m，由此向南、北两侧剥蚀量递减。塔中低凸起剥蚀量不大，一般为 200～300 m，巴楚凸起西段剥蚀量较大，可达 500～600 m，向东则递减为 200～300 m。

侏罗—白垩纪为塔里木盆地升降交替，先缓慢隆升后持续沉降的时期。此时，740～760 Myr 和 200～230 Myr 两个周期波表现为波谷或由波峰向波谷转折处，"谷-谷叠加"现象不甚明显，这样造成 100～110 Myr、60～70 Myr、30 Myr 和 10 Myr 周期波振幅不大，峰值与谷值波动幅度较小。这种现象表明，在侏罗纪和白垩纪，沉积速率与剥蚀幅度均不大，侏罗系沉积中心位于羊屋 1 井区，沉积厚度为 527 m，而白垩系沉积中心则位于满参 1 井区，沉积厚度为 1308 m。白垩纪末的抬升运动在盆地内表现较为明显，但总体剥蚀幅度不大，巴楚凸起表现较为强烈，剥蚀厚度为 400～500 m，向东至塔中低凸起则递减为 200～300 m，塔北隆起表现较弱，剥蚀厚度一般为 100～200 m。

自新生代开始以来，塔里木盆地进入第三个沉积高峰期，特别是新近纪以来，各级周期波在此时出现"峰-峰叠加"现象，造成 30 Myr 和 10 Myr 周期波振幅大，波峰极高。此时沉积中心位于库车拗陷至塔北隆起北部一带，古近系、新近系和第四系厚度之和大于 5000 m，向南则依次递减，至塔中低凸起只有 1800～2000 m。巴楚凸起在古近纪处于隆升剥蚀状态，至上新世才接受沉积。因此，古近系—新近系和第四系沉积厚度不大，只有 500～1500 m。

第四节　盆地波动过程的控油作用

塔里木盆地构造–沉积的波动演化过程控制着成烃要素以及油气分布状况。时间上的沉积和隆起的周期性变化控制着"生储盖"在地质时代的发育，而平面上的波动过程表现为隆拗迁移和交替，从而控制着"生储盖"的平面配置。这些条件共同控制着油气分布规律。

一、旋回式生储盖发育

受盆地波动过程影响，"生储盖"层的发育表现出旋回式发育特点。在生油层方面，按泥质烃源岩和灰岩烃源岩排油下限值的有机碳含量分别为0.4%和0.2%的标准，塔里木盆地共发育四套烃源岩（图4-25）（顾家裕，1995；李德生，2001），即寒武系、奥陶系（主要为中–上奥陶统）、石炭系—二叠系和三叠系—侏罗系，局部可能存在上白垩统—古近系烃源岩，前三者为海相烃源岩，后两者为陆相烃源岩。寒武系和奥陶系可合称为寒武系—奥陶系烃源岩。寒武系—奥陶系烃源岩主要分布在满加尔凹陷，最大厚度超过2400 m，其他地区最大厚度为1200 m。石炭系烃源岩主要分布在巴楚凸起和塔西南拗陷中。二叠系烃源岩主要集中在盆地西部下二叠统，西南拗陷中皮山以西地区为二叠系主要生油区。三叠系—侏罗系烃源岩主要分布在北部拗陷、库车拗陷和西南拗陷。塔里木盆地发育的四套烃源岩，主要发育在寒武纪—中泥盆世和晚泥盆世—侏罗纪两个200 Myr周期内，白垩系—新生界旋回内很少发育烃源岩。所发育的四套烃源岩基本上与100 Myr周期相对应，说明该周期对烃源岩的发育有控制作用。

在"储盖"组合方面，塔里木盆地存在五套区域性盖层，分别与各自下伏碎屑岩、碳酸盐岩构成良好的"储盖"组合（图4-25）。这五套储盖组合是中寒武统盐膏层与其下碳酸盐岩、中–上奥陶统泥岩与其下碳酸盐岩、石炭系盐膏—泥岩层与其下东河砂岩或奥陶系—寒武系碳酸盐岩、中–下侏罗统煤系地层与其下碎屑岩和古近系膏盐层与其下碎屑岩。从这些"储盖"组合与盆地波动过程的关系看，前两个完整一级周期各对应两套"储盖"组合，后一个不完整周期对应一套"储盖"组合。从"储盖"组合与二级周期的关系上看，每一个二级周期对应一套"储盖"组合，说明二级周期对"储盖"组合的发育有控制作用。

二、旋回式烃源岩热演化

对于烃源岩热演化、成烃作用和成烃历史的研究主要采用烃源岩热演化指数（TTI）方法，同时结合其他反映成熟度的实测指标等。盆地的升降运动会影响烃源岩的演化，盆地波动演化过程决定了烃源岩的波动演化过程。

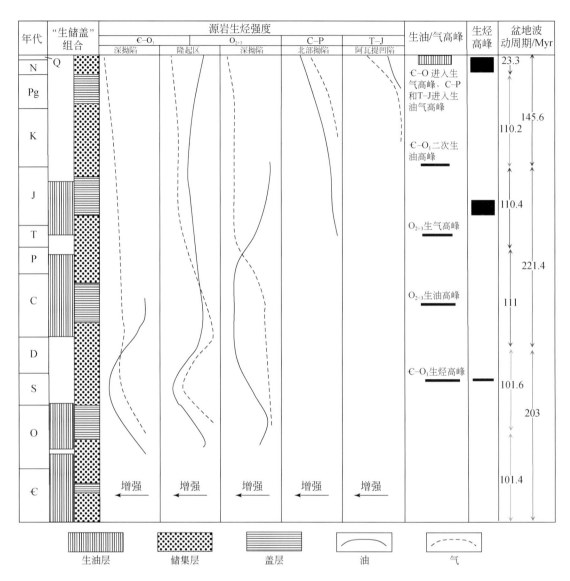

图 4-25　塔里木盆地成烃要素与盆地波动演化周期对应关系

（一）烃源岩总体演化特征

1. 寒武系—奥陶系油气生成

在深拗陷地带，寒武系和下奥陶统烃源岩到志留纪先后进入生油窗，生油过程延续到二叠纪，志留纪、泥盆纪为生油高峰期；至中生代，进入以生气为主的阶段，其中，侏罗纪以前都有湿气生成，中-晚侏罗纪之后则以生成热裂解干气为主；中-上奥陶统泥盆纪—石炭纪进入生油高峰，中生代以来进入生气高峰。在隆起区，由于加里东晚期和海西期的地壳抬升，使源岩热演化作用减慢了很多；整个油气生成过程从奥陶纪始，一直延续到现今，尤其是中-上奥陶统现今在很多地带还处于生油窗内；下奥陶统和寒武系则以生成湿气和干气为主。

2. 石炭系—二叠系油气生成

石炭系在沉积后便很快开始生油，早期以轻质油为主，生油高峰在侏罗纪中期以后，并一直延续到现今。白垩纪晚期—新生代是主要生气阶段，产生的天然气以湿气和凝析气为主。

3. 三叠系—侏罗系油气生成

三叠系—侏罗系中有两种类型的烃源岩，一种是湖相泥岩，另一种是煤系地层（主要分布在侏罗系之中）。塔北地区，白垩纪末至新生代，该套烃源岩都处于生烃期。对于湖相烃源岩，生成的油多于气；对于煤系地层，主要生成的是煤成气，少量煤成油。库车拗陷、西南拗陷和东南拗陷是这两个层系的生烃中心。这些地区的该套烃源岩在新近纪后埋藏深、热演化程度高，是气态烃和凝析气生成高峰阶段。

从烃源岩热演化看，如果以总的生烃效果来看，可以 200 Myr 划分为三个周期，第一周期为寒武纪—晚泥盆世早期，对应寒武系—下奥陶统生烃高峰；第二周期为晚泥盆世晚期—侏罗纪，对应中-上奥陶统生烃高峰和寒武系—下奥陶统二次生烃高峰；第三周期为白垩纪—现今，对应石炭系—二叠系和三叠系—侏罗系生烃高峰和下伏烃源岩的生气高峰。如果以出现生油或生气高峰来划分，各层位烃源岩生油或生气高峰与 100 Myr 周期有很好的对应关系，说明 100 Myr 周期对烃源岩的热演化也有很好的控制作用。

（二）典型井区烃源岩演化过程

1. 塔中地区

从波动埋藏史曲线图可以看出，寒武纪—志留纪，塔中地区塔中 1 井区处于快速埋深阶段（图 4-26）。

志留纪末，下奥陶统顶面埋深超过 2600 m，古地温超过 70 ℃，寒武系底界古地温超过 150 ℃；TTI 指标计算表明，在距今 460 Ma 左右，下奥陶统中、下部 TTI 开始超过 15，约志留纪中晚期进入大量生烃阶段。也在此时，埋深迅速增加，沉积充填速度快且大幅度波动，十分有利于烃类的排运和聚集，可称之为早古生代原生油气藏形成阶段。但是，下奥陶统上部及中-上奥陶统 TTI 值未超过 15，说明它们保留有再次生烃的潜力。

泥盆纪，塔中地区进入一个长时间的隆升剥蚀阶段，持续约 40~45 Myr，使下奥陶统顶面古地温下降到 50 ℃以下。但各部位抬升幅度不同，总体上以塔中 1 井为中心，向西及向北部满加尔-塔中斜坡区剥蚀量减小，根据波动曲线计算的塔中 1 井区最大剥蚀量达 2000 m 以上。此次抬升使早古生代形成的原生油气藏遭到一定程度的破坏，但在塔中低凸起西段及北坡区，下伏地层削截剥蚀作用轻微，对油气藏的破坏作用较弱。

石炭纪至二叠纪时期，塔中地区进入一个缓慢的沉积埋深阶段，到二叠纪末期，塔中 1 井区的下古生界各层位埋深均未超过剥蚀前的埋藏深度，地温增加缓慢，TTI 指标处于缓慢增大过程。

三叠纪，塔中地区再次进入快速沉积埋深过程，此间，下奥陶统上部地层开始进入二

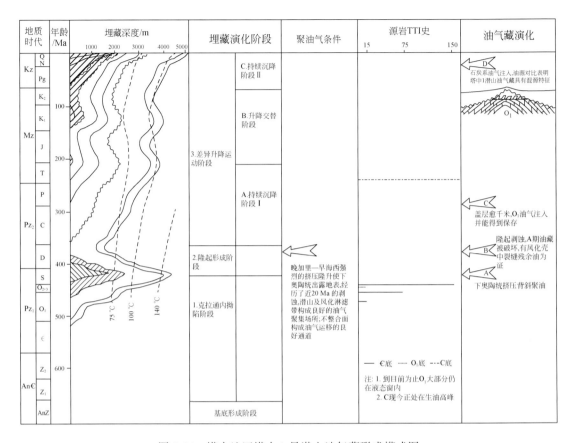

图 4-26　塔中地区塔中 1 号潜山油气藏形成模式图

次生烃阶段，下奥陶统下部及寒武系逐渐进入过成熟阶段。三叠纪末期，塔中地区抬升明显，上三叠统被大部分剥蚀。这次抬升剥蚀使下奥陶统烃源岩古地温再次下降，生烃速度减慢。

新生代，特别是新近纪，沉积埋深持续快速地增加，石炭系进入生烃门限，奥陶系残留地层发生大量生烃，是塔中地区的重要成藏期。

综合分析塔中地区的成藏史，可以发现早古生代末的抬升剥蚀对二次生烃有重要的控制作用，早期抬升剥蚀量大的地区是二次生烃聚集成藏的有利地区。据塔中地区前石炭纪古地质图分析，这样的有利区以塔中 1 井、塔中 4 井为轴心，面积超过 3000 km²。

2. 塔北地区

塔北地区与塔中地区相比，地质条件及烃源岩演化存在如下几点异同。

下古生界沉积厚度较薄，随后与塔中地区同期抬升所造成的剥蚀幅度较大、波及面更广。以塔北地区的英买 7 井区为例（图 4-27），在早古生代末，下奥陶统底面最大埋深约 3100 m，顶面埋深约 2300 m，而塔中 1 井下奥陶统底面埋深达 4500 m。

三叠纪，塔北地区比塔中地区沉积埋深速度快、幅度大。下奥陶统顶面埋深重新超过剥蚀前原埋深，进入二次生烃阶段。按深度计算，二叠系也进入了大量生烃门限深度。

三叠纪末期到晚白垩世期间的抬升幅度大、剥蚀量大,英买7井区石炭系、二叠系和三叠系被剥蚀殆尽,剥蚀量总计为2500m左右,致使上白垩统直接覆盖在残留的下奥陶统之上。

白垩系沉积时,埋深速度慢,并存在两次较小的剥蚀过程。古近系—新近系,尤其是新近系的沉积速率很大,仅新近系的厚度就超过4000 m。在此期间,下奥陶统残留地层的埋深超过早古生代及三叠纪时的最大埋深,开始大量三次生烃。古近系—新近系的中、下部地层也进入生烃门限深度,是一个早古生代上部地层的重要成藏期。

总之塔北地区存在三个不同层位、不同时期的油气大量生成阶段。早古生代晚期抬升幅度大的地区是二次生烃的有利地区,面积约5000 km²,中部和东北部面积约占80%。新生界原生油气成藏阶段是塔北地区特有的现象。

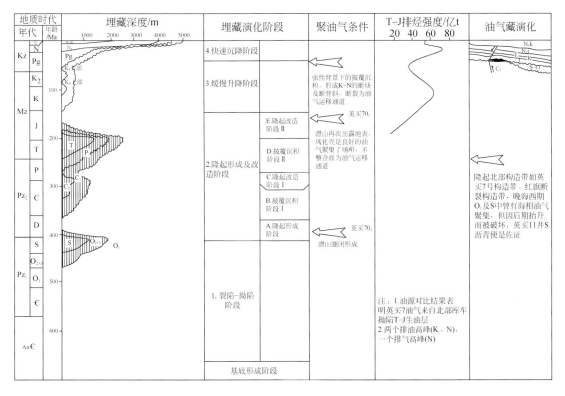

图4-27 英买7号油气藏形成模式

3. 满加尔凹陷

满加尔凹陷东部早古生代末的抬升剥蚀幅度较塔中及塔北地区弱,据满参1井、草1井和赛克1井沉积波动过程分析,满加尔凹陷下古生界有生烃开始时间早、现今热演化程度高的特点,与塔北及塔中地区的成藏控制因素不同。

满加尔凹陷西部在晚古生代及中生代期间相对稳定、沉积厚度较小。据波动分析,该地区是东西向差异升降的枢纽地带,奥陶系底部和顶部分别在燕山期和喜马拉雅期进入生烃门限,成藏期较晚,具有较好的勘探远景。

综上所述，早古生代末期的长时期抬升剥蚀是中央隆起带和塔北隆起带成藏的重要控制因素。现今发现的下古生界内幕油气藏可能为"二次生烃"成藏的产物。各阶段适当的抬升剥蚀与再沉积埋深的有机配合是控制成藏的主要因素之一。但在全盆范围内，这种波动沉积沉降、抬升剥蚀的差异巨大，也使不同地区成藏条件表现出较大差别。

三、圈闭波动发育

圈闭是油气聚集的场所，有构造圈闭、非构造圈闭和复合圈闭之分，构造圈闭包括背斜圈闭和断层圈闭，非构造圈闭包括潜山圈闭、岩性圈闭和地层圈闭。塔里木盆地经历了漫长复杂的演化阶段，各种类型的圈闭都很发育。

与盆地掀斜运动相对应，构造（圈闭）的形成时间明显具有波浪式摆动特点（金之钧等，2005）。塔中凸起构造形成时间最早，主要形成于加里东晚期运动和海西早期运动，海西晚期和末期运动是重要的调整期。塔北隆起带构造主要形成于海西晚期和末期运动，印支运动是重要的调整期；喜马拉雅中期运动又使圈闭的形成迁移到中央隆起带的巴楚凸起（受喜马拉雅晚期运动调整），喜马拉雅晚期运动使圈闭的形成又回到了盆地北部的库车拗陷（图4-28）。

（一）塔中凸起

塔中低凸起是一个被断层强烈切割的宽缓背斜，为基底卷入式挤压逆冲构造，加里东中期Ⅰ幕是其初始发育期。断裂在平面上呈斜列展布，向南东收敛、北西撒开。剖面上，断面一般较陡，向下断入基底，组合形式比较复杂，断距不大，一般为数百米。比较大型的断裂为塔中Ⅰ号断裂，其斜切塔中低凸起北翼。

塔中低凸起的构造发育具有继承性，构造格局定型于海西早期运动。断裂活动继承了早期的发育特点，同时浅层出现低幅度褶皱，形成压性断褶构造组合。海西早期运动形成了塔中低凸起最主要的构造不整合：上泥盆统及石炭系与下伏地层之间的不整合。该不整合成为塔中地区一级构造层的划分界面。海西晚期运动在塔中低凸起的构造表现较弱，只在早期断裂附近形成低幅度褶皱。

受复杂演化历史的影响，发育多种类型的圈闭，包括地层圈闭、断块圈闭等。

1. 层系圈闭发育特点

塔中低凸起在垂向上可划分出四个构造层，即寒武系—奥陶系构造层、志留系—中泥盆统构造层、上泥盆统—二叠系构造层及中-新生界构造层。除最上面的构造层外，其余三个构造层均有工业发现，其中，上泥盆统—二叠系构造层是塔中低凸起最重要的含油层系，主要含油层位是东河砂岩，下构造层奥陶系裂缝型岩性圈闭的含油气前景也良好。这四个构造层之间均为角度不整合或平行不整合，每个构造层的变形特征不同，圈闭发育条件也有明显不同，除中-新生界构造层外，其余三个构造层均有油气藏发现（图4-29）。

寒武系—奥陶系构造层岩性以碳酸盐岩为主，加里东中晚期运动及海西早期运动在该区的叠加，使得断垒带上的下奥陶统剥露地表并经受了较长时间的风化淋滤，同时强烈的构造活动也是裂缝发育的重要条件，因此中央断垒带是下奥陶统裂缝及潜山复合型岩性

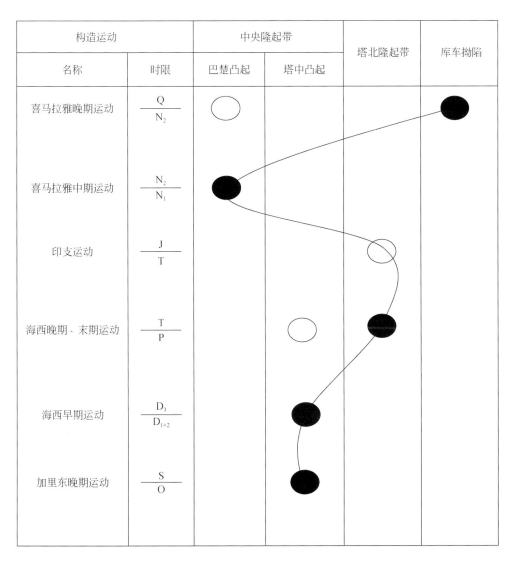

构造运动		中央隆起带		塔北隆起带	库车拗陷
名称	时限	巴楚凸起	塔中凸起		
喜马拉雅晚期运动	$\dfrac{Q}{N_2}$				
喜马拉雅中期运动	$\dfrac{N_2}{N_1}$				
印支运动	$\dfrac{J}{T}$				
海西晚期、末期运动	$\dfrac{T}{P}$				
海西早期运动	$\dfrac{D_3}{D_{1+2}}$				
加里东晚期运动	$\dfrac{S}{O}$				

图 4-28 塔里木盆地主要构造带圈闭形成时间（金之钧等，2005）

黑色实心圆表示圈闭主要形成期，白圈为主要的叠加改造期

圈闭发育区。

志留系—泥盆系构造层，受海西早期运动影响，地层遭受了大范围剥蚀，在中央断垒带剥蚀最强，甚至剥露了中-下奥陶统，使该构造层在中央断垒带缺失。志留系的圈闭类型可分为两种类型，其一是沿中央断垒带两侧分布的地层型圈闭，其中北侧以超覆型圈闭为主，南侧则以削截型地层圈闭为主；其二是构造型圈闭，发育于塔中低凸起的斜坡带，以低幅度背斜为主，背斜的形成常常与断裂活动有关。

上泥盆统—二叠系构造层，该构造层最重要的圈闭层位是上泥盆统东河砂岩。东河砂岩在塔中低凸起的沉积具有填平补齐的特征，同时受海西中、晚期运动持续挤压作用的影响，主要圈闭类型以挤压背斜或挤压披覆背斜为主，并不同程度地受到断裂的切割。圈闭

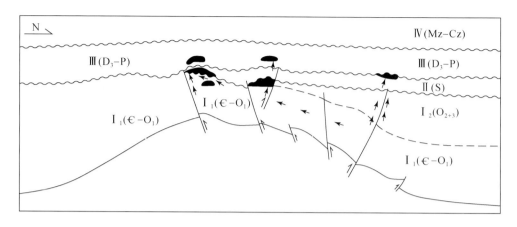

图 4-29　塔中凸起圈闭及油藏垂向分层模式图

I_1. 下奥陶统岩性及内幕背斜圈闭层；I_2. 中–上奥陶统复合圈闭层；Ⅱ. 志留系构造复合圈闭层；Ⅲ. 上泥盆统—
二叠系挤压背斜圈闭层；Ⅳ. 中–新生界圈闭缺乏层

的主要发育部位是中央断垒带，有先存断裂的部位尤其有利于构造变形的出现，因此也是圈闭有利发育区带。

中–新生界构造层变形微弱，圈闭不发育。

2. 区带圈闭发育特点

从平面上看，塔中凸起的圈闭可大致划分为三个带：中央断垒圈闭带，北斜坡圈闭带，南斜坡圈闭带。尽管中央断垒带的形成时间早（加里东期和海西早期），但是形成在石炭系泥岩盖层披覆其上以后，由于获得了顶封条件而成为有效圈闭带，形成了下古生界断块、断块潜山以及上覆挤压披覆背斜复合圈闭带。北斜坡圈闭带变形较弱，圈闭幅度较低，以低幅度背斜、断背斜为主要圈闭类型，圈闭形成时间早。但海西早期运动对圈闭的保存条件也有较大影响。自晚泥盆世以来，圈闭受后期构造运动改造不强。南斜坡圈闭带构造变形主要集中在东部，往东向中央断垒带收敛，与中央断垒圈闭带东段一起被称为所谓"金三角区"，其圈闭类型、形成时间与中央断垒圈闭带相近。

塔中凸起带的地层岩性圈闭主要发育在海西早期运动形成的角度不整合上下，其次为加里东中期Ⅲ幕运动形成的不整合面之上，前者包括不整合面之下的地层削截型圈闭（志留系）和不整合面之上的超覆/披覆型地层圈闭（东河砂岩），后者主要指超覆在奥陶系顶面不整合面之上的下志留统砂岩段。志留系在塔中凸起的发育具有下超上剥的特点，储集层是下志留统下砂岩段，中泥岩段构成顶部封堵，在北斜坡它也同时构成上倾方向的侧向封堵，因此，北斜坡是志留系地层圈闭发育的有利地带。南斜坡则由于构成盖层的中泥岩段遭受了较大破坏，而不能成为上倾方向的侧向封堵。超覆型地层圈闭的主要目的层是东河砂岩，这套地层的顶板封盖条件较差，有构造背景才能形成有效圈闭。

（二）巴楚凸起

巴楚凸起初始形成于中生代，但其主要活动期是新近纪中新世，隆起的发育受边界逆冲断裂控制，具背冲特征。构成背冲的阿恰–吐木休克断裂带和色力布亚–玛扎塔格断裂带都由数条断裂组成，平剖面断裂组合关系复杂。

巴楚凸起圈闭形成较晚，绝大多数圈闭发育于喜马拉雅期，相对来说，麦盖提斜坡及巴楚凸起西部南缘圈闭发育较早。作为塔里木盆地西南隆起的前缘倾没部位，现今巴楚凸起的西南缘在早海西期就已开始隆升，中–上奥陶统—泥盆系地层被剥蚀殆尽，石炭系沉积前这一地区遭受夷平作用，长期的风化剥蚀与构造变形共同作用，使该区下奥陶统碳酸盐岩的孔渗条件得到改善，有利于岩性圈闭的形成。石炭系—二叠系在区内沉积稳定，不仅可形成挤压披覆型圈闭，同时，石炭系—二叠系的发育也使得下伏风化壳有可能成为潜山型圈闭。印支期、燕山期巴楚地区全区整体隆升，未接受中生界沉积，在现今鸟山一带，形成一组逆断层，但断距不大。古近纪至中新世早期巴楚地区构造活动趋于平静，中新世晚期至上新世早期巴楚地区发生强烈的构造运动，造就了现今的格局。

（三）塔北隆起

塔北隆起在晋宁运动地台结晶基底形成以后就有雏形，在柯坪运动时期为稳定沉积，后期经历了多期次构造运动以及构造变形的叠加，形成了断块型、地层型和岩性型圈闭构造。

震旦纪—寒武纪，塔北隆起地区变形较弱，构造较为稳定，温宿凸起在加里东早期运动的影响下开始形成雏形。早奥陶世末期隆起东部曾发生抬升作用，下奥陶统遭受剥蚀。中–上奥陶统围绕英买力和轮南两个古隆起沉积。在奥陶纪末，塔北隆起持续处于挤压状态下，逆冲断层开始发育并导致古生界局部剥蚀，形成与上覆地层的不整合。志留纪在隆起背景上超覆沉积了碎屑岩。志留纪末期，塔北隆起抬升，遭受剥蚀，西部地区剥蚀量大。

泥盆系沉积时，仍受古隆起背景控制，塔北地区可能与库车地区连为一体成为台隆区，泥盆系限于台隆南部，为一套以陆源碎屑岩为主的砂泥岩地层。晚泥盆世早期的海西早期运动是塔里木盆地较强的一次构造运动，台隆整体变形，塔北台隆形成，形成了英买力、轮南和库尔勒三个向南倾伏的鼻隆，地形北高南低，泥盆系大面积剥蚀缺失，形成区域性不整合。石炭系沉积时，台隆再次下沉，沉积了砂泥岩夹碳酸盐岩，局部含盐岩和膏泥岩，石炭纪末期台隆再次上升，隆起高部位遭受剥蚀。二叠纪时，塔北隆起虽然下降，但大部分地区并未接受沉积，仅局部地区接受了下二叠统的火山碎屑岩和火山岩。早二叠世晚期—晚二叠世，塔北隆起处于隆起状态，反映了天山、昆仑山褶皱隆起相关的构造作用，使塔北隆起挤压抬升。海西晚期运动后，结束了地台发育历史，形成了塔北台隆的基本构造格局和各种类型的构造。

三叠纪开始，塔北隆起构造活动开始减弱，平缓地层开始沉积，三叠系形成披覆构造，大部分地区出现三叠系地层和下伏地层不整合的现象。三叠纪末期的印支运动，使塔北隆起抬升，先存断裂复活，地层遭受剥蚀，隆起高部位三叠系剥蚀殆尽，有些地区形成三叠系与侏罗系的不整合。

燕山期和喜马拉雅期，塔北隆起沉降，接受沉积。侏罗系—白垩系相对较薄，新生界厚度大。喜马拉雅运动对塔北隆起影响不大，但在西部喀拉玉尔滚一带，构造变形强烈。

喜马拉雅运动后，塔北隆起形成现今构造形态。

四、油气成藏期及油气藏类型

（一）油气成藏期

塔里木盆地油气藏类型丰富，主要有背斜型、潜山型、岩性型和复合型。根据油气生成和圈闭发育特点等，可以把塔里木盆地（主要为环满加尔地区）成藏期确定为三次，即晚加里东—早海西成藏期、晚海西—印支成藏期和喜马拉雅成藏期。

1. 晚加里东—早海西成藏期

在环满加尔地区，志留系下砂岩段广泛存在着沥青砂岩。形成沥青砂的油气来自于下古生界第一次排烃高峰期，所以下砂岩段中的油气最早可能在中–晚志留世开始聚集，最晚也不能晚于泥盆纪。因此，最初的油气聚集是在晚加里东—早海西期，塔中、塔北的埋藏史及生烃史曲线也能说明这一点。英买2奥陶系油气藏可能是该成藏期形成而保存下来的原生油气藏。

2. 晚海西—印支成藏期

从塔中、塔北地区典型井埋藏史曲线和烃源岩演化看，晚西海期是一次重要的成烃期。在此期间，奥陶系烃源岩进入生烃高峰期，而早期隆起上的寒武系进入二次生烃阶段，因此不缺乏油源条件。利用自生伊利石 K-Ar 定年法对塔中4井区石炭系油藏的油及水样进行分析，结果表明该油藏的形成年龄为 278~247 Ma，为晚海西期成藏的实例（王飞宇等，1997）。

3. 喜马拉雅成藏期

烃源岩演化史分析证明，喜马拉雅期是又一次排烃高峰期，到现在排烃仍在进行中。东河1井、东河11井、东河40井、东河4井 C_{II} 油组 Ar^{40}/Ar^{39} 和 K-Ar 定年分析证明，这些油藏形成时间为 35~24 Ma；同样分析证明，吉拉克三叠系气藏 T_{II} 油组气藏形成年龄在 60~40 Ma 之间。

从上述分析可以发现，塔中、塔北地区在晚海西期及喜马拉雅期成藏特点上有所不同。塔中地区以晚海西期为主，喜马拉雅期主要起一个调整作用；塔北地区在海西期剧烈抬升并遭受剥蚀，成藏作用微弱，主要成藏期是在喜马拉雅期，现今发现的海相油气藏大部为喜马拉雅期成藏。就塔北隆起喜马拉雅成藏期来说，东西部又有一定的差别，东部优于西部的英买力地区，这与西部地区的埋藏史有关，在第一次成藏期热演化后，经后期上升剥蚀，尽管在古近系—新近系接受了大量的沉积，但仍然没有达到原来的成熟度，故烃源岩不具备二次成烃的条件。

（二）典型油气藏区成藏特点

1. 塔中隆起油气成藏特点

塔中隆起奥陶系油气聚集除与风化壳有关外，同时受碳酸盐岩缝洞发育段的影响。志留系油气聚集受构造和物性控制，石炭系油气聚集与断裂及不整合面有关。塔中凸起油气藏（含预测的）可归纳为四种，即奥陶系碳酸盐岩潜山及背斜型油气藏、石炭系东河砂岩地层超覆型油气藏、石炭系断背斜及背斜型油气藏、志留系砂岩背斜及岩性（物性）型油气藏（图4-30）。

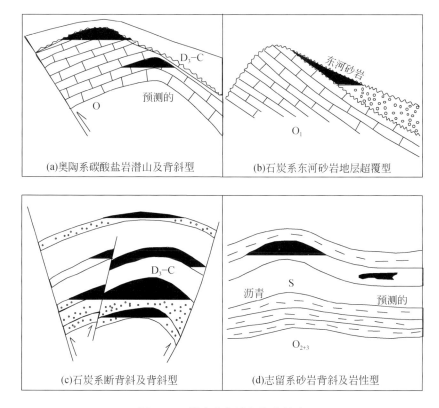

图4-30　塔中隆起油气聚集特点

奥陶系碳酸盐岩潜山高部位一般为石炭系覆盖，在斜坡部位有残存的中-上奥陶统，一般不乏油源，且不整合面是很好的油气运移通道。背斜型油气藏的储层主要为缝洞发育的碳酸盐岩。下奥陶统碳酸盐岩潜山的油气源为寒武系—下奥陶统，碳酸盐岩背斜可接受中-上奥陶统泥灰岩的油气来源。

海西早期运动之后塔中地区形成了高低起伏的残丘地形，在塔里木盆地第二次大规模海侵来临之前，上泥盆统东河砂岩主要为填平补齐式充填沉积。在潜山的斜坡部位发育了东河砂岩的地层超覆沉积。东河砂岩储集性能好，一方面它与奥陶系通过不整合面直接接触，另一方面石炭系也是烃源岩之一，因此，东河砂岩有条件捕集到油气。

石炭系（含上泥盆统）断背斜及背斜型油气藏，除塔中4号构造外，塔中低凸起石炭系背斜的特点是幅度低、面积小，从而限制了油气田的规模。如塔中10、塔中6、塔中16石炭系背斜油气藏，储量计算结果都在中型油气田之列。尽管圈闭规模小，但上泥盆统—石炭系有三套含油层系，一旦发现，其含油气丰度都比较高，投入井少探明快，经济效益好。

志留系砂岩背斜及岩性（物性）型油气藏在塔中凸起具有很好的远景。塔中低凸起志留系砂岩含沥青的现象十分普遍。塔中 11 井志留系砂岩既含沥青，又产稠油和轻质油，说明志留系砂岩曾有几次油气注入的历史，若受后期构造活动影响小，原生油气藏可以保存下来；砂岩物性好可再次成藏。特别是第一期成藏时没有构造的志留系砂岩由于没有油气聚集，也就没有后期被破坏所形成的沥青充填孔隙。一旦油气再次注入，这种部位的志留系砂岩物性相对较好，而向构造高部位又有低孔渗的沥青砂封堵，因此有可能形成由物性变化所引起的岩性油气藏。这类油气藏以隆起的西北区最为有利。

2. 巴楚隆起油气成藏特点

巴楚隆起油气藏有两种基本类型（图 4-31），包括断背斜和断块山两种类型，断背斜主要表现为石炭系中，断块山主要表现为下奥陶统。

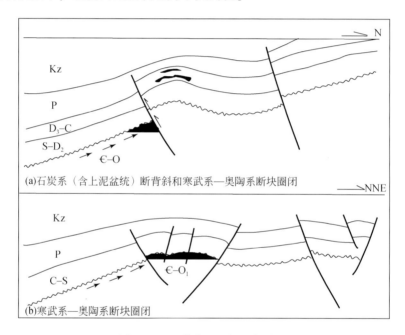

图 4-31　巴楚隆起油气聚集特点

海西晚期 I 幕运动是塔里木盆地的一次重要的造陆运动，在南北向挤压应力的背景下，形成与断裂相伴生的背斜或断鼻，储集层主要为上泥盆统—石炭系，因此可称为石炭系断背斜（断鼻）。从目前的勘探情况看，寒武系—奥陶系依然是该区主要供油层，但巴楚凸起区东段石炭系卡拉沙依组优质（玛参 1 井，有机碳含量最高达 24.9%）、有效（沥青 "A" 最高为 0.1%）、低熟（R_o 为 0.7%）泥质烃源岩有可能成为该区重要的油源层。

海西晚期 II 幕运动，麦盖提斜坡已由原来的北倾转为南倾。在挤压应力的作用下在隆起与斜坡过渡的转折带开始出现近东西向的逆冲断层，在断层上盘出现圈闭的雏形，形成下奥陶统断块山。麦盖提斜坡下倾方向寒武系—奥陶系源岩已处于成熟排烃高峰期，深埋地区的成熟原油可能是通过下奥陶统顶部不整合面向位于斜坡高部位的巴楚凸起南部断裂构造带运移。现今在山 1 井中所见到的少量原油，可能就是在海西晚期开始聚集的。喜马拉雅运动之后，在色力布亚–玛扎塔格断裂带形成了一系列与断层有关的潜山垒块，源于盆地深部的寒武系—奥陶系烃源岩的干气，通过不整合面侧向运移并沿断层进入奥陶系风化壳中聚集。同时巴楚凸起区下部的寒武系也存在着高熟优质烃源岩，可能也是该区重要的气源岩。

3. 塔北隆起油气成藏特点

塔北隆起油气藏类型具有三个特点，第一个特点是塔北隆起遭剥蚀的地层多，在隆起高部位，中–新生界直接披覆沉积于寒武系—奥陶系潜山之上，圈闭成因相互联系；第二个特点是，断层比较发育，下部逆断层与上部（中–新生界）正断层连通构成油气垂向运移的通道，油气柱的高度往往受断距的控制（表4-7）；第三个特点是，有两大油气来源，既有古生界的海相油气又有中生界的陆相油气，这些特点就决定了塔北隆起不但油气资源丰富而且油气的聚集具有复式油气聚集带的特点。

表 4-7 反向断层断距与油气柱高度关系

构造带	油气藏层位	断距/m	油气柱高度/m	圈闭面积/km^2
牙哈	N_1j	230	100	24.1
英买7	Pg	80	60	22.0
红旗	Pg	25	15	3.1
	N_1j	16	10	1.6
提尔根	Pg	40	30	7.4

塔北隆起油气藏的典型类型为下–中–上油气层组的潜山–披覆背斜型和下–上油气层组的潜山–披覆（断）背斜型。

在下–中–上油气层组的潜山–披覆背斜型油气藏中，潜山属于寒武系—奥陶系甚至震旦系，构成披覆背斜的层位在隆起较高部位，一般为三叠系—侏罗系，隆起最高部位披覆层是侏罗系，隆起较低部位有石炭系的披覆背斜。轮南潜山的含油气层是奥陶系的风化壳，石炭系尚有部分残存。三叠系—侏罗系在潜山垒块之上形成披覆背斜（图4-32），由于有断层与潜山油气藏沟通，使下伏油气的垂向运移成为可能。上、下圈闭具有同一油气来源，为海相油气。桑塔木断垒构造位置比轮南断垒低，石炭系残存厚度大，油气也是源于海相。断背斜–披覆背斜型（中–上油气层组）油气聚集模式是这一类模式的简化，比较典型的实例是东河塘构造带，东河砂岩断背斜之上形成了侏罗系的披覆背斜，油气聚集于这两层构造之中。

下–上油气层组的潜山–披覆（断）背斜型油气藏以英买7号断裂构造带和牙哈断裂构造带最为典型。前者是在下奥陶统潜山之上形成侏罗系—古近系的为断层所切割的披覆背斜，通过不整合面向潜山高部位聚集的油气，再次通过断层向上运移、构成了下有潜山油气藏（O_1）、上有断背斜油气藏（K、Pg）的油气纵向分层的特点，但上、下油气层组的油气来源都是相同的。后者亦是在潜山（寒武系—奥陶系潜山、前震旦系变质岩潜山）背景上形成的披覆沉积，虽然上构造层（K、Pg、N）构造圈闭的形成受控于牙哈大断裂，但从剖面上可以明显看出上构造层的背斜（断背斜）形态与下伏潜山的起伏具有很好的耦

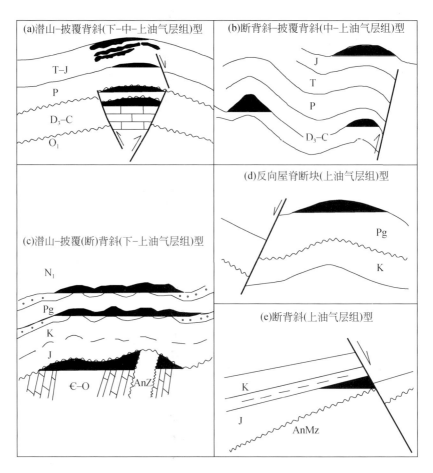

图 4-32　塔北隆起油气聚集特点

合性，显然浅层构造的形成受到潜山起伏状况的影响。值得注意的是，碳酸盐岩本身有可能形成自生自储式的油气聚集。另外，断背斜型（上油气层组）油气藏模式，实际上是这类模式的简化，比较典型的实例如红旗断裂构造带的油气藏。

塔北隆起的典型油气藏为英买 7 号油藏，包括下奥陶统、白垩系及古近系三套含油气层系，英买 7 井位于下奥陶统潜山及中新生界披覆背斜的斜坡部位，仅在下奥陶统及古近系底砂岩中获工业油气流。地层波动埋藏史曲线显示，晚志留世之前，本井区一直处于持续稳定沉降阶段，晚志留世末开始大规模抬升，隆升速率约 100 m/Myr。早泥盆世晚期下奥陶统即被抬至地表，直到上泥盆统东河砂岩沉积前，经历了将近 25 Myr 的风化剥蚀，早期的潜山圈闭之上直接披覆沉积了东河砂岩至三叠系。应该承认晚海西期在这些潜山或背斜圈闭中曾有过海相油气的聚集，不仅在英买 7 号构造带（英买 11 井下奥陶统沥青），而且在红旗构造带（东河 12 井志留系沥青）都有表现，但被第二期强烈隆升剥蚀所破坏。第二期隆升活动从早侏罗世开始，隆升速率约 80 m/Myr，下奥陶统再次出露地表经历近20 Myr 的剥蚀改造期，随后白垩系—中新统具有披覆沉积的特点，同时又被前陆隆起所发育的张性断裂切割而成断背斜或断块。

油源对比结果表明，英买 7 号构造的油气来自北侧库车拗陷的三叠系—侏罗系烃源岩。这套源岩经历了两期排烃高峰，第一期排烃高峰是在白垩纪，第二期排烃高峰是在新近纪。由于直到新近纪之前，下奥陶统潜山的上覆地层厚度不大，难以形成有效的封盖层，推测下奥陶统潜山聚油是在康村—库车期。在库车前陆盆地发展的鼎盛期，三叠系—侏罗系底界不整合面倾角增大，为油气侧向运移创造了良好条件。

（三）盆地升降运动对油气藏成期后演化的影响

塔里木盆地演化的旋回性不仅决定了多期成藏，同时也决定了油气藏的多期破坏。波动分析证明，塔里木盆地环满加尔地区在早古生代以持续沉降为主，志留纪末开始抬升，早–中泥盆世剥蚀强烈，晚泥盆世晚期开始沉降，至晚石炭世早期以持续沉降为主，晚石炭世晚期至早二叠世早、中期以抬升剥蚀为主，早二叠世晚期—晚二叠世至早三叠世为沉降期，中三叠世至侏罗纪末在塔中低凸起及满加尔凹陷的大部分地区以升降运动为主，剥蚀过程明显，其中塔北隆起及满加尔凹陷北部有早–中侏罗世沉积，早白垩世中期–晚白垩世末期以升降运动为主，剥蚀过程较为明显，新生代以来沉降作用明显。盆地的这种沉降和隆起的交替变化既有利于油气成藏，也破坏了原有的油气藏。隆升运动导致地层剥蚀，使已形成的油气藏的有效盖层遭受剥蚀，油气藏接近地表氧化带，油气藏受氧化作用、生物降解作用或水洗淋滤作用而遭到破坏。成藏后的沉降作用则使油气藏的温度升高，油气发生裂解，逐渐变成轻质油或高温裂解气，压力的增加对这一过程有一定的抑制作用，但温度的变化对成藏期后演化的影响远远大于压力的影响。同时，隆升和沉降过程中往往伴随着区域构造应力场的变化，伴随有断裂活动、岩浆活动等，使油气藏的封闭条件和保存条件等遭到破坏。

1. 升降运动对油气藏的破坏作用

有机地球化学研究表明，震旦系、寒武系及奥陶系的烃源岩生烃母质全由菌藻生物构成，且厚度大、有机质丰度高，其生烃潜力是不容置疑的。由于它们时代老，长期的持续沉降升温使有机质早已成熟或过成熟，如在中–晚奥陶世和志留纪早期，满加尔凹陷的寒武系和下奥陶统有机质已经成熟，并有大量的烃类排出，其后的持续沉降，使凹陷中部的大部分地区的有机质达到过成熟阶段，仅在边缘地带有很窄的成熟—高成熟分布带。中–上奥陶统烃源岩从志留纪开始直至泥盆纪，都处于成熟阶段并大量生烃，这个时期可以说是北部拗陷最大规模的生排烃期。总体来看，震旦系和下古生界现今的生烃潜力比较有限，仅在拗陷的斜坡边缘地带有一定的潜力。

早古生代晚期是塔里木盆地第一次大规模油气排驱期，排烃量达 2000 亿 t，主要分布在东部，满加尔凹陷周边高部位为油气运移指向区，油气在这些高部位区聚集成藏。泥盆纪晚期，早海西构造运动使塔中地区整体抬升，泥盆系、志留系遭受严重剥蚀，中央断垒带、北部斜坡东南部的泥盆系、志留系被剥蚀殆尽，直至出露中–上奥陶统泥岩或中–下奥陶统碳酸盐岩地层。古油藏大面积暴露地表，遭受严重破坏。塔中北斜坡志留系古油藏埋深一般不超过 600 m，平均为 200～300 m，接近地表处氧化带内，油气受到氧化、水洗、生物降解等破坏作用，形成了广泛分布的沥青砂。塔中北斜坡西北部和北部，由于泥盆系残余厚度大，志留系古油藏埋藏较深，保存条件良好，可能保存有志留系古油藏。

波动埋藏史进一步分析表明，在塔中低凸起强烈剥蚀期（晚志留世—晚泥盆世），东南端比西北端被剥蚀的程度要大得多。从沥青、稠油分布情况看，下奥陶统沥青分布于东南段，志留系沥青则分布于断垒带及北部斜坡带偏向西北段，向西至塔中 10 井则是志留系稠油。用大气淡水与油气层相通的氧化模式来解释，这种稠油的存在是因西段油气进入下砂岩段的时间相对较晚，同时抬升幅度不及中段（塔中 11，塔中 12，塔中 30 井等）高而被不完全氧化的结果。据此推测，向西北倾没端尚有抬升阶段埋深相对较大，且油气进入时间比东段晚一些的未受大气淡水影响的志留系缓背斜原生油气藏。

2. 升降运动对油气藏的调整作用

晚海西—印支期是塔里木盆地的主要成藏期之一，如塔中 4、塔中 10、塔中 16、塔中 24（C_{III}）、塔中 11（S）油藏，塔中 1（O_1）、塔中 6、塔中 101C_{III} 油藏，均是该期成藏的。其中塔中 4 构造石炭系 C_{III} 古油藏的形成时期应为二叠纪末至三叠纪。三叠纪末期的印支运动，使塔中 4 背斜西部抬高，背斜分划为东西两个独立的圈闭，一部分油气向西逸散。同时，塔中 4 背斜北翼断层发生错动，一部分油气沿断层进入石炭系 C_1、C_{II} 油组，形成次生油气藏。因此，印支期是塔中 4 油田一次重要的破坏和调整期。

白垩纪末期的燕山运动，使塔中 401 井周围地区抬升，一个统一的塔中 4 背斜再次形成，但这时的 C_{III} 油藏已分解成为三个局部构造高点控制的油气藏。因此，燕山运动是塔中 4 油田的再形成期。

3. 差异沉降对油气再运移成藏的影响

差异沉降运动是构造运动最直观、最常见的表现形式之一，常常伴随断层的产生，并使溢出点发生改变。塔北隆起轮南地区在喜马拉雅晚期的沉降作用即表现出北快南慢的不均衡性，其结果使中生界及其以上地层出现区域北倾，从而形成了轮南地区现今的古生界大型潜山背斜及中-新生界南高北低的构造形态。一方面，它引起中生界构造高点的南移、圈闭幅度减小、溢出点改变，使圈闭内原来聚集起来的油气遭受不同程度的破坏，产生再次运移，使一部分油向南运移，形成解放渠东油田，一部分沿断层上窜，形成像轮南断垒带上侏罗统那样的油气藏；另一方面，由于石炭系顶面产状由过去的北高南低，变为南高北低，从而使随后油气运移的方向也随之发生改变，使奥陶系与石炭系泥岩生成的油气向南部隆起高部位运移。吉拉克背斜上的轮南 59 井石炭系气藏即是此期运移后形成油气藏的典型例子。因而喜马拉雅晚期运动降低了本区油气的聚集规模。

4. 成藏期后的沉降作用对油气性质的改变

油气藏形成时通常为正常的油和气，其后的沉降作用由于温度的增加，原来的油气发生进一步裂解，轻质组分增加。柯深 1 井天然气及凝析油藏的形成便是成藏期后沉降作用的结果。

该区主要烃源岩为石炭系及二叠系海相页岩，侏罗纪时进入生油门限，形成石炭系—二叠系古油藏（董大忠和关春林，1996）。侏罗纪以后叶城凹陷持续沉降，使古油藏中的油气在温度的作用下逐渐裂解，至上新世晚期—第四纪时，轻质油气沿柯克亚深、中部断裂向上运移，在柯克亚背斜中重新聚集，形成凝析油气藏。

五、盆地波动过程对油气分布的控制

塔里木盆地旋回性演化造就了盆地内发育有多套生油层系、多次生排烃和多期成藏过程。而多次构造运动，又可能导致已形成的油气藏被调整或被破坏。差异性升降运动等，也造成油气在平面上的分布具有规律性。

（一）油气分布特点

塔里木盆地油气分布在纵向上和横向上都有一定的规律性。

在剖面上，塔里木盆地的油气分属于下（震旦系—志留系）、中（上泥盆统—石炭系）、上（三叠系—新近系）三个油气层组。下油气层组包括震旦系、寒武系—奥陶系潜山凝析气藏和志留系背斜油气藏，储层类型为震旦系、寒武系—奥陶系灰岩，储集空间以裂缝及溶蚀孔、洞为主；志留系为沥青砂岩段含油。中油气层组包括上泥盆统东河砂岩中的油气藏和石炭系中的油气藏，油气藏类型以背斜油气藏为主，储集层岩性除 C_{II} 油组为生物碎屑灰岩外，其余两套皆为砂岩（东河砂岩），储集空间为孔隙型，平面上主要分布在古隆起及隆起斜坡部位。上油气层组包括三叠系、侏罗系、白垩系、古近系和新近系油气藏。油气藏类型以构造型占绝对优势，有极少数岩性型和复合型。在构造型油气藏中，以披覆背斜、断背斜及断鼻构造油气藏为主，储集岩类型除西南拗陷柯克亚构造古近系为海相灰岩聚油气外，其他地区皆为陆相砂岩储油。

在平面上，油气分布表现出区带性。塔里木盆地油气在平面上的分布具有明显的区带性。下油气层组油气藏主要分布于满加尔凹陷南北两侧的古隆起上，即塔北隆起和塔中低凸起。中油气层组油气藏主要分布在古隆起及隆起斜坡部位。上油气层组油气藏分布严格受库车拗陷烃源岩控制，主要分布于库车拗陷及相邻的塔北隆起北部；在盆地西南部，则受西南拗陷的源岩及油源断层的控制；轮南地区三叠系油气藏则受益于下伏油气藏的调整。

平面油气分布也受盆地类型影响，古生代克拉通盆地的油气分布受古隆起及古斜坡的控制，如塔北隆起南部、塔中低凸起中央断隆带及北斜坡。前陆盆地的油气分布主要集中在山前冲断褶皱带和前缘隆起上，前者如库车拗陷的依奇克里克油田和克拉苏构造带上的诸油气田，以及塔西南柯克亚地区；后者如塔北隆起北部及塔西南的苦恰克油气藏和鸟山油气藏。

（二）成藏旋回控油

塔里木盆地油气形成及分布，在平面上和纵向上都有规律性。早期形成的油气藏往往表现为油气从形成到破坏的一个完整过程；中期的油气聚集又以油气形成—调整（破坏）—定型为主要特点；晚期形成的油气藏一般都能比较好地保存下来。因此，塔里木盆地油气成藏表现出旋回性特点，可以划分为三大成藏旋回。

1. 成藏旋回 I（寒武纪—中泥盆世末）

圈闭主要为寒武系—奥陶系内幕圈闭及志留系背斜圈闭，油气来源于寒武系—下奥陶统碳酸盐岩生油层的第一次排烃高峰。在环满加尔的广大地区，志留系下砂岩段中的油气最早可能在中志留世开始聚集，最晚不晚于泥盆纪。最初的油气聚集是在晚加里东期—早海西期，塔中、塔北的埋藏史及生烃史曲线也说明了这一点。英买 2 原生油藏可能是该成藏期形成而保存下来的原生油气藏。随后的强烈隆升剥蚀使第一期形成的油气藏大多被破坏。

2. 成藏旋回Ⅱ（晚泥盆世—侏罗纪末）

圈闭主要包括晚海西期形成的下奥陶统断垒、奥陶系挤压滑脱背斜、上泥盆统—石炭系的挤压背斜等，油气则是在二叠纪时下伏烃源岩的排烃高峰期聚集的。从塔中、塔北地区典型井埋藏史曲线看，晚海西期是一次重要的成烃期，此期内奥陶系烃源岩进入生烃高峰期，而寒武系的部分层位也具备二次生烃条件。其次是利用自生伊利石 K-Ar 定年法对塔中 4 井区石炭系油藏的油及水样进行分析，结果表明该油藏的形成年龄为 278 ~ 247 Ma，为晚二叠世（王飞宇等，1997）。随后一系列的构造活动如翘倾活动、差异升降导致的隆升剥蚀作用等，或使已形成的油气藏受到调整（如塔中 4 号东河砂岩断背斜油藏），或使其被破坏（如英买 7 号下奥陶统潜山背斜中残存的沥青）。在保存条件比较好的地区油气藏可直接保存下来（如轮南下奥陶统潜山油藏及英买 1 号背斜内幕油气藏等）。

3. 成藏旋回Ⅲ（白垩纪—第四纪）

圈闭包括燕山期形成的背斜、断背斜、断块及残存的早期圈闭，油气来源既有盆地内第三次排烃高峰提供的油气，同时也有早期形成的油气藏在调整过程中沿断层向上运移的油气。油气藏形成期主要为新近纪。从轮南地区典型井埋藏史曲线分析，塔北地区在古近纪以来接受了大量沉积，埋藏史生烃分析喜马拉雅期是又一次排烃高峰期，该期到现在仍在进行之中。据对东河 1 井、东河 11 井、东河 40 井、东河 4 井 C_{II} 油组取样，进行 Ar^{40}/Ar^{39} 和 K-Ar 定年分析，认为该油藏形成时间为 24 ~ 35 Ma，同样的手段分析了吉拉克三叠系气藏 T_{II} 油组的气层和水层，认为该气藏形成年龄在 60 ~ 40Ma 之间。这一阶段实际上是新油气藏形成与部分前期油气藏调整的过程。因此，该成藏旋回具有多油气源、多期形成圈闭、多层位成藏、成藏期短、保存条件好、成藏有效性高等特点，现今发现的油气储量中属该期成藏的比例很高（吕修祥等，1996）。

三个成藏旋回在不同地区表现不同，如塔中、塔北地区在晚海西期及喜马拉雅期成藏特点不同，塔中地区以晚海西期为主，喜马拉雅期主要起一个调整作用，而塔北地区在海西期剧烈隆升并遭受剥蚀，所以该期在塔北特别是塔北东部地区成藏作用微弱，而在喜马拉雅期塔北成藏作用强，现今发现的海相油气藏大多为该期成藏。就塔北而言，东西部又有一定的差别。对于喜马拉雅期成藏来说，东部低于西部的英买力地区，这主要是西部地区在第一次成藏期热演化低，经后期上升剥蚀，尽管在古近纪以来接受了大量沉积，但没有达到原来的成熟度，故不具备二次成烃的条件。

（三） 不整合控油

不整合的存在与油气的生成、运移及聚集有着密切的关系，不整合面控油主要表现在以下几个方面：不整合面是油气侧向运移的主要通道；不整合的发育可形成多种类型的圈闭；不整合面持续时间控制奥陶系储层厚度和纵向分带性等。

1. 不整合面是油气侧向运移的主要通道

目前塔里木盆地已发现的油气田大多与不整合面有关。塔中低凸起带最有利的油气富集区是中央断垒带，其主要油源是北斜坡带中—上奥陶统泥灰岩，其次为满加尔凹陷南坡的寒武系—下奥陶统碳酸盐岩，由于剥蚀作用，断垒带上缺失中–上奥陶统，因此，不整合面对油气运移起了重要作用。塔里木盆地志留系与奥陶系之间的不整合面、上泥盆统—石炭系与下伏地层之间的不整合面以及中生界与下伏地层之间的不整合面均是油气侧向运移的重要通道。

塔北隆起受两大油气源区控制。一是库车拗陷陆相油源，有效烃源岩为侏罗系—三叠系湖相泥岩，轮台凸起是其主要的运移指向区。该区的主要储层有侏罗系、古近系与新近系，油气必须借助侏罗系与下伏层不整合面及侏罗系底砂岩输导层作长距离侧向运移到达轮台断隆，再经断层进行垂向运移，进入各层位的圈闭形成油气藏。二是隆起区海相油源，塔北隆起南部以寒武系—下奥陶统和中奥陶统泥灰岩为烃源岩，垂向运移和侧向运移对轮南地区的油气富集都是必不可少的，控制油气侧向运移的主要因素是奥陶系内部不整合面、奥陶系顶部不整合面及上泥盆统—石炭系与下伏地层之间的不整合面。

2. 不整合的发育可形成多种类型的圈闭

不整合与油气圈闭关系密切，不整合的发育可形成多种类型的圈闭，塔里木盆地也不例外，由于该盆地为一叠合复合盆地，伴随着多期构造运动，形成了多套地层之间的不整合，这为塔里木盆地形成各种类型的圈闭创造了良好的条件。目前在塔里木盆地已发现多种与不整合有关的圈闭，可将其分为四个大类（图4-33），即潜山型圈闭、地层剥蚀型圈闭、地层超覆型圈闭和潜山–披覆构造型圈闭。潜山型圈闭主要发育在古隆起区，如塔中、塔北及塔南地区，例如塔中1油田为一奥陶系褶皱潜山圈闭；根据其岩性，地层剥蚀型圈闭可分为碳酸盐岩型及碎屑岩型，塔里木盆地震旦系—奥陶系发育巨厚的台地相碳酸盐岩，由于多期的构造运动使这些碳酸盐岩地层隆起抬升并遭受剥蚀，形成一定厚度的风化淋滤破碎带而成为良好的储集体，例如雅克拉油田便属于这类圈闭，油藏分布于不整合面之下，储层为震旦系—奥陶系白云岩；地层超覆型圈闭具有良好的"储盖"组合，不整合面构成油气运移的良好通道，在潜山的围斜部位广泛发育的"裙边式"及"帽缘式"超覆沉积等，这些地区是寻找地层超覆型圈闭油藏的有利地区。另外，不整合面的存在是一次大规模隆升剥蚀的结果，高低起伏的形态为后续地层形成披覆背斜创造了良好条件，从而形成下潜山上背斜的潜山–披覆构造型圈闭。

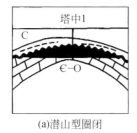

(a)潜山型圈闭

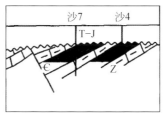

(b)地层剥蚀型圈闭

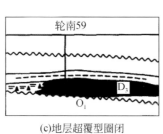
(c)地层超覆型圈闭

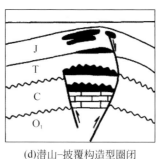
(d)潜山–披覆构造型圈闭

图4-33　塔里木盆地与不整合有关的圈闭类型

3. 不整合面持续时间控制奥陶系储层厚度和纵向分带性

不整合面附近地下水溶蚀作用加强，显然不整合面本身侵蚀量的大小和持续时间的长短决定了不整合面附近溶蚀作用强弱和地下水溶蚀作用所影响的储层深度（金之钧等，2003）。剥蚀量越大，持续时间越长则溶蚀作用影响深度越大，有利于形成厚层储层。反之则影响深度较小，形成储层较薄。塔北隆起是个继承性古隆起，奥陶系顶部不整合面经历地质时间长，遭受长期的风化、剥蚀淋滤和溶蚀作用，为典型风化壳型储层，优质储层发育带在距不整合面300 m深度内。塔中低凸起主体（塔中1、塔中3、塔中5井区）奥陶系顶部不整合面经历地质时间较塔北隆起短，因此优质储层发育段厚度较小，一般距不整合面100 m深度范围内（图4-34）；塔中北斜坡奥陶系内部不整合面具有沉没不整合特点，经历地质时间最短，优质储层发育段距不整合面20～30 m范围内，而且不具有典型风化壳（岩溶系统不发育）。

不整合面的存在是形成风化壳型储层的必要条件。轮南隆起发育时间长，形成了典型的风化壳岩溶体系，不同时期不整合面的叠加，造就了大厚度的复合岩溶体系。一个岩溶体系垂向上可分两部分，即垂直渗流带和水平潜流带。垂直渗流带分布在不整合面以下0～60 m，地下水呈垂直运动，以发育垂直落水洞和溶蚀缝为特征，在垂直渗流带溶蚀作用较弱；水平潜流带分布于不整合面下60～200 m，地下水呈水平运动，形成复杂的水平溶洞体系。在水平潜流带，地下水运动较慢，溶蚀作用最强。在水平潜流带之下，地层不受不整合面影响，溶蚀作用弱。轮南地区奥陶系背斜构造形成时，构造缝发育于背斜顶部0～300 m范围内，伴随不整合面的地下水溶蚀作用，以构造缝为渗流通道对储层进行改造。水平潜流带溶蚀作用最强，形成了裂缝–溶洞型储层，潜流带以下溶蚀作用弱，以构造缝型储层为主，于是形成了储层以不整合面为起点的纵向分带性，上部为溶蚀缝型（0～60 m），中部为裂缝–溶洞型（60～200 m），下部为构造缝型（200～300 m）。

（四）构造枢纽带控油

地块平面波动的枢纽部位是油气聚集保存的有利部位。首先，枢纽带长期处于油气运移指向上，具有捕获油气的得天独厚的有利位置。其次，枢纽带始终没有成为隆起剥蚀主体地区，其保存条件良好。塔中凸起东西两端在构造演化过程中始终处于差异运动过程

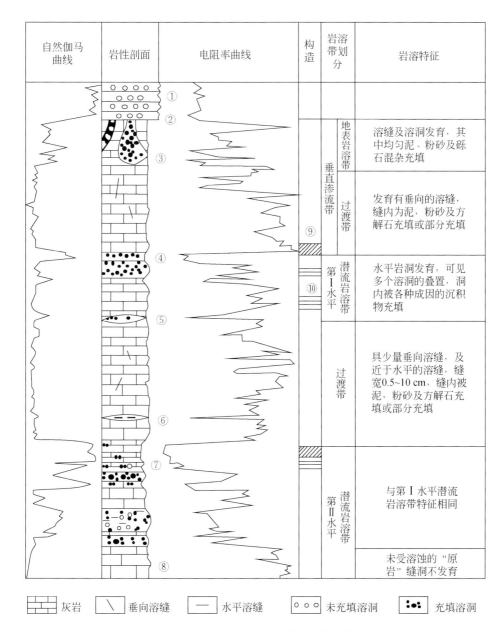

图 4-34　轮南地区下奥陶统岩溶带划分

①砾石；②O$_{1+2}$顶剥蚀面；③洞穴充填的含泥质粉砂质（角）砾岩；④洞穴充填的泥质细–粉砂岩；⑤洞穴充填的泥质粉砂岩；⑥洞穴充填的泥；⑦洞穴充填的含泥质粉砂岩；⑧石灰岩；⑨斜层理；⑩水平层理

中，塔中 4 油藏位于该枢纽部位。塔北隆起、麦盖提斜坡均处在南北向差异运动的枢纽带上，油气沿着枢纽带东西向分布（图 4-35）。

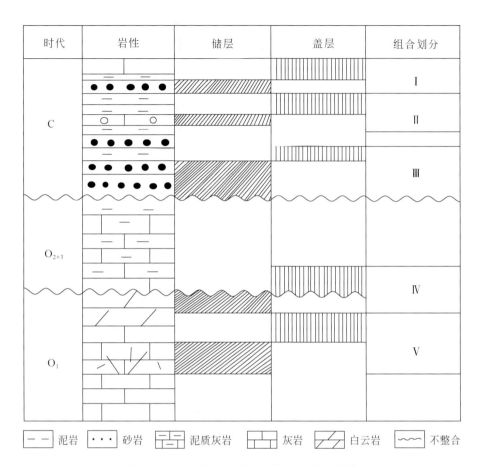

图 4-35　巴楚凸起南带 "储盖" 组合示意图

参 考 文 献

董大忠，关春林 . 1996. 塔西南拗陷油气藏模式及其形成条件初探 . 新疆石油地质，17（02）：111-115，
　　201-202.

顾家裕 . 1995. 沉积相与油气 . 北京：石油工业出版社 .

贾承造，魏国齐，姚慧君，等 . 1995. 盆地构造演化与区域构造地质 . 北京：石油工业出版社 .

金之钧，刘国臣，李京昌，等 . 1998. 塔里木盆地一级演化周期的识别及其意义 . 地学前缘，5（S1）：
　　194-200.

金之钧，范国章，刘国臣 . 1999. 一种地层精细定年的新方法 . 地球科学，24（04）：379-382.

金之钧，李有柱，李明宅，等 . 2000. 油气聚集成藏理论 . 北京：石油工业出版社 .

金之钧，吕修祥，王毅，等 . 2003. 塔里木盆地波动过程及其控油规律 . 北京：石油工业出版社 .

金之钧，张一伟，陈书平 . 2005. 塔里木盆地构造-沉积波动过程 . 中国科学 D 辑：地球科学，35（6）：
　　530-539.

康玉柱 . 1996. 中国塔里木盆地石油地质特征及资源评价 . 北京：地质出版社 .

李德生 . 2001. 塔里木盆地油气勘探前景 . 新疆石油地质，22（2）：91-92.

李京昌，金之钧，刘国臣，等 . 1997. 100Ma——塔里木盆地演化的重要周期 . 地学前缘，7（Z2）：

316-321.

吕修祥，张一伟，金之钧. 1996. 塔里木盆地成藏旋回初论. 科学通报，41（22）：2064-2066.

汤良杰. 1996. 塔里木盆地演化与构造样式. 北京：地质出版社.

王飞宇，何萍，张水昌，等. 1997. 利用自生伊利石 K-Ar 定年分析烃类进入储集层的时间. 地质论评，
    43（05）：540-546.

王毅，张一伟，金之钧，等. 1999. 塔里木盆地构造-层序分析. 地质论评，45（05）：504-513.

朱夏. 1983. 含油气盆地研究方向的探讨. 石油实验地质，5（02）：116-123.

Chen S, Jin Z, Wang Y, et al. 2015. Sedimentation rate rhythms：evidence from filling of the Tarim Basin,
    Northwest China. Acta Geologica Sinica（English Edition），89（4）：1264-1275.

Шпильман В И. 1982. Количественный прогноз нефтегазоносности. М：Недра

第五章　鄂尔多斯盆地波动特征分析

第一节　盆 地 概 况

一、大地构造位置及盆地构造演化

鄂尔多斯盆地位于华北克拉通西部，是中国最稳定的克拉通盆地（翟光明，1992；王香增等，2012；Zou et al.，2012；Meng et al.，2019）。鄂尔多斯盆地四周均被造山带围限，北临阴山造山带，南至秦岭造山带，西接贺兰山—六盘山，东抵吕梁山（翟光明，1992；张国伟等，2001；杨华等，2012）。盆地内部划分伊盟隆起、伊陕斜坡、渭北隆起、晋西挠褶带、天环拗陷、西缘逆冲带六大构造单元（刘池洋等，2006；Yang et al.，2017；Zhang et al.，2019（图5-1））。

鄂尔多斯盆地太古代结晶岩系基底之上发育了从中元古代到古近纪的地层序列，厚度达到 4~5 km（翟光明，1992；Zou et al.，2012；Yang et al.，2017）。早三叠世开始，鄂尔多斯盆地进入陆相盆地演化阶段。自下而上发育刘家沟组、和尚沟组、纸坊组、延长组、延安组、直罗组、安定组、洛河组等地层序列（童金南等，2019；黄迪颖，2019；席党鹏等，2019；Zhu et al.，2019）。中生代期间，鄂尔多斯盆地被古特提斯、古亚洲洋和古太平洋三大构造域所夹持，历经印支期与燕山期两大构造旋回，具有多幕次沉积–剥蚀过程。盆地发育四幕不整合，分别发生在晚三叠世—早侏罗世期间、中侏罗世期间、晚侏罗世—早白垩世期间以及晚白垩世期间（陈瑞银等，2006；任战利等，2007；陈刚等，2007；杨华等，2012；李振宏等，2014；Meng et al.，2019）。

二、岩性地层格架及沉积体系

受地质资料等方面的限制，鄂尔多斯盆地波动过程研究仅限于三叠纪以来的地质历史时期，因此，地层描述从三叠纪开始。在华北地块内部，二叠系—三叠系是连续沉积的，三叠纪地层以鄂尔多斯盆地最为典型（Liu et al.，2013），自下而上划分为刘家沟组、和尚沟组、纸坊组和延长组，主要为湖相、三角洲相、河流相沉积（Chu et al.，2020）。晚三叠世—早侏罗世期间，延长组顶部发生剥蚀，华北地块大部分地区缺失下侏罗统（Meng et al.，2019；Zhang et al.，2020）。鄂尔多斯盆地在中侏罗世开始扩张，中侏罗统延安组以曲流河相和浅湖相为主，含厚煤层（李振宏等，2014）。延安组与上覆直罗组之间发育短暂的不整合，直罗组和安定组则为连续沉积，以曲流河相和浅湖相为主。早白垩世志丹群沉积之后，鄂尔多斯盆地整体抬升，大型鄂尔多斯盆地消亡（刘池洋等，2006；任战利等，2007）。

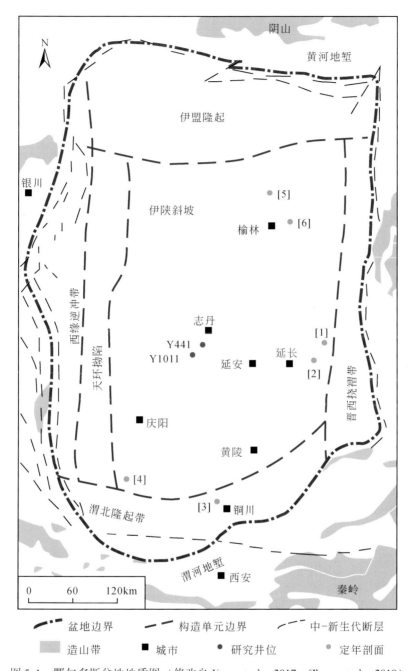

图 5-1 鄂尔多斯盆地地质图（修改自 Yang et al., 2017; Zhang et al., 2019）

[1] 柳林剖面；[2] 柳林—永和剖面；[3] 瑶曲剖面；[4] 邵寨剖面；[5] 纳岭沟剖面；[6] 东胜剖面

（一）三叠系

下三叠统刘家沟组标准剖面在山西省宁武县孙家沟（Chu et al., 2017; 童金南等, 2019）。刘家沟组地层厚度约 350~380 m，是一套红层建造，主要发育灰紫色细砂岩与紫红色泥岩互层，与下伏二叠系假整合接触。

下三叠统和尚沟组命名的标准剖面也位于山西宁武孙家沟，地层厚度 110~130 m，与下伏刘家沟组整合接触。和尚沟组主要发育棕红色粉砂岩、紫红色泥岩，富集双壳类与孢粉化石。

中三叠统纸坊组命名的标准剖面位于陕西省铜川市纸坊村，与下伏和尚沟组呈整合接触（Liu et al.，2018）。盆地南部纸坊组厚度可达 650 m 以上，主要为河流相沉积，旋回性显著。纸坊组下部为紫红色粉砂质泥岩与粉砂岩互层，上部为灰绿色泥岩、紫灰色粉细砂岩。生物地层学上的典型特征是富集中国肯氏兽动物群 *Sinokannmeyeria* Fauna（Liu et al.，2013；2018）。

中-上三叠统延长组作为鄂尔多斯盆地最重要的含油气层系，主要由河流相、三角洲相、湖泊相组成，沉积厚度约 1000~1300 m（中国地质科学院地质研究所，1980）。受秦岭造山期盆地内不均衡升降的影响，延长组与下伏纸坊组在盆地边缘为假整合接触，但在盆地中心为整合接触。延长组顶部有不同程度的侵蚀，与中侏罗统延安组假整合接触。根据古生物组合、沉积旋回等自下而上划分为 10 个段，即长 10 段—长 1 段（杨华等，2010；邓秀芹等，2013；白玉彬，2014）。其中，长 7 段沉积期是湖盆发育鼎盛时期，也是中生界烃源岩最发育的时期（Yang et al.，2017；Chu et al.，2020）。

延长组长 10 段主要为肉红色、灰绿色中粗砂岩夹粉砂质泥岩，具有麻斑结构，亦称"麻斑砂岩"。长 10 段底部代表一套沉积旋回的开始，底冲刷面起伏明显。长 9 与长 8 段则发展为三角洲沉积体系，发育灰黑色泥岩夹粉细砂岩。砂质泥岩沉积为无软沉积变形构造，水平层理、板状交错层理、楔状交错层理显著。盆地南部长 9 段顶部发育一套黑色页岩，亦称"李家畔页岩"，是重要的烃源岩发育层位。延长组长 7 段、长 6 段与长 4+5 段为一套沉积组合，主要为深灰色泥页岩与灰黑色粉砂岩。长 7 段下部以黑色页岩为主，俗称"张家滩页岩"（陈安清等，2011；Zhang et al.，2016），野外剖面具有非常显著的水平纹层、波状纹层发育，含凝灰岩夹层，富含磷质结核等。长 7 段上部为灰黑色粉砂质泥岩，夹有异重岩等重力流沉积（杨仁超等，2015）。长 7 段底部通常夹有数层土黄色凝灰岩层（邓秀芹等，2008；邱欣卫等，2009），是重要的地层对比标志层，测井表现为高自然伽马、高声波时差、低电阻率、低密度等特征（邓秀芹等，2009）。长 6 段是一套以细砂岩为特征的三角洲相沉积，为延长组重要的储油层位。长 4+5 段由灰黑色泥岩与粉砂岩组成（白玉彬，2014），由于下伏长 6 段和上覆长 3 段均以发育大段砂岩为特征，故将中间夹的长 4+5 段称为"细脖子段"。长 3 段与长 2 段岩性主要为灰绿色细砂岩夹深灰色泥页岩。长 1 段通常在盆地边缘剥蚀殆尽，在盆地内部也有缺失，残余地层岩性为灰绿色泥岩夹粉细砂岩、碳质页岩。常见碳质泥页岩和煤线，植物化石碎片大段集中分布。

（二）侏罗系

下侏罗统富县组为延长组顶部被剥蚀后的填平补齐式沉积，与延长组呈平行不整合接触，与上覆延安组为连续沉积（杨华等，2012）。富县组以河道沉积为主，下部砂砾岩与延安组底部砂岩通常难以区分，有时也统一合并到延安组，称为"延 11 段"。

中侏罗统延安组以河流相与湖泊相沉积为主，是鄂尔多斯盆地最重要的含煤层系（李振宏等，2014；王双明，2017）。延安组主要由灰白色中细砂岩、深灰色粉砂岩、灰黑色油页岩及煤层组成（Zhang et al.，2020）。沉积旋回显著，自下而上可分为 10 段，即延 10 段—延 1 段（杨华等，2010）。

延 10 段与延 9 段主要由灰褐色厚层砂岩、黑灰色碳质泥岩组成，可采煤层多，最厚可达 90 m。延 8 段、延 7 段与延 6 段为一套沉积组合，最大厚度约 100 m，主要岩性为灰白色中粗砂岩夹泥质粉砂岩、黑灰色泥岩。延 5 段与延 4 段主要发育灰白色细砂岩、灰黑色粉砂质泥岩、灰黑色炭质泥岩等。延 3 段、延 2 段与延 1 段在鄂尔多斯盆地南部通常遭受剥蚀，与上覆直罗组呈假整合接触。下部岩性为灰白色细粒砂岩夹粉砂岩，上部为灰色泥岩夹粉细砂岩。

中侏罗统直罗组由黄绿色至灰绿色砂岩、蓝灰色及紫灰色与杂色泥岩泥质粉砂岩、粉砂岩组成，岩性比较单一，主要为河流—湖泊相碎屑岩沉积，与下伏延安组成假整合（Meng et al.，2019）。总体从下到上地层构成两个沉积旋回。该组整体表现为西部厚、东部薄的特点，时代属于中侏罗世。

中–上侏罗统安定组主要为一套湖泊相碎屑岩与碳酸盐岩沉积，由下部的黑色页岩及钙质粉砂岩和上部灰黄色泥质岩、白云质泥灰岩等组成，厚度 100 m 左右，但盆地西缘底部为紫色泥岩、灰白色中细粒砂岩，时代属于中侏罗世晚期。

（三）白垩系

白垩系仅发育下白垩统志丹群，上统普遍缺失，进一步可以细划为宜君组、洛河组、环河华池组、罗汉洞组及径川组（翟光明，1992）。志丹群主要为紫红色砾岩、灰紫色砂岩、粉砂质泥岩，局部地方夹少量火山碎屑岩（席党鹏等，2019）。在南部、西部边缘地带，底部发育灰色砾岩，与下伏地层呈角度不整合接触。

志丹群五个岩组构成两个沉积旋回：下部旋回为宜君组、洛河组、环河华池组，由冲积扇相紫红色砾岩过渡为河流—湖泊相粉砂岩；洛河组分布较广，通常为相紫红色砾岩，大套砾岩中偶夹砂岩透镜体，厚度几十厘米到 1 m 左右。砾石成分以碳酸盐岩为主，磨圆度好。志丹群上部旋回则由罗汉洞组、径川组构成，与下部旋回相比，粒度较细，横向上岩相比较稳定，由河流相砂岩过渡到湖泊相泥质岩、砂质泥岩夹泥质岩。

第二节　典型研究剖面与年代地层格架

一、区域年代地层格架

鄂尔多斯盆地中生界以河流、三角洲和湖泊沉积体系为主。盆地内的大多数地层单元已获得良好的年代学约束（锆石 U-Pb 年龄或磁性地层插值年龄）。研究区各地层单元的沉积相、岩性组合、厚度等可以与盆地内的典型测年剖面进行对比。

（一）三叠系

鄂尔多斯盆地孙家沟组—刘家沟组是研究中国北方二叠纪末生物大灭绝的重要层位，其标准剖面位于山西省宁武县孙家沟（童金南等，2019）。根据磁性地层和植物化石组合，二叠系/三叠系界线在孙家沟组与刘家沟组之间（沈树忠等，2019；童金南等，2019）。在二叠系/三叠系界线附近，沉积相经历了从曲流河到辫状河体系的快速过渡。孙家沟组主要为紫红色砂泥岩沉积，顶部相当于二叠系/三叠系界线的过渡带（Chu et al.，2017，2019）；上覆刘家沟组—和尚沟组为紫红色粉细砂岩沉积，出现早三叠世典型植物化石 *Pleuromeia*。Burgess 等（2014）报道了二叠纪末大灭绝的高精度年龄为 251.941±0.037 Ma 和 251.880±0.031 Ma，相当于刘家沟组的底界年龄。

Liu 等（2018）对山西省柳林县纸坊组二段采集的两个凝灰岩采用 CA-TIMS 方法测得年龄分别为 243.29±0.14 Ma 和 243.528±0.069 Ma。对同一剖面的碎屑锆石测年，获得最年轻 U-Pb 年龄为 243.53±0.21 Ma，用于约束地层的最大沉积年龄。出产中国肯氏兽动物群 *Sinokannmeyeria* Fauna 的纸坊组时代为安尼期晚期。因此，同位素年龄和生物地层对比共同限定了纸坊组的底界年龄约为 245 Ma，且安尼阶的底界（下中三叠统界线）位于和尚沟组（Liu et al.，2013，2018）。

延长组沉积期陆相生物全面复苏，出现"中生代湖泊演化"事件。延长组地层中富含大量植物、孢粉、双壳类、叶肢介、介形虫、昆虫、鱼类等化石（中国地质科学院地质研究所，1980；Ji et al.，2010；邓胜徽等，2018；Zheng et al.，2018）。延长组沉积时限跨越中–晚三叠世，延长组下部（长 10 段—长 7 段）时代为中三叠世晚期，底部可能属于晚安尼期；延长组上部（长 6 段—长 1 段）时代为晚三叠世，顶部可能属于诺利期（Ji et al.，2010；邓胜徽等，2018）。

延长组生物地层学的研究为长 7 段时代归属提供了最基本的年代学约束，揭示了长 7 段沉积期生态环境的重大转折。延长组植物群划分出两个植物组合（图 5-2）：延长组下部（长 10 段—长 7 段）组合为 *Symopteris-Danaeopsis magnifolia*，时代为中三叠世晚期，底部可能属于晚安尼期；延长组上部（长 6 段—长 1 段）组合为 *Thinnfeldia- Danaeopsis fecunda*，时代为晚三叠世（吉利明等，2006，2012；邓胜徽等，2018）。延长组孢粉带划分为两个组合。长 10 段—长 8 段孢粉组合为 *Punctatisporites- Aratrisporites- Verrucosisporites*，时代为中三叠世。长 7—1 段孢粉组合为 *Asseretospora- Apiculatisporis- Chordasporites*，时代为晚三叠世（邓胜徽等，2018）。吉利明等（2006）和邓秀芹等（2009）认为，孢粉组合在长 7 段与长 8 段之间发生了显著转折。孢粉在长 8 段及下伏层位非常丰富，中三叠统纸坊组的孢粉也有相似的特征；然而长 7 段的孢粉在数量上明显减少，并出现了具瓣环纹饰的孢子，充分表明植物群发生了重大转折，而且这个转折点接近于中–晚三叠世的界线（图 5-2）。对延长组动物群的研究，如双壳类、叶肢介、介形虫等，也支持这一观点——延长组下部（长 10 段—长 7 段）属于中三叠世；延长组上部（长 6 段—长 1 段）属于晚三叠世（邓胜徽等，2018）。近年来在长 7 段黑色页岩层发现的鱼化石 *Hybodus youngi*（中国地质科学院地质研究所，1980）、藻类化石 *Botryococcus*（Ji et al.，2010）以及昆虫化石 *Holo-metabola*（Zheng et al.，2018）指示长 7 段属于中三叠世晚期。

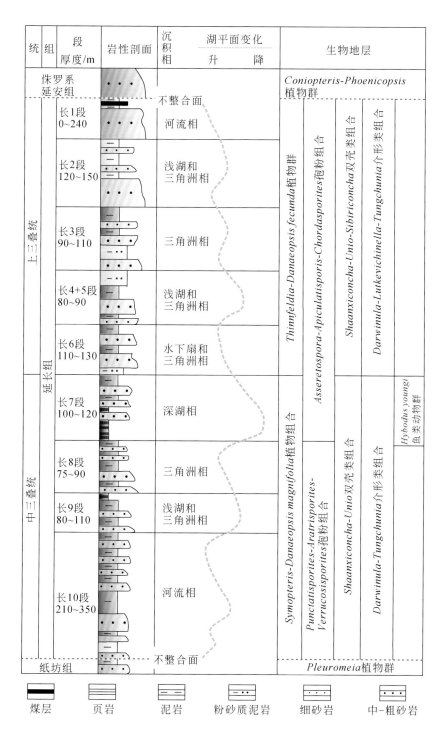

图 5-2　鄂尔多斯盆地延长组地层古生物综合柱状图（据 Zou et al., 2012；
Yang et al., 2017；邓胜徽等，2018；Zhang et al., 2019）

延长组长 7 段内部凝灰岩层多期发育，可用于敲定高精度绝对年龄"锚点"，利于高频波动研究。近年来随着放射性同位素年代学的发展，陆续获得了鄂尔多斯盆地延长组长 7 段凝灰岩锆石 U-Pb 年龄数据。王多云等（2014）对盆地西南部 Luo-36 井和 Zhuang-211 井长 7 底部的凝灰岩进行 SHRIMP 定年，测得年龄为 239.7±1.7 Ma 和 241.3±2.4 Ma。Liu 等（2013）对山西省永和县交口—桑壁剖面铜川组二段上部（长 7 段下部）两个凝灰岩样品采用 SHRIMP 方法获得年龄为 238.6±2.6 Ma 和 234.6 Ma±6.5 Ma。Liu 等（2018）对同一剖面的相同凝灰岩层采用 CA-TIMS 方法测得 241.369±0.061 Ma 和 241.482±0.074 Ma 的结果。邓胜徽等（2018）对甘肃崇信县芮水河剖面长 7 段中下部的凝灰岩进行 ID-TIMS 定年分析，获得年龄为 239.0±1.8 Ma。Zhu 等（2019）在鄂尔多斯盆地南缘瑶曲剖面长 7 段黑色页岩底部测得两个高精度年龄，分别为 241.06±0.12 Ma 和 241.558±0.093 Ma，将长 7 段页岩的沉积时限确定为拉丁期。

（二）侏罗系

鄂尔多斯盆地西南缘和东北缘侏罗系凝灰岩较为发育，凝灰岩 U-Pb 年龄数据如下：鄂尔多斯西南缘平凉策底下侏罗统富县组（相当于延 11 段）剖面顶部凝灰岩年龄为 175.2±2.4 Ma；鄂尔多斯西南缘安口剖面下侏罗统富县组凝灰岩年龄为 168.4±1.3 Ma；鄂尔多斯盆地东北缘浑源—广灵盆地板塔寺剖面中侏罗统门头沟群窑坡组（相当于延安组）凝灰岩年龄为 171±1.0 Ma（李振宏等，2014）。鄂尔多斯盆地东北缘宁武—静乐盆地陈家半沟剖面下侏罗统永定庄组（相当于富县组或延 11 段）凝灰岩年龄为 179.2±0.79 Ma（李振宏等，2014）。Zhang 等（2020）对鄂尔多斯盆地东北部东胜剖面凝灰岩层开展高精度锆石 U-Pb 年代学研究，建立了延安组高分辨率年龄框架。根据区域地层对比结果，延安组沉积于中侏罗世阿林阶，延安组底界年龄对应于中侏罗世底界年龄（174.1 Ma）（图 5-3；李振宏等，2014；Meng et al.，2019；Zhang et al.，2020）。

鄂尔多斯盆地安定组和直罗组是连续沉积的（Meng et al.，2019）。鄂尔多斯盆地直罗组与燕辽地区髫髻山组在生物地层学和同位素年代学上均具有很高的可比性。根据直罗组微体化石组合（例如介形类 *Darwinula sarytirmenensis-D. magna-Timiriasevia*），认为直罗组属于侏罗纪卡洛夫阶至牛津阶（邓胜徽等，2003）。陈印等（2017）报道了直罗组最年轻的碎屑锆石 U-Pb 年龄为 165 Ma（图 5-3）。该年龄可以佐证华北北缘中−晚侏罗世广泛的火山活动和地形隆升（黄迪颖，2019）。

（三）白垩系

鄂尔多斯盆地南部下白垩统志丹群以红色碎屑为主，自下而上分为宜君组、洛河组、环河华池组、罗汉洞组和泾川组。黄永波（2010）对鄂尔多斯盆地西南缘平凉邵寨剖面 420.23 m 钻孔开展磁性地层研究，获得志丹群下部（宜君组、洛河组和环河华池组）磁性地层时代为 142.06～129.73 Ma，其中洛河组磁性地层时代为 141.00～133.94 Ma（图 5-3；席党鹏等，2019）。生物地层学研究表明，志丹群下部孢粉组合主要为 *Schizaeoisporites-Cicatricosisporites-Cycadopites-Piceaepollenites*，时代为早白垩世贝里阿斯期—欧特里夫期（黄永波，2010），与磁性地层年代结果基本一致。

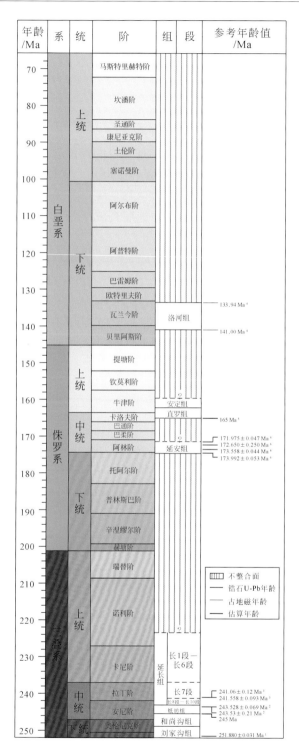

图 5-3 鄂尔多斯盆地中生界年代地层学框架

定年剖面位置见图 5-1,地质年代表依据 Gradstein et al.（2020）。参考年龄数据来自：1. Burgess et al.（2014），Chu et al.（2019）；2. Liu et al.（2018）；3. Zhu et al.（2019）；4. 黄永波（2010），席党鹏等（2019）；5. 陈印等（2017）；6. Zhang et al.（2020）

二、典型研究剖面与旋回地层学分析

本书选择的代表性钻井剖面位于鄂尔多斯盆地伊陕斜坡南部。选择该区域的原因如下：①伊陕斜坡南部为三叠纪时鄂尔多斯盆地沉积中心区域，地层序列发育较全，沉积厚度大，特别是延长组地层厚度达到上千米，沉积记录连续，沉积旋回性显著；②延长组长7段发育期间，伊陕斜坡南部为深湖相沉积，是重要的烃源岩发育区，记录了丰富的古环境演化信息。

研究区典型钻井剖面为 Y1011 和 Y441 井（图 5-4）。Y1011 井位于 Y441 井西南方向，二者相距 11 km。我们将 Y1011 井与 Y441 井地层合成一条完整的中生界剖面。标志层为长 7 段底部的"张家滩页岩段"与长 9 段顶部的"李家畔页岩段"，二者均为等时界面，在全盆地内可追踪识别。该合成剖面全长 2694 m，由 Y1011 井全部层位（从白垩系顶部到延长组长 9 段顶部）和 Y441 井下部层位（从延长组长 9 段顶部到三叠系底界）组成。Y1011 井长 7 段取心长度为 65.93 m，取心率 90.78%。Y1011 井长 7 段划分三个亚段单元[图 5-4（c）]。自上而下，长 7_1 亚段（1714.22～1736.72 m）主要为灰色粉砂岩和灰黑色泥质粉砂岩。长 7_2 亚段（1736.72～1759.7 m）主要为灰黑色粉砂岩—泥岩互层组合。长 7_3 亚段（1759.7～1780.15 m）主要为黑色页岩，俗称"张家滩页岩"。电性特征表现为高自然伽马（Gamma ray，GR）、高声波时差、高电阻率、低自然电位等特点（邓秀芹等，2009；王多云等，2014）。

GR 值主要反映沉积物中的砂泥比例，与陆源风化强度和地表径流密切相关。磁化率（magnetic susceptibility，MS）也可以指示细粒沉积岩中的黏土含量，受类似地质过程的影响。GR 和 MS 值的长期变化趋势主要受古气候条件和流域汇聚、山脉隆升等地表过程控制。在硅质碎屑沉积记录中，GR 和 MS 的低值与粗粒沉积物有关，而 GR 和 MS 的高值与细粒沉积物有关（Zhang et al.，2019；Chen et al.，2019）。在相对稳定的构造背景下，古气候变化是控制沉积旋回性的主要因素。对多种古气候替代指标的对比分析表明，GR 和 MS 是保存米兰科维奇旋回信号的敏感参数（Li et al.，2018；Wang et al.，2020）。

GR 数据使用 ECLIPS-5700 测井系统采集，平均采样间隔为 10 cm。在测井过程中，由于仪器纵向分辨率的限制，薄层的测井值受相邻地层的影响，并导致数据产生平滑效果。由于延长组长 7 段泥页岩的沉积速率低（Chen et al.，2019；Zhang et al.，2019），GR 信号固有的平滑特征可能导致无法记录米兰科维奇旋回的高频波段（斜率、岁差等）。因此，对 Y1011 井延长组长 7 段系统取心采用 KT-10 手持式场磁铁磁化率仪（灵敏度 10^{-6} SI）采集磁化率数据，平均采样间隔为 5 cm。

本书基于 GR 和 MS 数据开展天文年代学研究，将深度剖面转换为时间剖面。首先对 GR 或 MS 时间序列去除异常值，以统一的采样频率对序列进行线性插值。去除 GR 或 MS 序列的长周期趋势，以避免频谱的低频段造成的扰动。采用多窗谱频谱分析（MTM，Thomson，1982）来识别时间序列中的米兰科维奇旋回信号。通过稳健的 AR（1）噪声模型（Li et al.，2018）或谐波 f-检验模型（Sha et al.，2015）评估 MTM 功率谱显著峰值及其置信水平。在缺乏精确时间约束的情况下，使用相关系数分析（COCO）及演化相关系

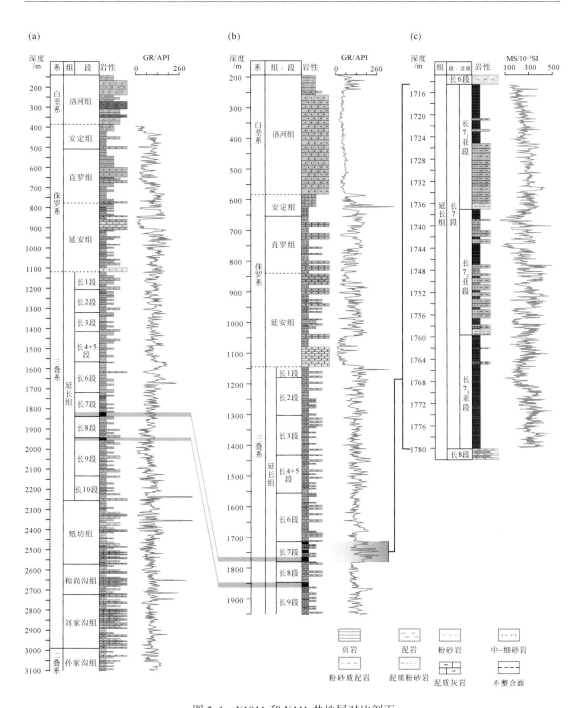

图 5-4　Y1011 和 Y441 井地层对比剖面

（a）Y441 井地层剖面及 GR 曲线；（b）Y1011 井地层剖面及 GR 曲线；（c）Y1011 井长 7 段系统取心剖面及 MS 曲线

数分析（eCOCO）方法客观估计地层的平均沉积速率，提高旋回地层学解释的可靠性（Li et al.，2018）。

　　由于木星的质量非常大，405 kyr 长偏心率周期在过去的 250 Myr 内保持相对稳定（Laskar et al.，2004），可以作为地质计时的"节拍器"，用于校准中生代以来的地质时间框架（Zhang et al.，2020）。在此，将每个层段识别到的长偏心率旋回调谐到 La2004 理论模型 405 kyr 长偏心率周期曲线（Laskar et al.，2004），建立浮动天文年代标尺。上述研究层段调谐后的 GR 和 MS 时间序列的功率谱在 405 kyr 长偏心率、约 100 kyr 短偏心率、33～40 kyr 斜率和 17～22 kyr 岁差频段具有显著峰值（图 5-5，图 5-6），进一步支持了深度域的旋回地层学解释。纸坊组 GR 时间序列的功率谱也具有相似的谱峰结构，但没有显示 405 kyr 周期［图 5-6（b）］。为建立纸坊组的年代标尺，可将深度域的短偏心率旋回调谐到 La2004 理论模型 100 kyr 短偏心率周期曲线（Fang et al.，2016）。

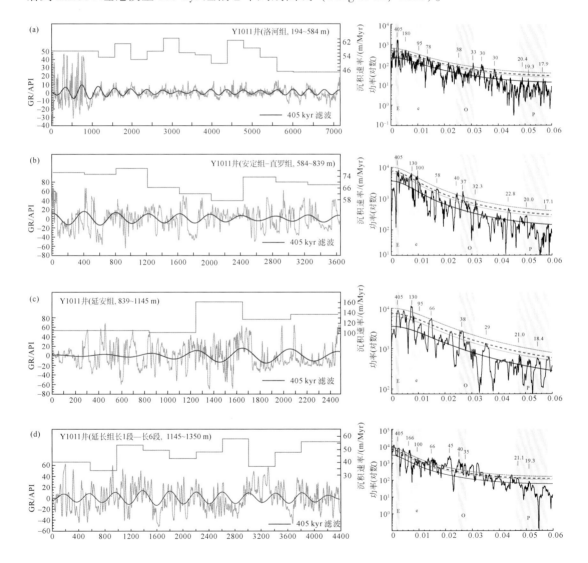

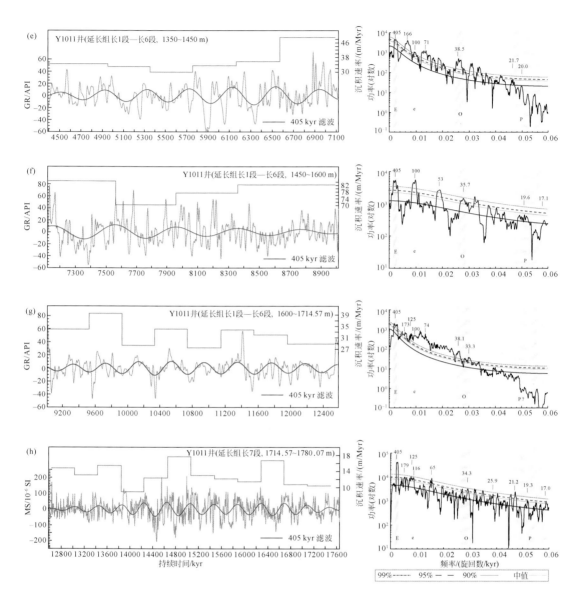

图 5-5　Y1011 井各研究层段的 GR 或 MS 时间序列旋回地层学解释（左侧）与相应的 2π MTM
频谱图（右侧）

功率谱上的四条垂直阴影指示米兰科维奇周期信号。理论天文周期据 La2004 天文周期解决方案（Laskar et al., 2004）。
E. 405 kyr 长偏心率周期；e. 100 kyr 短偏心率周期；O. 33～40 kyr 斜率周期；P. 17～22 kyr 岁差周期。使用高斯带通滤
波提取 405 kyr 长偏心率周期（红线），带宽为 0.00248 ± 0.0005 cycles/kyr。沉积速率（蓝线）的采样间隔为 405 kyr。
（a）洛河组（194～584 m）；（b）安定组与直罗组（584～839 m）；（c）延安组（839～1145 m）；（d）～（h）延长
组长 1 段—长 7 段（1145～1780.07 m）

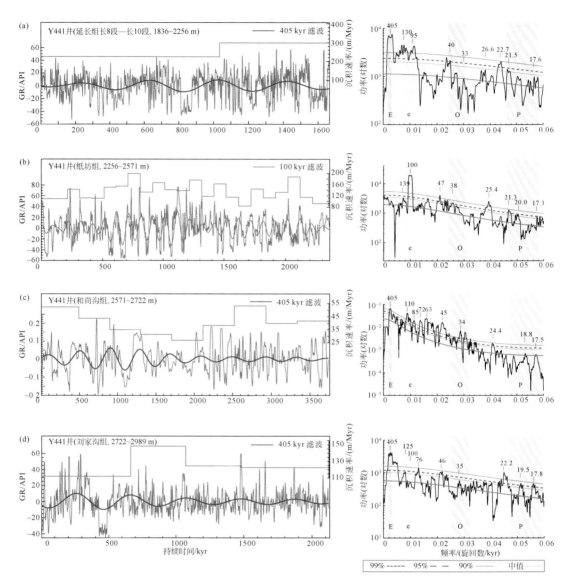

图 5-6　Y441 井各研究层段的 GR 时间序列旋回地层学解释（左侧）与相应的 2π MTM 频谱图（右侧）

功率谱上的四条垂直阴影指示米兰科维奇周期信号。理论天文周期据 La2004 天文周期解决方案（Laskar et al.，2004）。E. 405 kyr 长偏心率周期；e. 100 kyr 短偏心率周期；O. 33 ~ 40 kyr 斜率周期；P. 17 ~ 22 kyr 岁差周期。使用高斯带通滤波提取 405 kyr 长偏心率周期（红线），带宽为 0.00248±0.0005 cycles/kyr；100 kyr 短偏心率周期（蓝线）带宽为 0.01±0.0025 cycles/kyr。沉积速率曲线叠加在左侧图版上。（a）延长组长 8 段—长 10 段（1836 ~ 2256 m）；（b）纸坊组（2256 ~ 2571 m）；（c）和尚沟组（2571 ~ 2722 m）；（d）刘家沟组（2722 ~ 2989 m）

　　值得注意的是，对白垩系洛河组和三叠系延长组调谐后的沉积记录进行 MTM 频谱分析揭示了 160 kyr 至 180 kyr 峰值的置信水平超过 90%（图 5-5），可以解释为约 173 kyr 斜率调制周期。这类周期已在新生代和白垩纪沉积记录中检测到，归因于地球和土星交点岁差的作用（Boulila et al.，2011；Charbonnier et al.，2018）。约 26 kyr 和约 24 kyr 显著峰值

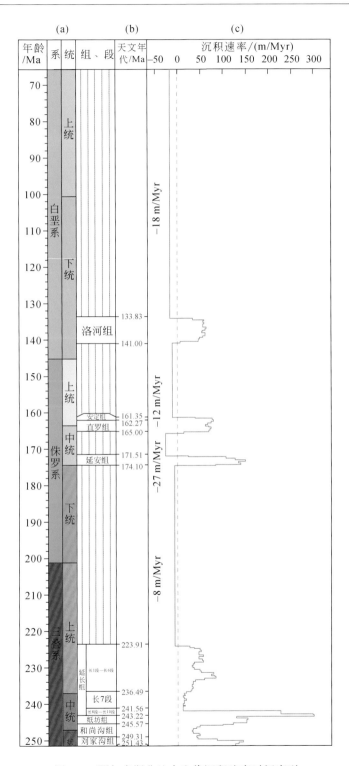

图 5-7　鄂尔多斯盆地中生代沉积速率时间序列

(a) 天文校准的鄂尔多斯盆地中生代地层格架（国际地质年表依据 Gradstein et al., 2020），竖直条带表示不整合造成的沉积间断；(b) 天文校准的鄂尔多斯盆地各地层单元的边界年龄；(c) 校准后的沉积速率阶梯图（蓝线）；红色竖直虚线表示沉积速率为零的位置，竖线左侧的数字表示不整合幕的平均侵蚀速率

可能指示频谱结构中有轻微位移的岁差周期，也可能反映某种噪声过程或其他非线性扰动的影响（Zhang et al.，2019）。除了上述轨道周期，研究层段中还记录了一些非轨道周期，包括 76 kyr、73 kyr、66 kyr、65 kyr 和 58 kyr 周期（图 5-5，图 5-6）。这些非轨道周期通常被认为是地球轨道周期的谐波叠合的产物（张瑞等，2023）。

结合旋回地层学解释结果和绝对年龄约束，为每个连续的沉积层序建立天文年代标尺。结果表明，下白垩统洛河组沉积时间为 141.00 Ma 至 133.83 Ma，持续时间 7.17 Myr。上侏罗统安定组沉积时间为 162.27 Ma 至 161.35 Ma，直罗组沉积时间为 165.00 Ma 至 162.27 Ma，中侏罗统延安组沉积时间为 174.10 Ma 至 171.61 Ma。

对于中上三叠统延长组，本书使用延长组长 7 段底部凝灰岩锆石 U-Pb 测年结果（241.558 Ma）作为绝对年龄控制点，计算其他层段的年龄。结果表明，延长组的沉积开始于 243.22 Ma，终止于 223.91 Ma。值得注意的是，延长组的顶界年龄尚未通过放射性同位素年代学数据校准，但可以根据其他年代学证据进行限定。①生物地层学约束：鄂尔多斯盆地内部大部分区域缺失瑞替阶生物化石（邓胜徽等，2018），延长组顶部时代属于晚三叠世诺利期（约 227～208.5 Ma）。②花岗质岩浆作用：秦岭造山带在约 220 Ma 处于同碰撞—后碰撞构造环境的转换期（Dong and Santosh，2016），强烈的构造应力下盆地内部发生抬升，出现盆地范围内的不整合面。③碎屑锆石 U-Pb 年龄：鄂尔多斯盆地安塞地区延长组顶部砂岩中碎屑锆石最年轻年龄为 230±2 Ma（张倩等，2019），表明延长组顶部沉积应晚于该时间。以上证据与我们对延长组顶部年龄的限定结果相吻合。旋回地层学研究结果还表明，纸坊组的沉积时间为 245.57 Ma 至 243.22 Ma；和尚沟组的沉积时间为 249.31 Ma 至 245.57 Ma；刘家沟组沉积始于 251.43 Ma，终止于 249.31 Ma。

根据上述天文校准的年代地层格架建立了鄂尔多斯盆地中生代沉积速率时间序列（图 5-7）。鄂尔多斯盆地中生代不整合幕的持续时间同样根据时间约束进行了估计：晚三叠世—早侏罗世不整合幕持续时间约 50 Myr；中侏罗世不整合幕持续时间约 6 Myr；晚侏罗世—早白垩世不整合幕持续时间约为 20 Myr；晚白垩世不整合幕持续时间约 68 Myr。

第三节　盆地构造-沉积波动及驱动机制

一、基于沉积速率时间序列解译长期旋回

沉积速率是盆地构造升降、海（湖）平面变化、气候变化和沉积物供给的综合响应，指示盆地的沉积和剥蚀过程（金之钧等，1996，2005）。沉积和剥蚀是地层厚度长期变化的两种基本形式。在地质历史中，这两个阶段交替发生，形成了目前观察到的地层格架。对沉积速率参数进一步开展时间序列分析可以解译控制盆地沉积-剥蚀长期过程的谐波周期。

中生代沉积速率时间序列的 MTM 频谱分析显示，93 Myr、33 Myr、17 Myr、9 Myr、6.4 Myr、5.4 Myr、3.9 Myr、3.5 Myr、3.0 Myr 和 2.4 Myr 周期具有显著峰值，且谐波 f-检验置信水平超过 90%（图 5-8）。频谱图显示 93 Myr 峰值的振幅（能量）最高；随着频

率的增加，各周期波的功率和振幅迅速衰减。本书主要关注低频波段且置信水平超过 90%的周期波。考虑到长周期信号随地质时间的变化，本书用相对较宽的频率带宽提取特定频段的周期。基于高斯带通滤波从沉积速率时间序列中提取到 93 Myr 旋回曲线（带宽：0.0108±0.00216 cycles/Myr）和 33 Myr 旋回曲线（带宽：0.030±0.006 cycles/Myr）[图 5-9（a）、（b）]。

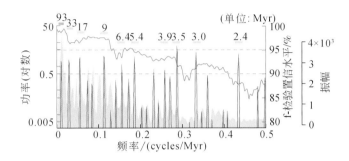

图 5-8　沉积速率时间序列 3π MTM 功率谱（蓝线）、谐波 f-检验置信水平（红线）和振幅谱（灰色阴影）

数字标注的是具有高振幅和高置信度水平（>90%）的周期峰值

二、鄂尔多斯盆地长期旋回的地质意义

将鄂尔多斯盆地中生界波动与盆地多圈层地质记录进行对比，可以解译这些波动周期的地质意义（图 5-9）。沉积盆地的波动过程可能反映了板块运动控制和天文周期驱动等多种因素的叠加效应（张瑞等，2023）。

（一）中生界 93 Myr 波动周期及驱动机制

天文学研究表明，太阳系围绕圆形轨道的运动可以通过径向和垂直方向上两个独立的正弦分量来描述（Bailer-Jones，2009）。太阳系在径向分量上的运动周期约为 180 Myr，由于太阳系的运动会经过远银心点和近银心点，两者交替出现，其半周期约为 90 Myr（金之钧等，1996；Chen et al.，2015）。因此，鄂尔多斯盆地中生代沉积速率记录中解译的 93 Myr 沉积旋回与太阳系绕银河系中心作径向运动的半周期（约 90 Myr）相匹配。

另一种合理的解释是，93 Myr 旋回可归因于地球内部过程引起的板块构造的变化。鄂尔多斯盆地构造体制变化与秦岭造山带的隆升在时间和空间上同时发生、完全耦合，它们是在统一的大陆动力学背景控制下形成的完整的盆-山系统（Dong and Santosh，2016；Meng et al.，2019）。我们提出了一个合理假设，即 93 Myr 沉积旋回与秦岭造山带的岩浆节律密切相关（图 5-10）。该旋回在很大程度上可能包含在一个由古特提斯构造域（印支期构造旋回）到古太平洋构造域（燕山期构造旋回）组成的超长旋回中，而该超长旋回受约 250 Myr 威尔逊旋回（Mitchell et al.，2019）控制。

中侏罗世延安组的发育是两大构造旋回转换期的沉积响应。中侏罗世以后，包括鄂尔

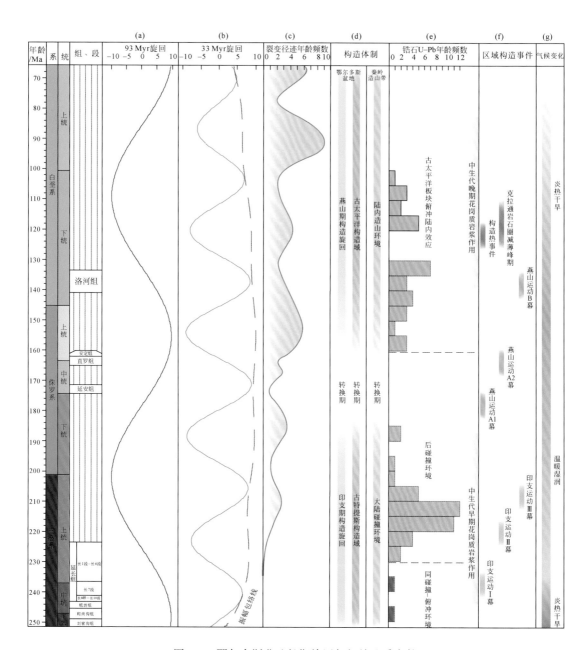

图 5-9　鄂尔多斯盆地长期旋回与相关地质事件

（a）使用高斯带通滤波从沉积速率时间序列中提取 93 Myr 周期（红线，带宽：0.0108±0.00216 cycles/Myr）；（b）使用高斯带通滤波从沉积速率时间序列中提取 33 Myr 周期（蓝线，带宽：0.030±0.006 cycles/Myr）。黑色虚线为 33 Myr 信号的振幅包络线；（c）鄂尔多斯盆地中生代隆升–剥蚀事件指示的地壳垂向振荡。锆石与磷灰石裂变径迹峰值年龄引自陈刚等（2007）；（d）鄂尔多斯盆地与秦岭造山带构造体制演化；（e）秦岭造山带中生代花岗质岩浆作用演化（锆石 U-Pb 年龄引自 Wang et al. 2013）；（f）与鄂尔多斯盆地相关的主要构造事件；（g）鄂尔多斯盆地中生代气候长期演变趋势

多斯盆地在内的华北陆块，由之前挤压为主的构造环境转变为以伸展为主的构造环境。同时，华北陆块中生代气候长期演变趋势［图5-9（g）］也与93 Myr旋回吻合。早三叠世的炎热、干旱的气候环境转变为晚三叠世—早侏罗世温暖湿润的气候环境（童金南等，2019）。随后，中侏罗世温暖、半湿润的气候又向炎热、干旱的气候转变（黄永波，2010；黄迪颖，2019），一直持续到白垩纪。

为揭示秦岭造山带的岩浆节律，我们对秦岭造山带1000 Ma以来花岗质岩浆作用锆石U-Pb年龄数据集（Wang et al.，2013）进行离散化处理并做MTM频谱分析［图5-10（a）］。结果表明，秦岭造山带花岗质岩浆作用具有约100 Myr的脉动，并叠加了约250 Myr长期变化趋势［图5-10（b）、（c）］。秦岭造山带中生代早期的岩浆活动是勉略洋俯冲以及华南与秦岭地块碰撞的产物。中生代晚期的岩浆活动主要体现为板内岩浆事件（Wang et al.，2013），可能与古太平洋俯冲的远程陆缘或陆内效应有关［图5-9（e）］。重要的是，秦岭造山带岩浆脉动的100 Myr节律与鄂尔多斯盆地中生界记录的93 Myr沉积旋回可以类比，表明二者可能具有共同的控制因素。秦岭造山带花岗质岩浆作用具有约250 Myr长期变化趋势［图5-10（b）］，可能响应于罗迪尼亚超大陆聚合与裂解过程、潘基亚超大陆聚合与裂解过程，该波动趋势与约250 Myr威尔逊旋回（Mitchell et al.，2019）是相匹配的。

（二）中生界33 Myr波动周期及驱动机制

天文学研究表明，太阳系在垂直于银河系平面的方向上进行振荡，垂直振荡周期约为60 Myr。由于太阳系绕着银盘面上下振荡，一次完整的垂向运动要两次穿越银盘面，其垂向振荡半周期约为30 Myr（Prokoph and Puetz，2015）。因此，鄂尔多斯盆地中生代沉积速率中检测到的33 Myr沉积旋回与太阳系绕银盘面垂直振荡的半周期（约30Myr）相匹配。

另一种合理的解释是，锆石-磷灰石裂变径迹年龄可以记录盆地隆升-剥蚀过程（任战利等，2007；陈刚等，2007）。鄂尔多斯盆地中生代以来锆石-磷灰石裂变径迹年龄的MTM频谱分析［图5-10（d）~（f）］揭示了30 Myr的周期性韵律，即盆地内多幕次的隆升-剥蚀事件的间隔为30 Myr。有趣的是，沉积速率时间序列中解译的33 Myr周期信号与盆地隆升-剥蚀事件峰值年龄大致呈反相位关系。因此，我们提出了一个合理的假说，即

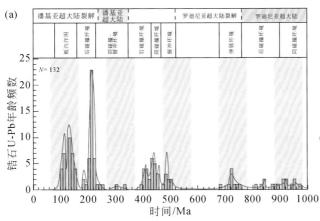
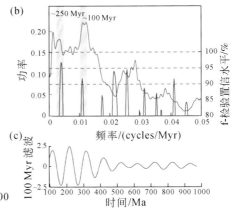

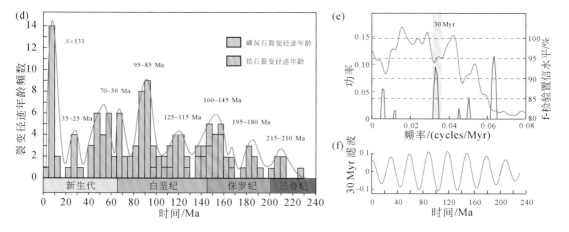

图 5-10　秦岭造山带岩浆作用节律和鄂尔多斯盆地隆升–剥蚀节律

（a）1000 Ma 以来秦岭造山带花岗质岩浆作用的构造背景与锆石 U-Pb 年龄分布（引自 Wang et al., 2013）；（b）锆石 U-Pb 年龄时间序列 3π MTM 频谱（蓝线）和谐波 f-检验模型（红线），频谱分析之前进行了去趋势和插值处理；（c）使用高斯带通滤波提取秦岭造山带岩浆节律约 100 Myr 周期（带宽：0.01±0.002 cycles/Myr）；（d）鄂尔多斯盆地新生代和中生代锆石–磷灰石裂变径迹峰值年龄分布（引自陈刚等，2007）；（e）裂变径迹峰值年龄时间序列 3π MTM 频谱（蓝线）和谐波 f-检验模型（红线），频谱分析之前进行了去趋势和插值处理；（f）使用高斯带通滤波提取鄂尔多斯盆地隆升–剥蚀节律 30 Myr 周期（带宽：0.033±0.0066 cycles/Myr）

稳定的 33 Myr 沉积旋回主要响应于鄂尔多斯盆地地壳有节律地隆升与沉降过程（张瑞等，2023）。

　　地幔对流是当前板块运动驱动力的合理解释，它是地球振荡的主要深部原因，具有约 30 Myr 周期特征（Loper and McCartney, 1986; Friedrich et al., 2018）。地幔对流周期性地产生地幔柱，地幔柱产生大面积软流圈上涌，形成大规模岩浆作用。当地幔流动时，它也将应力传递给岩石圈。因此，地幔对流导致地球表层发生显著的垂直波动，形成整合—不整合交互的地层结构（Friedrich et al., 2018）。鄂尔多斯盆地沉降与隆升的交替造成的不整合幕式发生可能是软流圈周期性上涌和岩石圈伸展的结果。

　　早–中三叠世，秦岭造山带之下发生岩石圈拆沉，由此产生的软流圈上涌导致北秦岭垂直抬升，控制了鄂尔多斯盆地的沉降和沉积。从三叠纪末到早侏罗世，区域不整合的形成是一个重要的地质事件，这可能与地幔上隆造成的华北板块全面隆升有关（Meng et al., 2019）。中侏罗世期间，岩石圈地幔冷却可能导致华北陆块内部普遍沉降。鄂尔多斯盆地也恢复沉降，盆地属性为克拉通内盆地，该时期广泛发育了延安组浅水湖泊沉积体系（Zhang et al., 2020）。早白垩世，古太平洋板块俯冲导致华北板块东部弧后伸展，造成鄂尔多斯盆地岩石圈减薄（任战利等，2007）。鄂尔多斯盆地在早白垩世发生了构造热事件，这与华北克拉通破坏峰值时期（130～120 Ma）一致［图 5-9（f）］。到晚白垩世，鄂尔多斯盆地开始出现一个漫长的隆升和剥蚀时期。

　　值得注意的是，我们对中生代沉积速率的频谱分析表明，17 Myr 也是一个显著周期，置信水平为 95%（图 5-8）。地球系统多个圈层的地质纪录已检测到 17 Myr 周期。例如，自 100 Ma 以来的地磁平均反转频率可能具有大约 15 Myr 主导周期（Mazaud et al., 1983）。

Belozerov 和 Ivanov（2003）发现，西西伯利亚板块的沉积层序的叠置分布受到构造活动的 18 Myr 周期控制。同样，Mitchell 等（2019）发现，由于岩浆脉动的增强，潘基亚大陆的环太平洋俯冲带的区域岩浆体系显示出类似的 15 ~ 20 Myr 谐波周期。对于鄂尔多斯盆地，我们同时检测到 17 Myr 和 33 Myr 周期。如果把两个 17 Myr 周期合并，一个完整的构造旋回大约是 33 Myr。这可能是对地球内部动力长期波动的响应，即在两个构造活动增强期之间存在一个构造活动静寂期。

（三）超长地球轨道周期的沉积环境响应

9 Myr、5.4 Myr、3.9 Myr、3.5 Myr、3.0 Myr 和 2.4 Myr 显著峰值（图 5-8）可能是对超长地球轨道周期的沉积响应。根据 La2004 天文解决方案（Laskar et al.，2004），9 Myr 偏心率周期对 2.4 Myr 偏心率周期有振幅调制作用（Martinez and Dera，2015）。中生代期间，9 Myr 轨道力通过调制全球水文过程和长期海平面波动来影响全球沉积环境变化（Martinez and Dera，2015；Ikeda and Tada，2020）。Ikeda 和 Tada（2020）报道了中生代气候和生态系统中存在约 10 Myr 季风周期。约 5 Myr 周期也是一类地球轨道周期，可能是由太阳系行星在中生代期间的混沌行为诱发，影响地球气候系统的长期振荡（Boulila et al.，2018a，2018b，2021）。

虽然超长地球轨道周期对地表日照量影响很小，但是它们对地球气候变化产生强有力的控制作用，影响全球海平面长期波动过程。陆相盆地同样如此，超长天文周期驱动的湖平面变化在控制沉积相变化和层序形成中起着关键作用。Wang 等（2020）研究表明，渤海湾盆地东濮凹陷湖平面变化与 2.4 Myr 和 4.8 Myr 偏心率驱动相关。3.3 Myr 天文轨道力可能是晚三叠世纽瓦克盆地湖平面变化的重要驱动因素（Wang et al.，2022）。我们解译的 5.4 Myr、3.9 Myr、3.5 Myr、3.0 Myr 和 2.4 Myr 周期与渤海湾盆地、纽瓦克盆地报道的周期值（Wang et al.，2020，2022）接近。受地球轨道超长偏心率周期对气候环境的调制，这种波动节律影响鄂尔多斯陆相湖盆湖平面变化，也引起沉积体系变迁。在盆地演化鼎盛时期，湖平面上升，湖盆面积大；在盆地演化非鼎盛时期，湖平面相对下降，湖盆面积相对小、沉积水体浅。随着湖泊水体呈整体扩张或收缩，使得沉积体系环带状分布，沉积相序受控水体涨落变化。湖平面持续上升使沉积物退积，沉积物阶状后退，形成向上变细的沉积序列；湖平面下降则使得沉积物进积，沉积物向上变粗（杨明慧和刘池洋，2006；王建强等，2017）。

中-晚三叠世延长期主要为河流、三角洲及湖泊等沉积体系，湖平面振荡，湖进—湖退旋回显著，沉积相发生变迁。延长组长 10 段—长 9 段发育于鄂尔多斯湖盆的初始拗陷期，主要为河流相沉积，地形相对较宽缓平坦，长 10 段顶界为初始湖进面，长 9 段"李家畔页岩"对应于最大湖进期的密集段。长 8 段—长 7 段发育于湖盆鼎盛扩张期，湖泊相沉积普遍，盆地西南部强烈拗陷，长 8 段顶界为延长组最重要的初始湖进面，长 7 段最大湖进期发育的"张家滩页岩"为延长组主力烃源岩，且长 7 段沉积期湖侵范围最大，湖盆水体急剧加深达到鼎盛。长 6 段—长 4+5 段沉积对应于湖盆萎缩期，沉积相转变为湖泊三角洲沉积，长 4+5 沉积期发生湖侵，长 4+5 段的"细脖子段"为最大湖进期的密集段沉积。长 3 段—长 1 段则为湖盆消亡期沉积，主要为曲流河和三角洲沉积，长 3 段沉积期盆地发生湖退，长 2 段沉积期局部地区发生抬升剥蚀作用，长 1 段沉积期全盆地内大面积沼泽化，并普遍出现差异抬升剥蚀。因此，鄂尔多斯盆地延长组沉积经历了内陆拗陷湖盆初始拗陷、强烈扩张、湖盆萎缩及消亡阶段，对应着陆相湖泊的发生发展和消亡的旋回。

全球显生宙以来的盆地沉积速率记录中，已经解译到大约 90 Myr、30 Myr 和 10 Myr 长期旋回。例如，西西伯利亚盆地（Belozerov and Ivanov，2003）、美浓地体和纽瓦克盆地（Ikeda and Tada，2020）、塔里木盆地、四川盆地和渤海湾盆地（金之钧等，1996，2005；Chen et al.，2015）都有发现。鄂尔多斯盆地记录的长周期旋回也不例外。这表明上述主控周期在全球范围内是真实存在的，并控制着盆地构造演化和沉积层序发育甚至地球系统多圈层的地质过程。因此，地质过程相似的周期节律可能指向共同的天文起源。然而，当前研究的薄弱环节在于天文驱动机制方面，即银河系运行过程如何与地球系统和（或）盆地系统的地球动力学过程发生作用。

综上所述，通过建立鄂尔多斯盆地中生代天文年代标尺解译盆地长期旋回和潜在天文驱动力。对中生代鄂尔多斯盆地沉积速率的时间序列分析揭示了 93 Myr，33 Myr，9 Myr，3 ~ 5 Myr 和 2.4 Myr 长周期。多尺度地质节律和太阳系轨道模型相似的谐波层次表明，对太阳系长期旋回的响应普遍存在于地球系统的多个圈层，也在盆地沉积记录中留下印记。当然，我们不能忽视在这些时间尺度上通过威尔逊旋回产生的构造驱动机制。最可能的情况是，多种驱动因素（如太阳系轨道周期、地球轨道周期和板块构造运动）及其联合效应共同控制了鄂尔多斯盆地沉积环境演化。

第四节　波动方程及剥蚀量恢复

鄂尔多斯盆地中侏罗世末和晚侏罗世末剥蚀厚度小，声波时差法不适用，地层对比法太复杂。此类传统方法虽然可以计算剥蚀量，但无法回答剥蚀过程。本书主要基于经验模态分解技术提取出控制盆地沉积–剥蚀演化的波动曲线，建立描述沉积速率曲线的波动方程，最终计算盆地剥蚀量以及恢复盆地演化史。

波动分析法计算剥蚀量是根据残余地层沉积速率曲线建立波动方程，以此计算不整合期间的剥蚀量，是由已知推测未知的过程。而建立波动方程的理论基础是：目前不同组段残余地层的沉积速率变化是由不同尺度的周期波所叠加而成的，周期波叠加的结果就是我们目前所见到的不规则的沉积速率曲线（张一伟等，2000）。

单个波动方程的周期、振幅、零相位都很容易确定，而相邻周期波振幅之间的函数关系需要在时间–振幅坐标系内观察振幅随时间的变化规律拟合经验方程而确立。如果某个波动是振幅不变的周期性序列，则相应地频率和振幅都不随时间变化，振幅 $A(t)$ 为常数。如果某个波动是振幅变化但仍有周期性的序列，相应的频率基本不变，但存在间歇性的脉冲变化，振幅 $A(t)$ 仍有变化。这里的 $A(t)$ 有明确的物理意义，代表该波动的振荡能量。

我们根据自适应加噪集合经验模态分解（CEEMDAN）获得鄂尔多斯盆地波动方程的基本参数。首先同样对高分辨率沉积速率曲线进行数据预处理，分解本征模态函数（IMF），通过逐级"筛选"，分解出不同频率成分的若干个分量（IMF1、IMF2、

IMF3……）以及一个趋势项（残余量），从而获得沉积速率曲线内在振荡特征。然后基于频谱分析及谐波 f-检验分析主控 IMF 分量是否具有严格的周期性，提取相应频带的信息，获得相应的周期。

筛选 IMF 分量要先控制边界条件和模态混叠参数，否则沉积速率的低频与高频组分会发生混合而难以识别波动周期。为了消除信号的边界效应，Huang 等（1998）通过在信号两边重复添加波段来扩展原有信号。典型的调整方法是把信号进行扩展，假设信号是对称的或周期性的。Zeng 和 He（2004）也提出两种扩展信号的方式，它们分别通过对称和自反方式添加信号，被称为偶扩展和奇扩展。对于每个扩展信号，构造了扩层上、下包络，并通过四个包络的平均确定了扩展信号的包络均值。

通过反复调整边界条件和模态混叠参数，CEEMDAN 将原始沉积速率时间序列中的波动按照从高频到低频的顺序依次筛选出来，分解出八个 IMF 分量及一个趋势项（图 5-11），它们共同体现出系统的波动状态。换言之，正是由于这些不同频带的分量造成了系统在不同时间尺度内的波动。初步观察发现，高频 IMF 分量波动频繁，局部振幅变化剧烈而杂乱，低频 IMF 分量周期规律相对清晰。根据已有的经验认识，高频部分（如 IMF1）属于信号系统的高频非均衡波动，属于沉积时期的背景噪音。图 5-11 的趋势项呈单调函数，在一定程度上代表了中生界沉积速率变化的总趋势。

除高频 IMF1 分量之外，对分解出的每个 IMF 分量进行周期识别和显著性检验发现：IMF2 分量显著周期集中在 3.8~2.3 Myr，置信水平超过 91%；IMF3 分量显著周期集中在 5.4~3.4 Myr，置信水平超过 92%；IMF4 分量显著周期为 9.3 Myr，置信水平为 83%；IMF5 分量显著周期为 18 Myr，置信水平为 97%；IMF6 分量显著周期为 30 Myr，置信水平为 90%；IMF7 分量显著周期为 49 Myr，置信水平为 85%；IMF8 分量显著周期为 116 Myr，置信水平为 99%。IMF2、IMF3、IMF4、IMF6、IMF8 的分量显著周期与多窗谱频谱分析识别到的显著周期相似，充分证明这几组波动周期的稳定存在。

除去总趋势项，对剩余的每一个 IMF 分量做希尔伯特变换，构造出复函数信号，绘制瞬时振幅 $A(t)$ 谱图（图 5-12）。每个 IMF 的 $A(t)$ 都随时间而变，体现了非平稳序列的本质特征。

在全局上，瞬时振幅 $A(t)$ 谱图上的主峰值对应着原序列（某个 IMF 分量）的主要振荡。在局部上，$A(t)$ 的局部相对大值对应着原序列的局部强振荡，$A(t)$ 的低谷则对应着原序列的小幅度变化。

基于多项式拟合、指数拟合或对数拟合，分别拟合出 IMF3、IMF4、IMF6、IMF8 的瞬时振幅 $A(t)_3$、$A(t)_4$、$A(t)_6$、$A(t)_8$ 关于时间的函数表达式。最终获得鄂尔多斯盆地各级次周期波的波动方程：

$$F(t) = (8.7\ln t - 32.2)\sin\left[\frac{2\pi}{116}(t-91)\right] \tag{5-1}$$

$$G(t) = F(t) + (5\times10^{-5}t^3 - 0.02t^2 + 4t - 187)\sin\left[\frac{2\pi}{30}(t-132)\right] \tag{5-2}$$

$$L(t) = G(t) + e^{2.36\ln(t)-6.4}\sin\left[\frac{2\pi}{9.3}(t-127)\right] \tag{5-3}$$

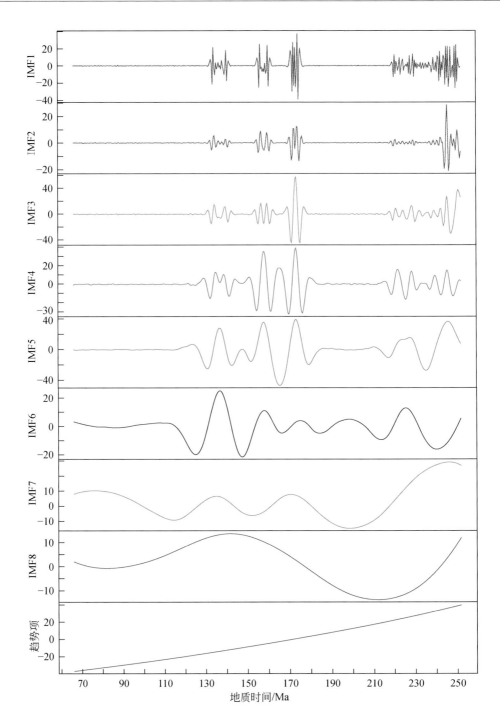

图 5-11　自适应加噪集合经验模态分解获得的 IMF 分量与趋势项

$$M(t) = L(t) + 0.71\mathrm{e}^{0.12\mathrm{e}^{2.36\ln(t)-6.4}}\sin\left[\frac{2\pi}{5.4}(t-130)\right] \qquad (5\text{-}4)$$

式中，$F(t)$、$G(t)$、$L(t)$、$M(t)$ 均为不同周期的波动曲线；四个波动要素的周期分

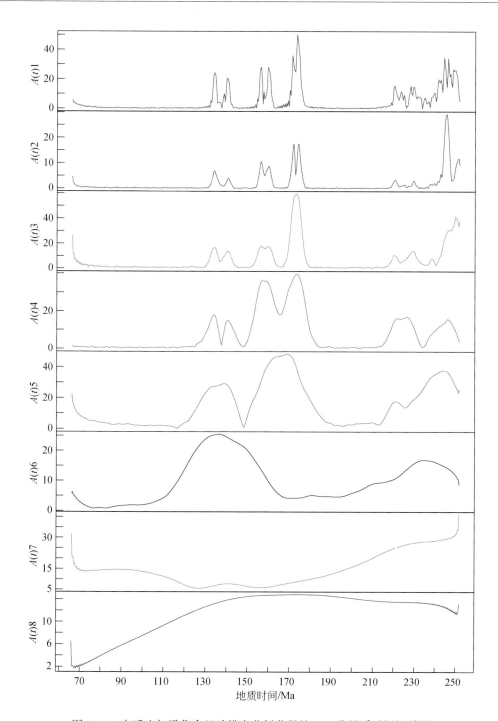

图 5-12　自适应加噪集合经验模态分析获得的 IMF 分量瞬时振幅谱图

别为 116 Myr、30 Myr、9.3 Myr、5.4 Myr；t 为地质时间。波动周期数据来自 MTM 频谱分析，振幅关系来自 CEEMDAN 结果。若已知不整合段的起止时间，则计算剥蚀厚度的表达

式为

$$H(t) = \int_{t_1}^{t_2} N(t)\,\mathrm{d}t \tag{5-5}$$

式中，$H(t)$ 为剥蚀厚度，m；$N(t)$ 为波动曲线；t_1、t_2 为剥蚀的起止时间，Ma。根据 CEEMDAN 结果，对代表盆地波动地质过程且有明确天文周期来源的 IMF3、IMF4、IMF6、IMF8 进行信号重构获得波动叠加曲线（图 5-13）。波动曲线低于零的部分沉积速率为负值，代表剥蚀过程，而大于零的部分沉积速率为正值，代表正常沉积过程。对于给定的不整合时间段，波动曲线低于零的部分与沉积速率零线的积分面积即剥蚀厚度。

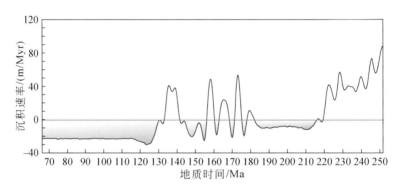

图 5-13　鄂尔多斯盆地中生界沉积-剥蚀叠加曲线（阴影区表示剥蚀状态）

　　鄂尔多斯盆地伊陕斜坡在中三叠世开始区域性隆升。在这样一个缺失了沉积记录的过程中，是一直没有沉积，还是先沉积后剥蚀，抑或先剥蚀后沉积再遭受剥蚀？以 Y1011 井为例，从根据经验模态分析信号重构后的波动曲线叠加结果来看（图 5-13），应该是先发生了长期的剥蚀，然后经历短暂的沉积过程，再遭受剥蚀，直至中侏罗世开始重新接受沉积。延长组在晚三叠世—早侏罗世期间处于长期剥蚀过程，剥蚀厚度约 303 m；早侏罗世 182~178 Ma 期间开始短暂沉积过程，沉积厚度约 26 m；早侏罗世 178~175 Ma 期间再次经历剥蚀过程，剥蚀厚度约 34 m，基本将上一次沉积剥蚀殆尽。此后才开启中侏罗统沉积。因此，延长组—延安组之间的的剥蚀量约 337 m。同理，延安组—直罗组之间的不整合也同样经历了先剥蚀后沉积再遭受剥蚀的过程，剥蚀量约 160 m。晚侏罗世—早白垩世期间安定组—洛河组之间的不整合代表了无沉积过程，且剥蚀量约 173 m。

　　早白垩世末的不整合持续时间非常长，长期处于剥蚀状态，剥蚀厚度约 1482 m，这与前人多种方法估算的白垩纪期间最大剥蚀厚度约 1600 m（陈瑞银等，2006）相近；该认识也与鄂尔多斯盆地白垩纪期间整体抬升处于盆地消亡期的地质认识（刘池洋等，2006）相一致。

参 考 文 献

白玉彬. 2014. 鄂尔多斯盆地长 7 致密油成藏机理与富集规律. 北京：石油工业出版社.

陈安清，陈洪德，侯明才，等. 2011. 鄂尔多斯盆地中–晚三叠世事件沉积对印支运动 I 幕的指示. 地质学报，85（10）：1681-1690.

陈刚，王志维，白国绢，等．2007．鄂尔多斯盆地中新生代峰值年龄事件及其沉积–构造响应．中国地质，34（03）：375-383.

陈瑞银，罗晓容，陈占坤，等．2006．鄂尔多斯盆地中生代地层剥蚀量估算及其地质意义．地质学报，80（05）：685-693.

陈印，冯晓曦，陈路路，等．2017．鄂尔多斯盆地东北部直罗组内碎屑锆石和铀矿物赋存形式简析及其对铀源的指示．中国地质，44（6）：1190-1206.

邓胜徽，姚益民，叶得泉，等．2003．中国北方侏罗系（I）：地层总述．北京：石油工业出版社．

邓胜徽，卢远征，罗忠，等．2018．鄂尔多斯盆地延长组的划分、时代及中–上三叠统界线．中国科学：地球科学，48：1293-1311.

邓秀芹，蔺昉晓，刘显阳，等．2008．鄂尔多斯盆地三叠系延长组沉积演化及其与早印支运动关系的探讨．古地理学报，10（02）：159-166.

邓秀芹，李文厚，刘新社，等．2009．鄂尔多斯盆地中三叠统与上三叠统地层界线讨论．地质学报，83（08）：1089-1096.

邓秀芹，罗安湘，张忠义，等．2013．秦岭造山带与鄂尔多斯盆地印支期构造事件年代学对比．沉积学报，31（06）：939-953.

黄迪颖．2019．中国侏罗纪综合地层和时间框架．中国科学：地球科学，49：227-256.

黄永波．2010．早白垩世鄂尔多斯南部沙漠起源与演化：志丹群磁性地层年代及沉积物磁化率测量．兰州：兰州大学．1-78.

吉利明，吴涛，李林涛．2006．陇东三叠系延长组主要油源岩发育时期的古气候特征．沉积学报，24（03）：426-431.

吉利明，徐金鲤，宋之光．2012．鄂尔多斯盆地延长组湖相蓝藻及其油源意义．微体古生物学报，29（03）：270-281.

金之钧，张一伟，刘国臣，等．1996．沉积盆地物理分析——波动分析．地质论评，42（S1）：170-180.

金之钧，张一伟，陈书平．2005．塔里木盆地构造–沉积波动过程．中国科学 D 辑：地球科学，35（06）：530-539.

李振宏，冯胜斌，袁效奇，等．2014．鄂尔多斯盆地及其周缘下侏罗统凝灰岩年代学及意义．石油与天然气地质，35（05）：729-741.

刘池洋，赵红格，桂小军，等．2006．鄂尔多斯盆地演化–改造的时空坐标及其成藏（矿）响应．地质学报，80（05）：617-638.

邱欣卫，刘池洋，李元昊，等．2009．鄂尔多斯盆地延长组凝灰岩夹层展布特征及其地质意义．沉积学报，27（06）：1138-1146.

任战利，张盛，高胜利，等．2007．鄂尔多斯盆地构造热演化史及其成藏成矿意义．中国科学 D 辑：地球科学，37（S1）：23-32.

沈树忠，张华，张以春，等．2019．中国二叠纪综合地层和时间框架．中国科学：地球科学，49：160-193.

童金南，楚道亮，梁蕾，等．2019．中国三叠纪综合地层和时间框架．中国科学：地球科学，49：194-226.

王多云，辛补社，杨华，等．2014．鄂尔多斯盆地延长组长 7 底部凝灰岩锆石 SHRIMP U-Pb 年龄及地质意义．中国科学：地球科学，44：2160-2171.

王建强，刘池洋，李行，等．2017．鄂尔多斯盆地南部延长组长 7 段凝灰岩形成时代、物质来源及其意义．沉积学报，35（04）：691-704.

王双明．2017．鄂尔多斯盆地叠合演化及构造对成煤作用的控制．地学前缘，24（02）：54-63.

王香增, 高胜利, 张丽霞, 等. 2012. 延长油田延长组下部油藏与构造的耦合作用及勘探方向. 石油实验地质, 34 (05): 459-465.

席党鹏, 万晓樵, 李国彪, 等. 2019. 中国白垩纪综合地层和时间框架. 中国科学: 地球科学, 49: 257-288.

杨华, 窦伟坦, 刘显阳, 等. 2010. 鄂尔多斯盆地三叠系延长组长 7 沉积相分析. 沉积学报, 28 (02): 254-263.

杨华, 陈洪德, 付金华. 2012. 鄂尔多斯盆地晚三叠世沉积地质与油藏分布规律. 北京: 科学出版社.

杨明慧, 刘池洋. 2006. 鄂尔多斯中生代陆相盆地层序地层格架及多种能源矿产聚集. 石油与天然气地质, 27 (04): 563-570.

杨仁超, 金之钧, 孙冬胜, 等. 2015. 鄂尔多斯晚三叠世湖盆异重流沉积新发现. 沉积学报, 33 (01): 10-20.

翟光明. 1992. 中国石油地质志 卷十二 鄂尔多斯、宁陕甘油气田. 北京: 石油工业出版社.

张国伟, 张本仁, 袁学诚, 等. 2001. 秦岭造山带与大陆动力学. 北京: 科学出版社.

张倩, 李红, 李文厚, 等. 2019. 鄂尔多斯盆地安塞地区三叠系延长组碎屑锆石 U-Pb 定年及其地质意义. 地质科学, 54 (02): 452-471.

张瑞, 金之钧, GILLMAN M, 等. 2023. 太阳系长期旋回在中生代沉积盆地中的记录. 中国科学: 地球科学, 53 (2): 345-362.

张一伟, 金之钧, 刘国臣, 等. 2000. 塔里木盆地环满加尔地区主要不整合形成过程及剥蚀量研究. 地学前缘, 7 (04): 449-457.

中国地质科学院地质研究所. 1980. 陕甘宁盆地中生代地层古生物. 北京: 地质出版社.

Bailer-Jones C A L. 2009. The evidence for and against astronomical impacts on climate change and mass extinctions: a review. International Journal of Astrobiology, 8 (3): 213-239.

Belozerov V B, Ivanov I A. 2003. Platform deposition in the West Siberian plate: a kinematic model. Russian Geology and Geophysics, 44 (8): 781-795.

Boulila S, Galbrun B, Miller K G, et al. 2011. On the origin of Cenozoic and Mesozoic "third order" eustatic sequences. Earth-Science Reviews, 109 (3-4): 94-112.

Boulila S, Laskar J, Haq B U, et al. 2018a. Long-term cyclicities in Phanerozoic sea-level sedimentary record and their potential drivers. Global and Planetary Change, 165: 128-136.

Boulila S, Vahlenkamp M, De Vleeschouwer D, et al. 2018b. Towards a robust and consistent middle Eocene astronomical timescale. Earth Planet Sci Lett, 486: 94-107.

Boulila S, Haq B U, Hara N, et al. 2021. Potential encoding of coupling between Milankovitch forcing and Earth's interior processes in the Phanerozoic eustatic sea-level record. Earth-Science Reviews, 220: 103727.

Burgess S D, Bowring S, Shen S. 2014. High-precision timeline for Earth's most severe extinction. Proc Natl Acad Sci USA, 111: 3316-3321.

Charbonnier G, Boulila S, Spangenberg J E, et al. 2018. Obliquity pacing of the hydrological cycle during the Oceanic Anoxic Event 2. Earth Planet Sci Lett, 499: 266-277.

Chen G, Gang W, Liu Y, et al. 2019. High-resolution sediment accumulation rate determined by cyclostratigraphy and its impact on the organic matter abundance of the hydrocarbon source rock in the Yanchang Formation, Ordos Basin, China. Marine and Petroleum Geology, 103 (6): 1-11.

Chen S, Jin Z, Wang Y, et al. 2015. Sedimentation rate rhythms: evidence from filling of the Tarim Basin, Northwest China. Acta Geologica Sinica (English Edition), 89 (4): 1264-1275.

Chu D, Tong J, Bottjer D J, et al. 2017. Microbial mats in the terrestrial Lower Triassic of North China and implications for the Permian-Triassic mass extinction. Palaeogeography, Palaeoclimatology, Palaeoecology, 474: 214-231.

Chu D, Tong J, Benton M J, et al. 2019. Mixed continental-marine biotas following the Permian-Triassic mass extinction in South and North China. Palaeogeography, Palaeoclimatology, Palaeoecology, 519: 95-107.

Chu R, Wu H, Zhu R, et al. 2020. Orbital forcing of Triassic megamonsoon activity documented in lacustrine sediments from Ordos Basin, China. Palaeogeography, Palaeoclimatology, Palaeoecology, 541: 109542.

Dong Y, Santosh M. 2016. Tectonic architecture and multiple orogeny of the Qinling Orogenic Belt, Central China. Gondwana Research, International Association for Gondwana Research, 29 (1): 1-40.

Fang Q, Wu H, Hinnov L A, et al. 2016. A record of astronomically forced climate change in a late Ordovician (Sandbian) deep marine sequence, Ordos Basin, North China. Sediment Geol, 341: 163-174.

Friedrich A M, Bunge H P, Rieger S M, et al. 2018. Stratigraphic framework for the plume mode of mantle convection and the analysis of interregional unconformities on geological maps. Gondwana Research, 53: 159-188.

Gradstein F M, Ogg J G, Schmitz M D, et al. 2020. Geological Time Scale 2020. Amsterdam: Elsevier.

Huang N E, Shen Z, Long S R, et al. 1998. The empirical mode decomposition and the Hubert spectrum for nonlinear and non-stationary time series analysis. Proceedings of the Royal Society A: Mathematical, Physical and Engineering Sciences, 454: 903-995.

Ikeda M, Tada R. 2020. Reconstruction of the chaotic behavior of the Solar System from geologic records. Earth and Planetary Science Letters, 537: 116168.

Ji L, Yan K, Meng F, et al. 2010. The oleaginous Botryococcus from the Triassic Yanchang Formation in Ordos Basin, Northwestern China: morphology and its paleoenvironmental significance. Journal of Asian Earth Sciences, 38 (5): 175-185.

Laskar J, Robutel P, Joutel F, et al. 2004. A long-term numerical solution for the insolation quantities of the Earth. Astronomy and Astrophysics, 2004, 428 (1): 261-285.

Li M, Kump L R, Hinnov L A, et al. 2018. Tracking variable sedimentation rates and astronomical forcing in Phanerozoic paleoclimate proxy series with evolutionary correlation coefficients and hypothesis testing. Earth and Planetary Science Letters, 501: 165-179.

Liu J, Li L, Li X. 2013. SHRIMP U-Pb zircon dating of the Triassic Ermaying and Tongchuan formations in Shanxi, China and its stratigraphic implications. Vertebrata PalAsiatica, 51 (2): 162-168.

Liu J, Ramezani J, Li L, et al. 2018. High-precision temporal calibration of Middle Triassic vertebrate biostratigraphy: U-Pb zircon constraints for the Sinokannemeyeria Fauna and Yonghesuchus. Vertebrata PalAsiatica, 56 (1): 16-24.

Loper D E, McCartney K. 1986. Mantle plumes and the periodicity of magnetic field reversals. Geophysical research letters, 13 (13): 1525-1528.

Martinez M, Dera G. 2015. Orbital pacing of carbon fluxes by a ~9-My eccentricity cycle during the Mesozoic. Proceedings of the National Academy of Sciences of the United States of America, 112 (41): 12604-12609.

Mazaud A, Laj C, de Sèze L, et al. 1983. 15-Myr periodicity in the frequency of geomagnetic reversals since 100 Myr. Nature, 304: 328-330.

Meng Q, Wu G, Fan L, et al. 2019. Tectonic evolution of early Mesozoic sedimentary basins in the North China block. Earth-Science Reviews, 190: 416-438.

Mitchell R N, Spencer C J, Kirscher U, et al. 2019. Harmonic hierarchy of mantle and lithospheric convective cycles: time series analysis of hafnium isotopes of zircon. Gondwana Research, International Association for Gondwana Research, 75: 239-248.

Prokoph A, Puetz S J. 2015. Period-tripling and fractal features in multi-billion year geological records. Mathematical Geosciences, 47 (5): 501-520.

Sha J, Olsen P E, Pan Y, et al. 2015. Triassic-Jurassic climate in continental high-latitude Asia was dominated by obliquity-paced variations (Junggar Basin, Ürümqi, China). Proc Natl Acad Sci USA, 112: 201501137

Thomson D J. 1982. Spectrum estimation and harmonic analysis. IEEE Proceedings, 1055-1096.

Wang M, Chen H, Huang C, et al. 2020. Astronomical forcing and sedimentary noise modeling of lake-level changes in the Paleogene Dongpu Depression of North China. Earth and Planetary Science Letters, 535: 116116.

Wang M, Li M, Kemp D B, et al. 2022. Sedimentary noise modeling of lake-level change in the Late Triassic Newark Basin of North America. Global and Planetary Change, 208: 103706.

Wang X, Wang T, Zhang C. 2013. Neoproterozoic, Paleozoic, and Mesozoic granitoid magmatism in the Qinling Orogen, China: constraints on orogenic process. Journal of Asian Earth Sciences, 31: 129-151.

Yang R, Jin Z, Van Loon A J T, et al. 2017. Climatic and tectonic controls of lacustrine hyperpycnite origination in the Late Triassic Ordos Basin, central China: implications for unconventional petroleum development. AAPG Bulletin, 101 (1): 95-117.

Zeng K, He M X. 2004. A simple boundary process technique for empirical mode decomposition. International Geoscience and Remote Sensing Symposium (IGARSS), 6 (c): 4258-4261.

Zhang R, Jin Z, Liu Q, et al. 2019. Astronomical constraints on deposition of the Middle Triassic Chang 7 lacustrine shales in the Ordos Basin, Central China. Palaeogeography, Palaeoclimatology, Palaeoecology, 528: 87-98.

Zhang W, Yang H, Xia X, et al. 2016. Triassic chrysophyte cyst fossils discovered in the Ordos Basin, China. Geology, 44 (12): 1031-1034.

Zhang Z, Wang T, Ramezani J, et al. 2020. Climate forcing of terrestrial carbon sink during the Middle Jurassic greenhouse climate: chronostratigraphic analysis of the Yan'an Formation, Ordos Basin, North China. GSA Bull, 1-11

Zheng D, Chang S C, Wang H, et al. 2018. Middle-late triassic insect radiation revealed by diverse fossils and isotopic ages from China. Science Advances, 4 (9): 1-8.

Zhu R, Cui J, Deng S, et al. 2019. High-precision Dating and Geological Significance of Chang 7 Tuff Zircon of the Triassic Yanchang Formation, Ordos Basin in Central China. Acta Geol Sin-Engl Ed, 93: 1823-1834.

Zou C, Wang L, Li Y, et al. 2012. Deep-lacustrine transformation of sandy debrites into turbidites, Upper Triassic, Central China. Sedimentary Geology, 265-266: 143-155.

Zou C, Zhu R, Chen Z Q, et al. 2019. Organic-matter-rich shales of China. Earth-Science Reviews, 189: 51-78.

第六章　渤海湾盆地波动特征分析

第一节　盆地概况

渤海湾盆地位于我国东部，其大地构造位置为华北克拉通的东部，北为燕山台褶带，东为辽东隆起，东南为鲁西隆起，西为太行山隆起。盆地结晶基底为太古界和下元古界变质岩系。中元古代本区开始进入克拉通发育阶段，晚元古代晚期隆起，全区缺失震旦系。古生代本区以升降运动为主，沉积稳定，下古生界为一套厚度不大的碳酸盐岩建造。加里东运动使本区上升，缺失志留系、泥盆系和下石炭统，海西—印支运动使本区褶皱隆起。印支运动后，在太平洋板块俯冲作用下，本区断裂发育并伴有大量岩浆活动。早–中侏罗世在新的断陷中沉积了煤系地层。晚侏罗世开始进入以断块活动为主的盆地发育阶段，经历了晚侏罗世至早白垩世、始新世和渐新世等三期强烈的断块活动，使盆地呈现隆凹相间的地质结构（图6-1）。

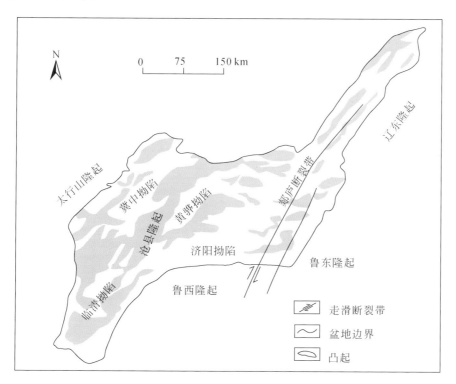

图6-1　渤海湾盆地黄骅拗陷、济阳拗陷构造位置示意图（修改自Song et al.，2018）

　　渤海湾盆地作为华北克拉通的一部分，经历了复杂的成盆历史，多期盆地依次叠置，是一个典型的多旋回盆地（陆克政和戴俊生，1989），可分为四大成盆期：中-晚元古代，主体盆地为克拉通边缘裂陷-拗陷盆地；古生代，主体盆地为稳定克拉通内部拗陷盆地；中生代为大陆内部小型裂陷盆地、压陷盆地和拗陷盆地；新生代为大陆内部小型裂陷盆地和拗陷盆地（表6-1）。渤海湾地区多旋回成盆和多旋回构造反转受板块间相互作用形成的地球动力背景控制，与中朝板块由裂解、漂移、拼合碰撞至碰撞后多期变形的整个演化过程相联系。

　　在盆地发展过程中，经历了多次反转构造事件（表6-1）。中-晚元古代地壳运动以升降为特征，其中具有全区意义的构造反转事件有杨庄上升、芹峪上升和蓟县上升。古生代和中生代有加里东运动、海西运动和印支运动，印支晚期运动使本区地壳运动性质和构造格局发生了根本变化，由早期的升降运动转变为水平运动。燕山期为频繁伸展和挤压交替时期。喜马拉雅期可划分出多个反转幕。

表6-1　渤海湾盆地演化阶段

构造层	构造旋回	亚构造层	盆地性质	主要反转期
沉积盖层	中新生陆相盆地　喜马拉雅期	新近系—第四系（N-Q）	陆内拗陷盆地	喜马拉雅运动Ⅱ幕 喜马拉雅运动Ⅰ幕 喜马拉雅运动Ⅴ幕 喜马拉雅运动Ⅳ幕 喜马拉雅运动Ⅲ幕 喜马拉雅运动Ⅱ幕 喜马拉雅运动Ⅰ幕 印支运动 海西运动 加里东运动 蓟县升降 芹峪升降 杨庄升降
		古近系（Pg）	陆内裂陷盆地	
	燕山期	上白垩统（K₂）	陆内裂陷—拗陷盆地	
		上侏罗统—下白垩统（J₃-K₁）	陆内裂陷盆地、拉分盆地	
		下-中侏罗统（J₁₊₂）	陆内压陷盆地	
	地台盖层　海西—印支期	上古生界及三叠系（C₂-P-T₁₊₂）	克拉通内部拗陷盆地	
		下古生界（Є-O₂）	克拉通内部拗陷、台地	
	加里东期	青白口系（Qn）	克拉通边缘裂陷—拗拉槽	
	晋宁期	蓟县系（Jx）		
		长城系（Ch）		
结晶基底		太古界—下元古界（Ar-Pt₁）		

　　济阳拗陷为渤海湾盆地的一个次级构造单元，位于渤海湾盆地东南部（图6-1），东邻郯庐断裂，南临鲁西隆起，地理位置位于山东省北部，总面积约 $2.6×10^4$ km²，是在华北克拉通基底上发育的中生代、新生代断陷-拗陷叠合盆地。济阳拗陷主要由东营、沾化、车镇和惠民四个凹陷和若干凸起组成，整体表现"多凸多凹、凹凸相间"的构造格局。

　　黄骅拗陷为渤海湾盆地的另一个次级构造单元，位于渤海湾盆地的中部（图6-1），其总体轮廓为北西断、南东超的箕状断陷。平面上向南西向收敛，向北东向逐渐散开，呈南窄北宽的楔状断陷，总面积为 $1.7×10^4$ km²。黄骅拗陷构造格局的形成，同样经历了前新生代和新生代两个地质时期。前新生代的地质结构主要形成于印支和燕山期。印支期地质结构的总体面貌是：在北高南低、西高东低的背景上，发育了北东走向的三个凸起带和三个凹陷带。到燕山期，由于中生代裂陷作用使地壳沿北东和北西向断裂解体形成多个小盆地，侏罗纪、白垩纪地层的分布，明显受印支期构造格局制约，多发育于其向斜部位，向背斜区减薄或缺失，大体刻画出北东向成带及北西向成块的新生代构造面貌。古近纪期间，在区域裂谷发育的背景下发育了复杂断块盆地。

第二节　地层框架

在黄骅拗陷的燕山地区，有古生界出露，寒武系—奥陶系属浅海台地沉积，各类古生物可与国际分阶对比，分阶准确。石炭系—二叠系基本上是海陆交互相，前人提出了很好的地层划分对比意见。各组、段详细的年代框架见表6-2。

表6-2　黄骅拗陷地层年代框架

界	系	组	厚度/m
新生界	第四系	平原组	
	新近系	明化镇组	
		馆陶组	0~650
	古近系	东营组	0~1600
		沙河街组	0~5600
		孔店组	0~3400
中生界	白垩系		
	侏罗系		
	三叠系		
古生界	二叠系	石千峰组	0~1668
		上石盒子组	
		下石盒子组	
		山西组	
	石炭系	太原组	0~255
		本溪组	
	奥陶系		
	寒武系		
新元古界	震旦系		

中生代地层的年代框架比较粗略，地层古生物依据不充分，一般其年龄界限均有较大的变化范围，如 J_{1+2} 顶面。其中，三叠系仅有上三叠统下部，是在 235~223.4 Ma 期间发生的沉积，沉积速率较高，与周围地区资料及古地理环境相符合。

　　济阳拗陷地层年代框架研究前人已取得一定的成果，古近系年代地层框架如图 6-2。姚益民等（2002）对东营凹陷牛 38 井 3307～3367 m 共 430 块古地磁样品进行了测量，确定了沙河街组三段（沙三）中、下亚段分界线为 42.0 Ma，并于同年选取了营 20、2-2-18、3-5-11、牛 38 井和郝科 1 井五口井，建立标准 ESR 测年柱子，标定沙三顶界年龄为 38.6 Ma，沙三中亚段底界年龄为 44.0 Ma，沙河街组四段（沙四）下亚段底界年龄为 51.4 Ma，但后来分析认为该地区石英可能受到初步退火作用导致电子自旋共振（electron spin resonance，ESR）测年年龄普遍偏老（姚益民等，2002）。操应长（2003）对义 3-7-7 井沙河街组二段和沙三进行 ESR 测年分析，认为沙三顶部年龄 39.0 Ma，沙三中亚段顶部年龄为 42.0 Ma，沙三下亚段顶部年龄为 44.2 Ma，同时也对临 10-1 井进行古地磁分析，

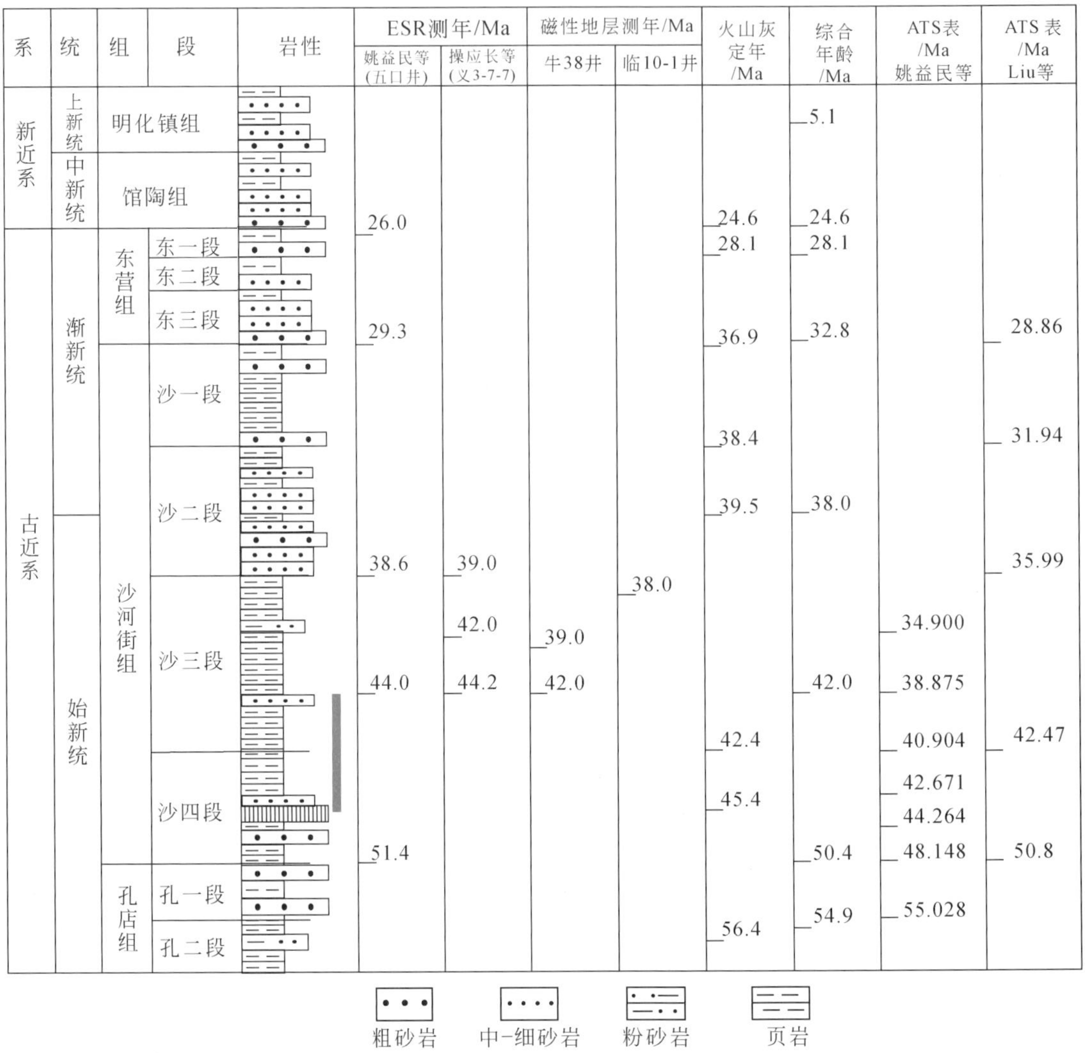

系	统	组	段	岩性	ESR测年/Ma 姚益民等（五口井）	ESR测年/Ma 操应长等（义3-7-7）	磁性地层测年/Ma 牛38井	磁性地层测年/Ma 临10-1井	火山灰定年/Ma	综合年龄/Ma	ATS表/Ma 姚益民等	ATS表/Ma Liu等
新近系	上新统	明化镇组								5.1		
	中新统	馆陶组			26.0				24.6	24.6		
古近系	渐新统	东营组	东一段						28.1	28.1		
			东二段									
			东三段		29.3				36.9	32.8		28.86
		沙河街组	沙一段						38.4			31.94
			沙二段						39.5	38.0		35.99
	始新统		沙三段		38.6	39.0		38.0				
						42.0	39.0				34.900	
					44.0	44.2	42.0			42.0	38.875	
			沙四段						42.4		40.904	42.47
									45.4		42.671	
											44.264	
					51.4					50.4	48.148	50.8
		孔店组	孔一段							54.9	55.028	
			孔二段						56.4			

　　　　粗砂岩　　中-细砂岩　　粉砂岩　　页岩

图 6-2　济阳拗陷年代地层综合柱状图（据王秉海，1992；操应长，2003；李丕龙，2003；姚益民等，2002，2007a；Liu et al.，2017；火山灰定年和综合年龄来自姚益民，1994）

认为沙三上亚段 3170 m 深度附近年龄为 38 Ma。姚益民等（2007b）对牛 38 井进行古地磁和旋回地层研究，沙三下亚段顶部（深度 3263 m）年龄为 38.975 Ma。后来，姚益民等（2007a）对东营凹陷郝科 1、牛 38、东辛 2-4、华 8、高 19 和利 1 共 6 口井进行旋回地层研究，提出了东营凹陷新生代的天文年代表，最终厘定沙三下顶界年龄 38.875 Ma，沙四上底界年龄为 42.671 Ma（图 6-2）。有学者建立了东营凹陷古近系天文年代表，限定沙三下和沙四上年龄界限为 42.47 Ma（Liu et al.，2017）。不同学者、不同定年方法所限定的年龄有所区别，而且现今所使用年龄界限大部分沿用 1994 年渤海湾盆地济阳拗陷综合年龄校正方案，并没有及时的更新。

第三节　典型地区构造–沉积波动过程

从构造–沉积波动尺度（频率）方面讲，沉积盆地波动过程可分为低频波动和高频波动两种，波动分析与旋回地层相结合，既能把握宏观盆地演化，又能聚焦微观地层特征。低频波动可用于研究盆地演化规律、油气成藏旋回等（施比伊曼等，1994；刘国臣等，1995；吕修祥等，1996；张一伟等，2000；姜素华等，2008），这里主要针对黄骅拗陷开展低频波动分析。高频波动可用于分析高频古气候演变、天文周期地质响应等（吴怀春等，2011；Wu et al.，2013；Shi et al.，2020；石巨业等，2019），这里主要针对济阳拗陷开展高频波动分析。

一、黄骅拗陷显生宙波动分析

钻井揭示的地层厚度是被压实后地层的厚度，为计算地层沉积时期的沉积速率，首先要恢复其原始沉积厚度。原始沉积厚度恢复主要依据不同岩性的压实状态不同，砂泥岩的变化较大，必须恢复原始厚度，相对来说石灰岩、白云岩类孔隙度、厚度变化较小，压实作用忽略不计，可以不做原始厚度恢复。此外，由构造运动造成的地层重复应先扣除重复地层再进行原始厚度恢复，火山岩的沉积厚度应扣除，因为其属于突发事件，持续时间短、速度快。将各层序的原始沉积厚度除以其沉积时间，可以获得沉积速率，便可以绘制沉积速率直方图。这里的沉积速率是各组、段的平均沉积速率，所以层序地层格架越精确，沉积速率直方图与实际地质情况越相符。

地层原始厚度恢复获取沉积速率曲线，厚度除以时间即可获得沉积速率曲线，这里的重点是如何进行地层原始厚度恢复，进而获得比较准确的沉积速率曲线，地层原始厚度的恢复是分两种情况进行的。

对于古近系—新近系，按孔隙度与深度的关系分砂岩、泥岩，分别将现今厚度恢复到埋深 100 m 时的原始厚度。根据歧古 1 井、灯参 1 井的声波测井和部分孔隙度实测资料，得出孔隙度与地层声波速度的关系为

$$\phi = \frac{8.4166 \times 10^4}{V} - 9.5 \tag{6-1}$$

式中，V 为层速度，m/s。然后，将孔隙度与深度投影在直角坐标系中得出孔隙度–深度

关系。

泥岩的孔隙度–深度关系表达式为

$$\phi(z) = e^{-0.000379975z + 3.92779} \tag{6-2}$$

砂岩的孔隙度–深度关系表达式为

$$\phi(z) = e^{-0.00489314z + 3.73139} \tag{6-3}$$

式中，z 为地层深度，$\phi(z)$ 为埋深 z 处的孔隙度。得出孔隙度–深度关系以后，再进行原始厚度恢复。

对于古近系之前的地层，由于经历了多期的埋藏抬升过程，孔隙度–深度关系不准确，因此采取的是一种相对粗略的方法。根据各层位平均层速度，折算地层平均孔隙度，然后根据恢复系数按砂岩、泥岩分别恢复原始厚度。恢复系数公式为

$$r = \frac{1 - \phi(z)}{1 - \phi_{100}} \tag{6-4}$$

式中，$\phi(z)$ 为现今埋深 z 处的孔隙度，ϕ_{100} 为埋深 100 m 处的孔隙度。

在对黄骅拗陷沉积–剥蚀过程研究过程中，将拗陷划分成 17 个研究小区（图 6-3），对总共 22 口井进行了波动分析。

黄骅拗陷沉积波动过程的分析是以黄骅拗陷综合柱状图为基础资料进行的。如图 6-4，四组波的叠加构成了黄骅拗陷的波动过程，它们分别是 F 波（周期为 740 Myr）、G 波（周期为 220 Myr）、N 波（周期为 70 Myr）和 L 波（周期为 30.5 Myr）。

振幅按第二章的方法求得，F 与 g 的振幅呈指数关系，n 与 G 的振幅呈线性关系。波的初相位 T_0 应该满足两个条件：①使方程两边等于零；②在 T_0 以后使方程为正值。确定了振幅和初始相位后，即可给出波动方程的数学表达式。

F 波是区内构造–沉积波动的能量函数，它的变化决定着其他波振幅的变化。

$$F = 14 + f \tag{6-5}$$

$$f = A_f \sin \frac{2\pi}{740}(t - 500) \tag{6-6}$$

$$A_f = 15 - 0.017t \tag{6-7}$$

G 波表达式为

$$G = F + g \tag{6-8}$$

$$g = A_g \cdot \sin \frac{2\pi}{220}(t - 500) \tag{6-9}$$

$$A_g = 7e^{0.0877} \tag{6-10}$$

N 波表达式为

$$N = G + n \tag{6-11}$$

$$n = A_n \cdot \sin \frac{2\pi}{70}(t - 22) \tag{6-12}$$

$$A_n = 12 + 0.4G \tag{6-13}$$

L 波的表达式为

$$L = N + l \tag{6-14}$$

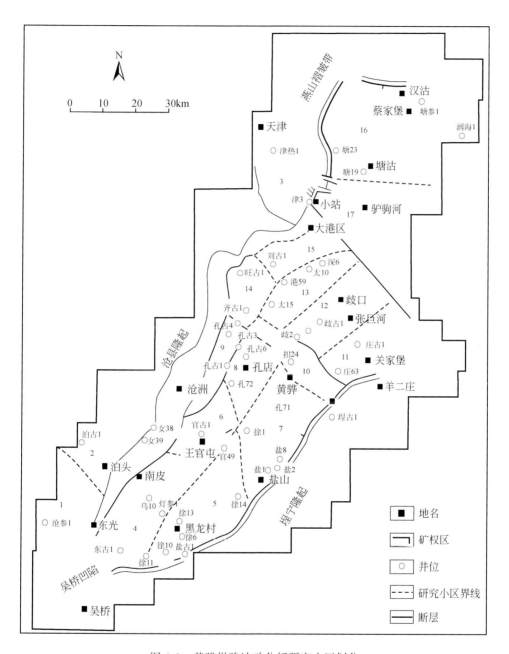

图 6-3 黄骅拗陷波动分析研究小区划分

$$l = A_l \cdot \sin\frac{2\pi}{30.5}(t-22) \tag{6-15}$$

$$A_l = 20 + 0.023G^{1.63} \tag{6-16}$$

在目前的资料精度情况下，30 Myr 左右的周期波 l 可以近似地拟合盆地的沉积–剥蚀过程。周期波 l 叠加在 F、G、N 周期过程之上，它往往表现出似周期或非周期性。

在图 6-4 中，波动曲线在纵坐标轴右边时，表示沉积过程（沉积速率大于 0）；在纵坐

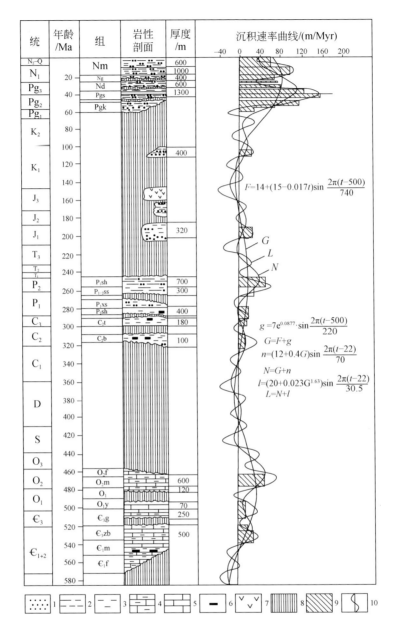

图 6-4　渤海湾盆地黄骅拗陷显生宙波动演化

1. 砂岩；2. 砂质泥岩；3. 泥页岩；4. 泥质灰岩；5. 灰岩；6. 膏岩；7. 火山岩；
8. 地层缺失；9. 沉积速率直方图；10. 沉积–剥蚀过程

标轴左边时，表示剥蚀过程（沉积速率为负值），其面积积分代表剥蚀量。斜线部分为沉积速率直方图，其面积即为保存下来的该时期原始沉积地层厚度。在整个剖面上，沉积与剥蚀过程应是平衡的，即总沉积量减去剥蚀量等于现今保存的地层的恢复厚度。

（一）灯参 1 井区沉积波动过程

通过对灯参 1 井地震、测井资料的分析研究，并参考中国石油天然气股份有限公司大港油田勘探开发研究院及大港油田物探公司地质研究所的研究成果，获得了灯参 1 井波动分析基础数据（表6-3）。

表 6-3 黄骅拗陷灯参 1 井年代地层数据

年代地层	井深/m	观测厚度/m	恢复厚度/m	顶、底界年龄/Ma	沉积速率/（m/Myr）
第四系	335	335	583.97	0～1.64	356.08
上明化镇组	849	514	717.46	2～11	79.72
下明化镇组	1317	468	816.14	11～17	136.02
馆陶组	1509	192.5	278.35	17～24	39.76
东营组	1528	18.5	36.19	24～34	3.62
沙河街组一段	1792	264	446.25	34～38	111.56
沙河街组二段	1967	175.5	291.47	38～40	145.73
沙河街组三段	2060.5	93	140.19	40～45	28.04
孔店组一段	2811	750.5	1251.81	45～49.5	278.18
孔店组二段	2978	167	263.3	49.5～54	58.51
孔店组三段	3213	235	465.42	54～56	232.71
上侏罗统—白垩统	3313	100	157.6	96～115	8.29
下–中侏罗统	3513	200	338.3	162～207	7.52
三叠统	3675	162	272.4	223～235	23.48

利用滑动窗口滤波方法，对灯参 1 井沉积–剥蚀过程开展滤波。从灯参 1 井波动方程和波动曲线上（图6-5）可以看出，740 Myr、200 Myr、90 Myr 和 30 Myr 是控制该区构造演化进程的主要周期。

$$F(t) = 8 + 6\sin\frac{2\pi}{740}(t-600) \tag{6-17}$$

$$G(t) = F(t) + [0.9F(t)+10]\sin\frac{2\pi}{200}(t-200) + 40\mathrm{e}^{\left[\frac{-(t-30)^2}{1000}\right]} \tag{6-18}$$

$$N(t) = G(t) + |G(t)+5|\sin\frac{2\pi}{90}(t-10) - 10\mathrm{e}^{\frac{-(t-60)^2}{300}} - 5\mathrm{e}^{\frac{-(t-55)^2}{300}} + 15\mathrm{e}^{\frac{-(t-560)^2}{800}} + 15\mathrm{e}^{\frac{-(t-180)^2}{600}} - 15\mathrm{e}^{\frac{-(t-450)^2}{600}}$$

$$\tag{6-19}$$

$$L(t) = N(t) + N(t)\sin\frac{2\pi}{30}(t-7) - 20\mathrm{e}^{\frac{-(t-210)^2}{300}} \tag{6-20}$$

740 Myr 的周期波代表该区地质历史时期的总体沉降水平，称为一级周期，它对其他高频的周期波均有一定的控制作用，也称为能量函数。

200 Myr 的周期波称为二级周期波，它基本上控制着大地构造演化阶段，即构成黄骅

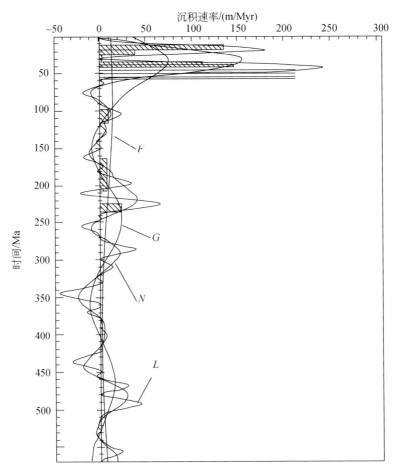

图 6-5　黄骅拗陷灯参 1 井显生宙波动曲线

拗陷的多旋回性质。寒武纪—志留纪为一个完整周期，泥盆纪—早侏罗世为第二个二级周期，晚侏罗世至今为一个完整周期的主体部分。

30 Myr 的周期是在目前研究精度下得到的最高频周期，它可以较好地代表该区的沉积、剥蚀过程，据此可进行沉积沉降分析、不整合研究、剥蚀量估算等工作。例如，从波动曲线所反映的沉积速率上看（图 6-5），早-中奥陶世沉积较快，对应稳定地台沉积时期，随后是持续约 130 Myr 的剥蚀期，直到中石炭世重新接受沉积，并在晚石炭世—早二叠世（对应海陆交互—陆相盆地发育期）、晚侏罗世—早白垩世（对应大陆内拱升裂陷发育期）和新近纪—第四纪分别出现沉积高峰期；中白垩世—古近纪为沉积-剥蚀交替期。

（二）太 10 井区沉积波动过程

太 10 井沉积波动分析基础数据见表6-4。

表 6-4 太 10 井年代框架数据表

年代地层	井深/m	观测厚度/m	恢复厚度/m	顶、底界年龄/Ma	沉积速率/(m/Myr)
第四系	276	276	276	0 ~ 1.64	168.29
下明化镇组	1455	1179	1473.42	2 ~ 17	98.23
馆陶组	1788	333	528.59	17 ~ 24	75.51
东营组	2110	322	546.75	24 ~ 34	54.68
沙河街组三段	2175	65	130.68	40 ~ 45	26.14
下–中侏罗统	2503.5	328.5	194.18	162 ~ 207	4.32
下石盒子组	2653.5	150	231.75	256.1 ~ 268.8	18.25
山西组	2754	100.5	163.73	281.5 ~ 290	19.26
太原组	2929.5	175.5	242.48	290 ~ 295.1	47.54
本溪组	2982	52.5	102.18	311.3 ~ 322	9.55
峰峰组	3116	134	169.65	463.9 ~ 467	54.73
上马家沟组	3289	173	173	467 ~ 472.7	30.35

太 10 井沉积剥蚀过程的波动方程如下：

$$F(t) = 6 + 5\sin\frac{2\pi}{740}(t-600) \tag{6-21}$$

$$G(t) = F(t) + [F(t)+10]\sin\frac{2\pi}{230}(t-200) \tag{6-22}$$

$$N(t) = G(t) + |[G(t)+8]|\sin\frac{2\pi}{90}(t-85) + 10e^{\frac{-(t-230)^2}{300}} + 20e^{\frac{-(t-540)^2}{300}} + 10e^{\frac{-(t-310)^2}{300}}$$

$$+ 15e^{\frac{-(t-150)^2}{700}} - 5e^{\frac{-(t-60)^2}{600}} \tag{6-23}$$

$$L(t) = N(t) + N(t)\sin\frac{2\pi}{31}(t-2) - 2.5e^{\frac{-(t-210)^2}{300}} \tag{6-24}$$

从波动方程和波动曲线（图 6-6）可以看出，740 Myr、230 Myr、90 Myr 和 31 Myr 是控制该区演化的主要周期。其中 740 Myr 周期反映该区的总体沉降水平；230 Myr、90 Myr 周期反映该区构造演化的阶段性，寒武纪—志留纪为一个完整的二级周期，中志留世—早侏罗世为第二个二级周期，中侏罗世—至今为一个完整周期的主体。31 Myr 周期较好地代表了该区具体的沉积–剥蚀过程，其中中寒武世、早中奥陶世（对应稳定地台发育期）、二叠纪（对应大型陆相盆地发育期）和新近纪—第四纪为沉积高峰期，晚奥陶世—中石炭世为重要剥蚀期，没有沉积记录保存下来。中生代—古近纪期间，沉积与剥蚀交替进行，保存下来的地层较少。

二、济阳拗陷古近系波动分析

中国石化在济阳拗陷部署了四口页岩油系统取心井，依次为樊页 1、利页 1、牛页 1

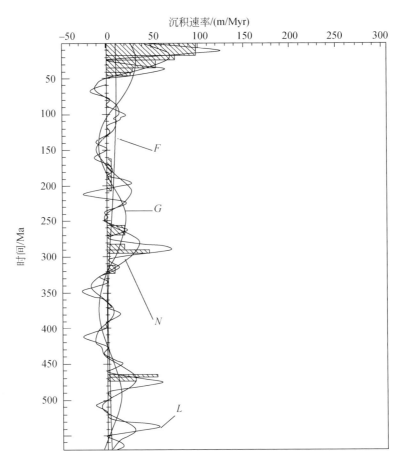

图 6-6　黄骅拗陷太 10 井显生宙波动曲线

和罗 69 井，针对沙三下亚段—沙四上亚段烃源岩分别取心 403 m，200 m，185 m 和 221 m。樊页 1 井取心井段深度为 3030~3444 m，钻孔进尺 414 m，共分 39 筒次取心，取心长度为 403.63 m，收获率为 97.5%，樊页 1 井取心连续、完整，可以获得未受到破坏的真实岩心记录，因此本次主要针对选取济阳拗陷东营凹陷樊页 1 井最为主要研究对象开展济阳拗陷高频波动分析。

针对高频波动分析，可以反映古气候或古环境变化的物理或化学参数均可作为替代性指标，但不同的指标对古气候变化的内部响应机制不同，应用的效果也就不同。应从实验的可行性、实验误差、分辨率、影响因素等方面选取最合适的替代性指标。在研究区通过各种指标的对比优选，最终选取磁化率指标为主，并配合与古气候相关的 X 射线荧光光谱（XRF）数据进行辅助分析。

磁化率是表征物质被磁化的难易程度，其大小可以反映沉积物中磁性矿物的类型及含量，常作为替代性指标广泛使用在海相、湖相或黄土的沉积记录中（安芷生，1990；刘青松和邓成龙，2009；Wu et al.，2013）。在野外现场可使用便携式磁化率仪进行高密度的磁化率测试，单位为国际标准单位 SI。同时为验证现场测试数据有效性，采取现场岩心打碎装入到边长 2 cm 的无磁性立方塑料盒中，使用实验室卡帕奇桥磁化率仪测得质量磁化率。两种方式得到的磁化率数据相互校准，以验证磁化率测量数据的可靠性。

便携式 X 射线荧光光谱扫描仪通过测试输出信号的强度，对沉积物的元素化学组成进行定性和半定量分析，具有破坏性小、方便快捷等优势，可以获得高分辨率连续的元素记录（Rousseau，2001）。在剖开的岩心上或野外露头直接使用手持式 X 射线荧光光谱仪进行测试。测试选取 General 模式，检测电压为 10 kV，电流为 0.15 mA，检测时间为 60 s，检测点间隔为 4~15 cm，检测出常量元素（Ca、Si、Al、Mg、Fe、K）和微量元素（Ti、Ba、V、Cr、Mn、Sr、P、Cu、Zr）等 20 余种，测试结果以元素氧化物的百分含量形式表示。

（一）米兰科维奇旋回识别

在深度域上对济阳拗陷樊页 1 井沙三下亚段和沙四纯上亚段磁化率数据序列进行 MTM 频谱分析，结果显示出 15 个优势频率峰值超过 90% 置信度曲线，并且所有峰值都通过 AR1 置信曲线的检验，谱图中横坐标表示深度序列的频率，纵坐标表示该频率所占比例，由此算出谱峰对应的旋回厚度（1/频率）依次为 43.1 m，30.2 m，25 m，15.3 m，12.4 m，10.1 m，7.5 m，6.1 m，4.5 m，3.7 m，3.0 m，2.2 m，2.0 m，1.5 m 和 1.4 m，整体显示 43.1~25 m，15.3~7.5 m，4.5~3.0 m，2.2~1.4 m 四个频带（图6-7），其频带比值为 21.3~12.4：7.57~3.71：2.23~1.49：1.09~0.69，接近理论周期的比值，说明东营凹陷湖相泥页岩沉积过程受地球轨道周期性变化控制，并把四个频带分别解释为长偏心率 E（405 kyr）、短偏心率 e（约 100 kyr）、斜率 O（40 kyr）和岁差 P（22 kyr）周期。

通过樊页 1 井沙三下亚段—沙四纯上亚段磁化率、Fe/Mn、Al/Ti 和 Sr/Ca 等替代性指标的 MTM 频谱分析，认为东营凹陷始新世湖相沉积记录中保存较好的米兰科维奇旋回，天文周期在东营凹陷的古气候变化中扮演重要的角色，为了更好地展现天文周期对气候变化的控制作用，使用了带通滤波的方法将特定频率段信号提取出来。磁化率沙三下亚段代表长偏心率、短偏心率、斜率和岁差的滤波范围依次为 0.02~0.033 cycles/m，0.02~0.028 cycles/m，0.083~0.125 cycles/m，0.211~0.321 cycles/m，0.413~0.624 cycles/m，沙四上亚段代表长偏心率、短偏心率、斜率和岁差的滤波范围依次为 0.018~0.033 cycles/m，0.081~0.133 cycles/m、0.203~0.333 cycles/m、0.407~0.667 cycles/m，Fe/Mn、Al/Ti 和 Sr/Ca 指标根据 MTM 频谱峰值位置，设置的滤波范围有细微差别但相差不大。

渤海湾盆地始新世位于北纬 35°~40°，属于中低纬度地区，沙三下亚段磁化率序列，显示较强的偏心率信号，磁化率的极值与斜率信号的吻合度较小，与岁差信号吻合度较高。Fe/Mn、Al/Ti 和 Sr/Ca 指标同样显示较强的偏心率和岁差信号，斜率信号较弱（图6-8）。另外，各个指标在 3150 m 以下偏心率周期波动幅度较大，岁差信号的振幅也增大，3150 m 以上偏心率周期波动幅度减小，岁差周期的振幅也减小，显示了偏心率周期对岁差周期的振幅调制作用。

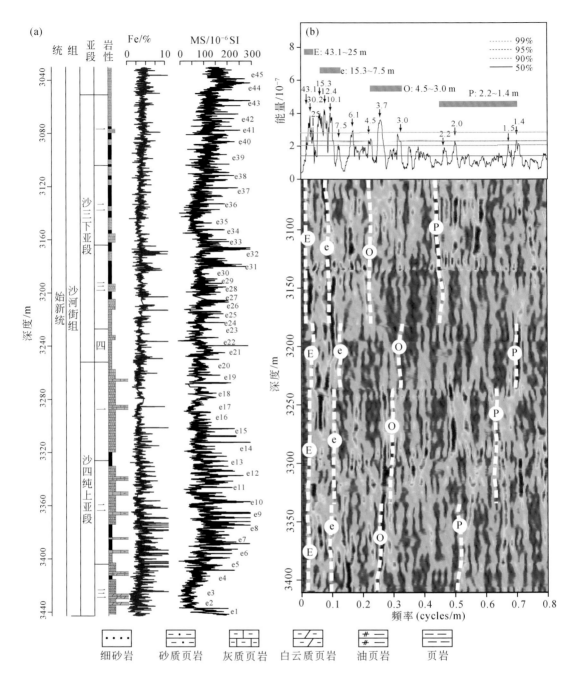

图 6-7　济阳拗陷樊页 1 井米兰科维奇旋回识别

（a）樊页 1 井组段、岩性、Fe 元素和磁化率数据综合柱状图；

（b）原始磁化率数据 MTM 频谱分析和演化频谱分析图

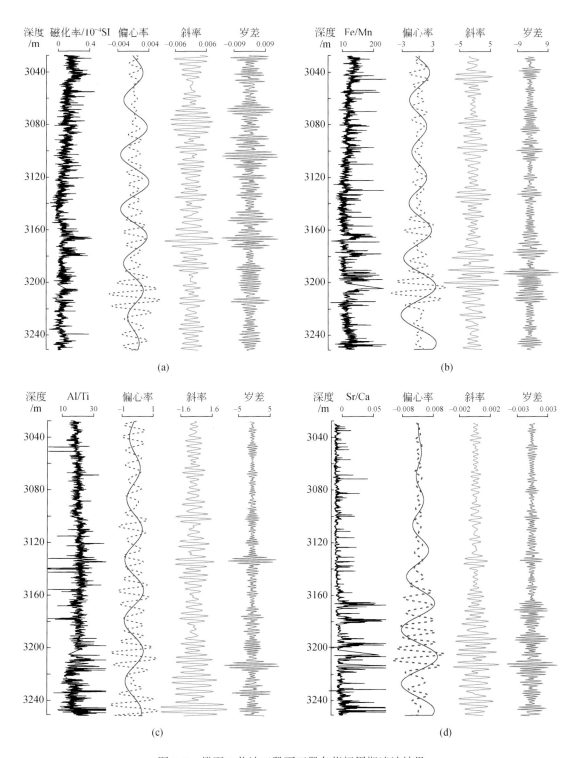

图 6-8　樊页 1 井沙三段下亚段各指标周期滤波结果

(二) 偏心率周期的地质响应

在偏心率周期振幅调制方面，长偏心率（405 kyr）极大值附近短偏心率（100 kyr）振幅也变大，如在樊页1井第三个长偏心率极大值39.5 Ma附近和第一个长偏心率极大值40.3 Ma附近，短偏心率曲线和岁差曲线振幅均较大，TOC指标的分布范围明显变宽，古气候指数C、Fe/Mn和矿物含量等指标的高频周期的波动范围也较大（图6-9）。短偏心率极大值附近岁差振幅也增大，如樊页1井40.28 Ma和39.43 Ma附近（图6-9），古气候指数C、Fe/Mn和矿物含量等指标的高频周期的波动范围较大，同样反映了偏心率周期对岁差周期振幅的调制作用。

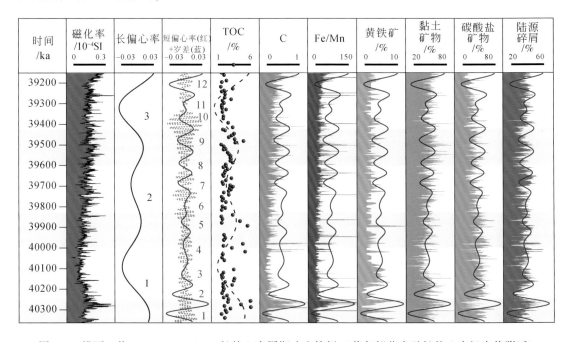

图6-9　樊页1井39.15～40.36 Ma长偏心率周期响应特征（黄色部分表示长偏心率极大值附近）

在古气候阶段性变化方面，第一个偏心率周期极大值附近，有机碳含量较高，平均为3.07%，最大可达5.42%，古气候指数C和Fe/Mn比较大，古气候指数C平均为0.214，显示较为湿润的气候条件。在矿物含量方面，黄铁矿、黏土矿物、陆源碎屑含量均较高，碳酸盐矿物含量较低，黄铁矿含量平均为3.77%，显示湖水较深、较为还原的水体性质，碳酸盐矿物含量平均为29.18%，整体指示湿润还原性的气候条件（图6-9）。向上过渡到第一个偏心率极小值附近，有机碳含量明显降低，平均为2.51%，最大值为3.42%，古气候指数C和Fe/Mn比明显降低，古气候指数C平均值降至0.066，显示相对干旱的气候条件。在矿物含量方面，黄铁矿、黏土矿物、陆源碎屑含量均有所下降，碳酸盐矿物含量有所上升，黄铁矿含量略微下降至3.71%，碳酸盐矿物平均含量上升至37.85%，整体指示较为干旱的气候条件。

向上过渡到第二个偏心率极大值附近，有机碳含量又明显增加，平均为2.95%，最大值为4.76%，古气候指数C和Fe/Mn比明显升高，古气候指数C平均值上升至0.152，显示相对湿润的气候条件。在矿物含量方面，黄铁矿、黏土矿物、陆源碎屑含量均有所上升，碳酸盐矿物含量有所下降，平均含量上升至34.23%，整体指示着潮湿的气候条件。向上过渡到第二个偏心率极小值附近，有机碳含量又明显降低，平均为2.61%，最大值为3.28%，古气候指数C和Fe/Mn比变化不大，古气候指数C平均为0.163。在矿物含量方面，黄铁矿含量有所增加，平均为3.17%，显示较为还原的气候条件，黏土矿物、陆源碎屑和碳酸盐矿物含量变化不明显，整体先减少后升高，显示气候条件逐渐由湿润向干旱转化。

向上过渡到第三个偏心率极大值附近，有机碳含量升高，平均为2.96%，最大值为4.38%，古气候指数C和Fe/Mn比明显升高，古气候指数C平均值上升至0.2，Fe/Mn平均为40.1，显示相对湿润的气候条件。在矿物含量方面，黏土矿物、陆源碎屑含量均有所上升，碳酸盐矿物含量有所下降，平均为29.8%，黄铁矿含量有所增加，平均为3.28%，显示较为还原的气候条件，整体为还原、潮湿的气候条件。周而复始，第三个偏心率极小值附近，有机碳含量有所降低，平均为2.38%，最大值为3.12%，古气候指数C和Fe/Mn比明显降低，古气候指数C有所降低，平均为0.19。在矿物含量方面，黄铁矿、黏土矿物、陆源碎屑含量均有所下降，黄铁矿含量略微下降至2.95%，碳酸盐矿物平均含量变化不大，整体指示较为干旱的气候条件。

图6-10为樊页1井底部40.42~40.15 Ma的放大，显示短偏心率周期的地质响应特征。短偏心率周期与长偏心率周期地质响应特征类似，三个短偏心率周期的极大值附近均对应着有机碳含量较高的位置（图6-10），古气候指数C、Fe/Mn比均较高，矿物含量方面，黄铁矿、陆源碎屑和黏土矿物含量较高，碳酸盐矿物含量较低。在第二个偏心率极大值附近，有机碳含量平均为3.63%，最大为5.42%，古气候指数C平均为0.291，黄铁矿含量平均为3.82%，碳酸盐矿物含量平均为21.98%，显示较为湖水较深、水体呈还原性的湿润气候条件。其上下偏心率极小值附近，有机碳含量平均较低，依次为2.38%和2.45%，古气候指数平均也较低，依次为0.137和0.133，碳酸盐矿物平均含量较高，依次为37.32%和36.91%，气候明显较为干旱。

综上所述，偏心率周期在405 kyr和100 kyr尺度控制着有机碳及矿物含量变化，而且偏心率周期曲线与有机碳含量呈较好的吻合关系。偏心率极大值附近均对应着有机碳含量较高的层段，偏心率周期通过调制作用控制着岁差周期的振幅，而岁差周期通过控制季节性的差异来影响气候的变化，进而影响沉积时期有机质特征及矿物的含量。在偏心率极大值附近，岁差周期振幅变大，季节性差异变大，夏季风降雨等增强，河流等陆源碎屑输入带入大量营养物质提高了湖泊的生产力，较高的湖水深度和还原性水体有利于有机质保存及黄铁矿的生成，从而有机碳、陆源碎屑矿物、黏土矿物和黄铁矿含量较高，碳酸盐矿物含量较低。在偏心率极小值附近，岁差周期振幅变小，季节性差异变小，夏季风降雨等变弱，气候较为干旱，物源输入减少，从而陆源碎屑矿物、黏土矿物含量较低，但碳酸盐矿物含量较高，干旱的气候条件不利于生物生存，湖泊生产力较低，使有机碳含量较低。

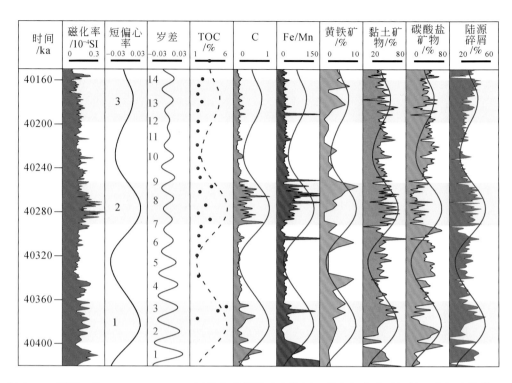

图 6-10　樊页 1 井 40.42 ~ 40.15 Ma 短偏心率周期响应特征（黄色部分表示短偏心率极大值附近）

（三）超长地球轨道周期的环境响应

由于长周期信号对短周期信号的调制作用，而这种调制作用可以在其包络线上体现出来，所以识别长周期信号需要对短周期信号的包络线进行频谱分析，从而来证明长周期信号的存在。图 6-11（a）、（c）、（e）分别为时间域的长、短偏心率（405 kyr、100 kyr）和斜率周期（40 kyr）滤波曲线。红色曲线为各周期的包络线，可以表征其振幅的大小。图 6-11（b）、（d）、（f）分别为包络线振幅谱和能量谱图。405 kyr 长偏心率周期包络线能量谱图显示较为明显的 2430 kyr、1170 kyr 和 840 kyr 三个周期，振幅谱图在对应周期的振幅也较高；100 kyr 的短偏心率周期包络线能量谱图显示较为明显的 2175 kyr 和 880 kyr 两个周期，40 kyr 的斜率周期包络线能量谱图显示较为明显的 1210 kyr 和 830 kyr 两个周期。

各周期包络线频谱分析显示较为明显的约 2.4 Myr，约 1.2 Myr 和约 0.84 Myr 的超长周期，由于剖面长度的限制（约 4 Myr），2 Myr 以内的超长周期信号是比较可信的，超过这个区间可信度较低。因此樊页 1 井识别出约 1.2 Myr 和约 0.84 Myr 的超长天文轨道周期，但约 0.84 Myr 并不是超长偏心率周期（约 2.4 Myr）或超长斜率周期（约 1.2 Myr）信号，这里推测可能是东营凹陷特有的周期信号。

为了探究约 1.2 Myr 和约 0.84 Myr 超长周期信号的来源，对经过 100 kyr 调谐后时间域的 Fe/Mn 比和古气候指数 C 的序列进行 40 kyr 的高斯带通滤波，其滤波参数均为

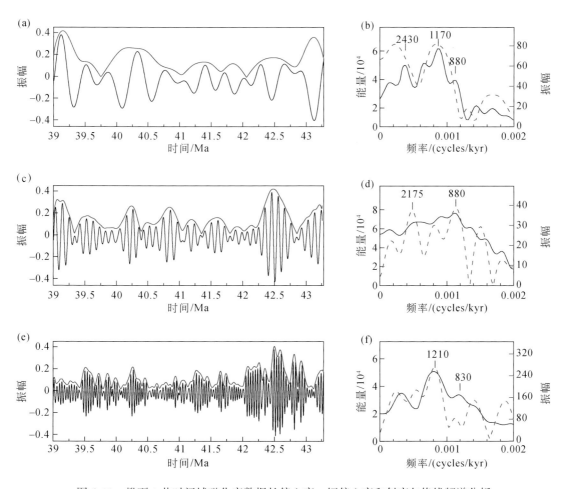

图6-11 樊页1井时间域磁化率数据长偏心率、短偏心率和斜率包络线频谱分析

0.025±0.006，利用获得的斜率信号求得其红色包络线，然后对红色包络线进行振幅谱和能量谱分析（图6-11），Fe/Mn信号包络线能量谱显示1204 kyr和860 kyr周期，古气候指数C信号包络线能量谱显示1190 kyr和865 kyr周期，与古气候相关的替代性指标均显示较强的约1.2 Myr和约0.84 Myr的周期信号。约1.2 Myr源自地球轨道超长斜率周期，约0.84 Myr是东营凹陷比较特殊的长周期信号。

第四节 盆地剥蚀史及平面波动过程

本节主要以渤海湾盆地黄骅拗陷为例进行分析，综合各井波动分析结果，可以发现控制黄骅拗陷沉积演化的周期过程主要为760 Myr、220 Myr、90～110 Myr和27～35 Myr周期，各个周期过程叠加的结果基本反映该区的沉积-剥蚀过程。30 Myr的周期过程与其他周期波的叠加，可较好地拟合本区的沉积、剥蚀过程，这也是进行剥蚀量计算的基础。

一、盆地主要不整合面及剥蚀量

（一）下古生界顶部不整合

晚奥陶世，加里东运动使华北地台抬升，历经 130 Myr 的沉积间断。该间断面使黄骅坳陷普遍遭受剥蚀（图 6-12），剥蚀厚度均在 400~500 m 以上，其中黑龙村—南皮一带、盐山地区剥蚀达近千米，齐家务、塘沽等地剥蚀量达 900 m 左右，盆地中部黑龙村—王官屯—孔店—黄骅—大港一线剥蚀量较少，为 400~600 m。

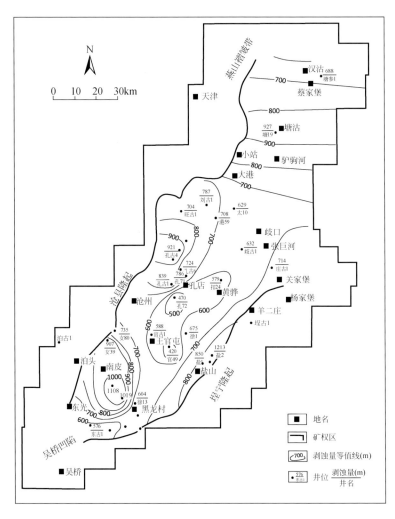

图 6-12　下古生界顶部不整合面剥蚀量等值线图

（二）侏罗系下伏不整合

中-下三叠统与下伏二叠系为连续过渡沉积。晚三叠世，受台北缘褶皱挤压及东侧大洋板块挤压俯冲的双重影响，使盆地处于大型陆相盆地萎缩阶段。侏罗系底界不整合界面主要反映印支期—燕山期构造特征，该不整合界面剥蚀量等值线图呈现近北东向分布，其中，高剥蚀区分布在大中旺—塘沽一线、孔店—王官屯—黑龙村一线，此外南皮—东光地区剥蚀量亦较大。从北到南，塘19井区剥蚀量达1093 m，港59井区达634 m，孔72—官49井区达300 m左右，东古1井区为251 m，这和当时北高南低的古地形特征是一致的。低剥蚀区分布在歧口凹陷、盐山凹陷、东光—黑龙村凹陷及女39—女80井区（图6-13）。

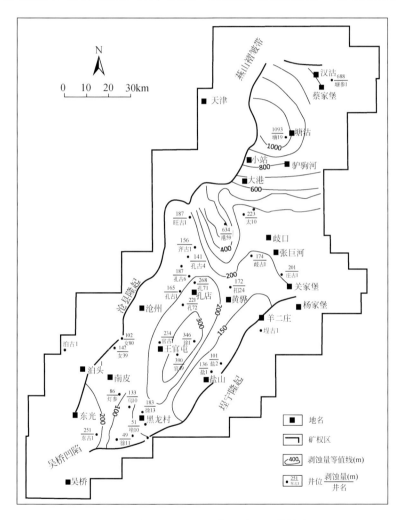

图6-13 侏罗系底面不整合面剥蚀量等值线图

（三）古近系下伏不整合

晚白垩世至古新世，华北地台在挤压背景上大面积隆升，黄骅拗陷古近系下伏不整合面剥蚀量等值线图（图6-14）表明，黄骅拗陷北区塘沽一带剥蚀近千米；在孔店隆起—王官屯一线，剥蚀达 500 m；在盐山—黑龙村一线剥蚀亦达 400～500 m。剥蚀最少的地区为歧口凹陷至港 59 井区一带，剥蚀量不到 50 m；在东古 1 井—乌 10 井—官古 1 井—徐 1 井—扣 24 井一带剥蚀量亦只有 150～250 m；在女 39、女 80 井区剥蚀量为 150 m 左右。

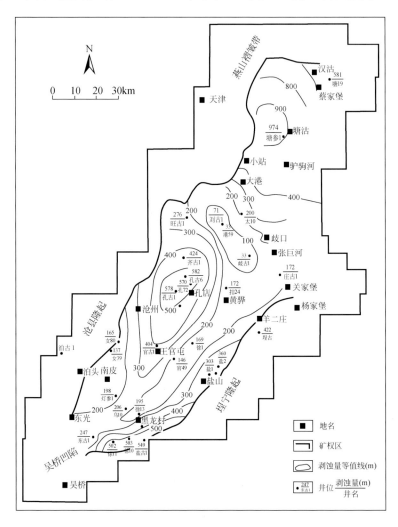

图 6-14　古近系下伏不整合面剥蚀量等值线图

二、平面波动过程分析

渤海湾盆地黄骅拗陷各研究小区沉积剥蚀曲线的对比，可以反映波在平面上的迁移规律，从而揭示隆起和拗陷的迁移规律。现以新生代为例来说明这一问题。将黄骅拗陷5、8、9、12、13和16等研究小区（图6-3）的 g 波（周期为200～220 Myr）、n 波（周期为60～70 Myr）和 l 波（周期为27～35 Myr）等周期波叠加得到曲线 L 发现，不同小区进入沉降高峰的时间不同，存在着时间差（图3-13）。新生代以来，大约在53 Ma前后，5、8和16小区率先进入沉积高峰；从这些小区的位置上看，第5小区在拗陷的西南部东边，靠近埕宁隆起，而16小区在拗陷的北东方向。在42 Ma前后，9、12和13小区进入沉积高峰，其中，第9小区靠近拗陷西边的沧县隆起，12和13小区则位于拗陷的中部。在16 Ma前后，整个拗陷几乎同时进入了新生代以来的第二个沉积高峰期，但沉积速率要比前期小得多。

从上述现象中我们可以推论，新生代以来，波动是从北东和南西部东边起源的，然后分别向北西和南西方向传播，在42 Ma前后，传播到9、12和13小区。随后，在16 Ma前后，黄骅拗陷进入整体沉降。

实际上，不同小区波动曲线 L 的周期有所不同，且呈有规律的变化。从图6-15可以看出，从拗陷的北东部向南西向、从南部东边向北西向，L 波的周期从小到大发生有规律的变化。令人感兴趣的是这种波变化的规律所反映的地质问题。波在实际的地质体的传播过程中存在着吸收问题，即其机械能会有所损失。研究表明，介质对高频成分吸收较厉害。这样波在传播了一定距离之后，其视频率将有所减小，也意味着视周期有所增大。因此，图6-15所反映的是，波是从拗陷北东部和南西部分别向南西和北西方向传播的。这一结果与从图3-13分析的波的起源是一致的。

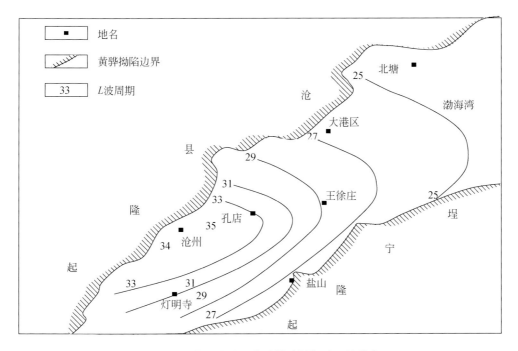

图6-15 渤海湾盆地黄骅拗陷周期波 L 的分布

参 考 文 献

安芷生. 1990. 最近 13 万年黄土高原季风变迁的磁化率证据. 科学通报, 35 (7): 529-532.

操应长. 2003. 济阳拗陷古近系层序地层及其成因机制研究. 广州: 中国科学院广州地球化学研究所.

姜素华, 王永诗, 刘惠民, 等. 2008. 利用波动分析法研究惠民凹陷沙四段和孔店组的地层剥蚀厚度. 油气地质与采收率, 01: 6-9.

李丕龙. 2003. 陆相断陷盆地油气地质与勘探, 卷三. 陆相断陷盆地油气生成与资源评价. 北京: 石油工业出版社

刘国臣, 金之钧, 李京昌. 1995. 沉积盆地沉积–剥蚀过程定量研究的一种新方法——盆地波动分析应用之一. 沉积学报, 03: 23-31.

刘青松, 邓成龙. 2009. 磁化率及其环境意义. 地球物理学报, 4: 8.

陆克政, 戴俊生. 1989. 冀辽裂陷谷中上元古界构造特征及演化. 石油大学学报 (自然科学版), 02: 1-12.

吕修祥, 张一伟, 李德生. 1996. 从波动观点看渤海湾盆地济阳拗陷油气田分布. 石油实验地质, 03: 259-266.

施比伊曼 B И, 张一伟, 金之钧, 等. 1994. 波动地质学在黄骅拗陷演化分析中的应用——再论地壳波状运动. 石油学报, S1: 19-26.

石巨业, 金之钧, 刘全有, 等. 2019. 基于米兰科维奇理论的湖相细粒沉积岩高频层序定量划分. 石油与天然气地质, 40 (06): 1205-1214.

王秉海. 1992. 胜利油区地质研究与勘探实践. 北京: 石油大学出版社.

吴怀春, 张世红, 冯庆来, 等. 2011. 旋回地层学理论基础、研究进展和展望. 地球科学——中国地质大学学报, 36 (03): 409-428.

姚益民. 1994. 中国油气区第三系 (Ⅳ) 渤海湾盆地油气区分册. 北京: 石油工业出版社.

姚益民, 修申成, 魏秀玲, 等. 2002. 东营凹陷下第三系 ESR 测年研究. 油气地质与采收率, 9 (2): 31-34.

姚益民, 徐道一, 韩延本, 等. 2007a. 山东济阳拗陷始新统—渐新统天文地层界线年龄分析. 地层学杂志, S2: 483-494.

姚益民, 徐道一, 李保利, 等. 2007b. 东营凹陷牛 38 井沙三段高分辨率旋回地层研究. 地层学杂志, 31 (3): 229-239.

张一伟, 李京昌, 金之钧, 等. 2000. 原型盆地剥蚀量计算的新方法——波动分析法. 石油与天然气地质, 01: 88-91.

Liu Z, Huang C, Algeo T J, et al. 2017. High-resolution astrochronological record for the Paleocene–Oligocene (66~23 Ma) from the rapidly subsiding Bohai Bay Basin, northeastern China. Palaeogeography Palaeoclimatology Palaeoecology, 510: 78-92.

Rousseau R M. 2001. Detection limit and estimate of uncertainty of analytical XRF results. Rigaku Journal, 18 (18): 33-47.

Shi J, Jin Z, Liu Q, et al. 2020. Depositional process and astronomical forcing model of lacustrine fine-grained sedimentary rocks: a case study of the early Paleogene in the Dongying Sag, Bohai Bay Basin. Marine and Petroleum Geology, 113: 103995.

Song F, Su N, Yang S, et al. 2018. Sedimentary characteristics of thick layer lacustrine beach-bars in the Cenozoic Banqiao Sag of the Bohai Bay Basin, East China. Journal of Asian Earth Science, 151: 73-89.

Wu H, Zhang S, Hinnov LA, et al. 2013. Time-calibrated Milankovitch cycles for the late Permian. Nature Communications, 4 (9): 2452.

后　　记

自 1983 年张一伟先生在《石油学报》上发表《山东西部箕状凹陷形成的探讨——初论地壳波状运动》以来，40 年过去了。本书即是对这些年来盆地波动学术思想发展史、波动周期产生原因、波动分析方法及应用实例的总结。这些年间，地球科学取得了令人瞩目的成就，不胜枚举。我们逐渐认识到盆地波动研究中存在一些重要的科学问题和方法学难题远未得到解决。我们将这些问题汇总到书末，与广大读者分享，希望能引起更广泛的兴趣和关注。

周期性是行星地球演化过程中的一个基本规律。波动是地球各个圈层结构运动的基本形式之一，其中包括地壳的运动，受到天文旋回和地球深部动力学旋回的叠加影响。

1. 如何建立超长天文周期的轨道模型？

天文周期的尺度非常广阔，从昼夜节律到万年的地球轨道变迁，再到数亿年银河系演化，天文周期在地质记录中留下了各种印记。目前在地球轨道尺度（米兰科维奇周期）的研究取得了巨大成功，并成为当前沉积学研究的热门领域之一。但针对百万年以上尺度的地质过程与超长天文周期的关系的研究，还没有引起足够重视。关键问题在于，尚未建立起完善的关于"深时"太阳系轨道周期的模型，因此存在多种假设，莫衷一是。当前的天文学与空间科学主要研究宇宙空间的物质与能量变化，如何在"深时"断面上研究宇宙空间？天文学家正积极推动太阳系考古与银河系测绘，将更精确地约束太阳运动模型。例如，欧洲空间局（European Space Agency，ESA）推出的依巴谷（Hipparcos）和盖亚（Gaia）天体测量卫星以及中国的郭守敬望远镜（LAMOST）等项目，旨在通过对银河系的测绘，进一步解释银河系的结构、形成和演化，更精确地约束太阳的运动模型。我们期待能够将银河系的长期演化过程回溯到数亿年前。

天文周期对早期地球演化的影响是一个前沿的科学问题。目前，通过研究华北克拉通和西澳大利亚皮尔巴拉克拉通的元古宇地层记录，我们能够重建出过去 25 亿年以来地球与月球的距离以及地球轨道参数的变化情况。然而，我们还不清楚早期地球是否能够记录下太阳系轨道周期的信息，以及超长天文周期如何影响更古老时期的地球圈层演化。这些问题值得探索。

2. 如何理解地球深部地质过程周期演化与沉积盆地波动的关系？

在 Science 杂志 2005 年公布的 125 个重大科学问题中，第 10 个问题是"地球内部是如何运行的？"我们可以进一步发问，地球深部地质过程存在波动周期吗？

越来越多的地质证据表明，一些重要的深部地质过程，例如超大陆的聚合与裂解、地核–地幔边界热流的波动、地幔对流、洋壳热点发育、洋壳俯冲、大陆地壳的生长、大火成岩省形成以及区域岩浆活动都存在一定程度的周期性。板块运动是一个脉动的过程，威尔逊旋回是一种全球性的旋回现象。地幔柱的活动也显示出垂直运动的周期行为。此外，在地球的历史上，许多克拉通地区都经历了近周期性的大规模隆升和沉降事件。因此，地质现象的旋回性应该既表现水平运动，也存在垂向运动，地球动力学过程应是多种频率的波动的综合体现。

很多地质现象，如板内（克拉通内）构造的等距性、构造形态的方向性、隆升剥蚀及沉降（沉积）中心的有规律迁移等，用板块构造理论很难给予合理的解释。地壳波动思想及沉积盆地波动过程分析方法是这些薄弱之处的有效弥补，而不是否定。事实上，沉积盆地波动过程除受板块运动体制的控制外，还受地球深部地幔甚至地核物质周期性运动的影响。板块相互作用和地幔动力学的研究进展为研究盆地演化的深部过程提供了重要的依据，使人们有机会从地球动力学的角度审视沉积盆地的形成和演化过程。从揭示地壳变形和地壳运动的角度来看，地壳波动的观点对解决大陆动力学问题具有重要的启示。从成盆和成藏的角度来看，地壳波动的观点有助于分析沉积环境的变化，分析油气分布规律。

地球深部流体和挥发分也是认识圈层相互作用的重要切入点。深部断裂和岩浆侵入会引发深部流体的活动，地幔岩浆熔融和火山活动伴随着大量深部挥发分的释放。我国的许多含油气盆地，包括东部中新生代新构造体制裂陷盆地和中西部古老的克拉通盆地，都是深部地质作用活跃的区域。有必要进一步研究深部地质作用与盆地热演化波动之间的关系，深部流体活动在物质和能量循环中的作用，以及对盆地油气成藏旋回过程产生的影响。随着对地球深部地质过程周期性演化认识的不断深入，相信盆地波动分析将形成更具特色的理论体系。

3. 如何完善盆地波动过程分析方法？

本书基于地壳波动思想发展起来的沉积盆地波动过程分析方法是不完善的，很多问题有待深入研究。跨"不整合"超长地层记录解译是盆地波动过程分析的痛点。王鸿祯先生曾指出，相比不整合的历史时期，有地层记录的历史时期只占1/3。在沉积间断时间远大于有沉积记录的时间的地层背景下，如何有效开展周期信号处理及其置信检验面临挑战。

我们通常以沉积速率为地层属性参数开展波动分析。要准确地计算各研究区不同时期的沉积速率，必须准确建立年代地层框架，而年代地层框架的分辨率和精确度受生物地层学、磁性地层学、同位素地层学、旋回地层学等学科研究的限制。地层原始厚度恢复也是影响沉积速率计算准确性的关键因素之一，而原始地层厚度恢复取决于地质模型的建立和盆地演化历史的研究，同时还依赖于刻画不整合面特征的地质资料（孔隙度、声波时差、磷灰石裂变径迹等）的完备程度。

现阶段盆地动力学模拟技术已经相对成熟，为解析盆地的埋藏史、热演化过程等提供了有力工具。地球系统气候模拟技术提升了我们对深时水循环与碳循环复杂过程的预测能力。我们鼓励进一步开发适用于超长周期尺度的地球动力学数值模型、沉积正演模型等，以更好地恢复盆地形成与演化的动态过程。

针对单个沉积盆地波动周期的解译是不够的，盆地波动研究需要全球综合地层数据库与全球沉积盆地数据库等的支持，对不同属性的沉积盆地的波动过程进行比较和分析，寻找差异与规律。在前期方法探索的基础上，我们也需要在原始资料获取上投入更多精力。以中国大洋发现计划为代表的科学钻探已经取得了显著的成效，充分利用好我国典型盆地的大陆科学钻探井、超深层油气勘探井资料，可以为盆地波动过程分析提供有力的数据支撑。

4. 当前的沉积盆地的长周期波动研究尚未充分构建自洽的物理模型

沉积盆地的形成演化是地球系统中各种波动过程相互叠加干涉的结果，由于其波动机制的复杂性，当前的波动研究尚未充分构建自洽的物理模型。另外，行星地球本身具备强非均质性，即使在同一作用力下，不同区域地质现象表现各异。因此，研究中有如下几个方面需要客观对待。

（1）地质事件与天文周期之间的成因联系仍然存在争议。几乎每一次重大地质事件都伴随着与地球物理或天体物理扰动有关的环境剧变。关键地质事件的准周期性证明了潜在的天文驱动因素。来自天文旋回的反馈作用可以在地球系统内放大，导致重大的全球变化。

（2）天文因素的影响会产生局部效应。在相同时间尺度的天文旋回作用下，地球各个圈层所表现出的现象差异性明显。板块构造的力学响应可能是全球性的，也可能是从局部开始的。不能简单化地把全球性响应都归之于天文因素的驱动，把局域性的响应都归之于地球内部因素的控制。与板块构造运动相关的地球物理过程本身就可以导致地球脉动。与地幔对流、岩浆迁移、深部流体和挥发分运移相关的演化可能独立于天文因素。

5. 面对竞争性的科学假说，保持开放的心态

尽管人们已发现地球各圈层节律与天文旋回之间存在着潜在的联系，但驱动机制问题远未达成共识。前已述及，沉积盆地波状运动的产生机制既有地球深部动力学旋回作用，也有天文旋回的驱动。面对这类竞争性的科学假说，我们应当保持开放的心态。

匈牙利哲学家伊姆雷·拉卡托斯（Imre Lakatos）在其著作《科学研究纲领方法论》中建议对未发展的科学理论持宽容的怀疑态度，因为许多重要的经验模型都是从早期无法检验的状态发展而来，历经多年才形成完整的体系。英国哲学家罗素（Russell）也认为宽容是开展科学研究的理想状态。例如，哥白尼的理论在开普勒之前，几乎没有改进地心说对行星位置的预测。哥白尼理论花了将近两个世纪的时间才演变成可高度证伪的牛顿理论。魏格纳在最初提出大陆漂移的革命性观点时经常受到广泛质疑，直到20世纪60年代末，海底磁异常的发现，有力地支持了大陆漂移假说，使之最终发展成板块构造理论，深刻改变了地质学家的世界观。

由于所有科学都有相似的发展历程，英国哲学家卡尔·波普尔（Karl Popper）在其代表作《猜想与反驳：科学知识的增长》中提出，经过漫长的争论，科学界最终会选择经得起严格审查和批判的假说。由于未发展的理论往往需要相当长的时间才能达到可证伪状态，给予其充分的时间和空间进行研究和验证，将决定这些竞争性的科学假说的命运。

托马斯·库恩（Thomas Kuhn）在其《科学革命的结构》中进一步指出，科学的重大进步往往是科学革命后新的科学范式产生的过程。板块构造理论是地球科学发展史上一次伟大的范式转换，但它依然需要进一步完善，其中板块运动的驱动力是最为重要的机制问题。地球系统科学的产生，提出了研究地球圈层相互作用、时空尺度相互关系的新课题，这为理解板块构造的起源和驱动机制问题提供了新思路，很可能成为建立地球科学新理论的一道曙光。希望地壳波动的学术思想和研究方法在研究圈层相互作用方面有更大的发挥空间，通过建立普适性波动曲线，为地球系统演变机制提供更完备的解释方案。

虽然波动是物质运动的终极方式，但地壳波动学说不是放之四海而皆准的理论，不能解决所有的地质问题，它是一种物理学原理在地球系统科学中的应用，需要我们理性看待。毋庸置疑的是，如果本书的学术思想对未来地球科学研究新范式甚至新理论的出现带来启发，即实现了作者初衷。